금강산은
모두의 길이다

금강산은 모두의 길이다

초판1쇄 인쇄 | 2019년 6월 1일

지은이 | 정인숙

펴낸곳 | 한결하늘

출판등록 | 제2015-000012호

주소 | 경기도 안산시 단원구 선삼로4길 11(101호)

전화 | 031-8044-2869

팩스 | 031-8084-2860

e-mail | ydyull@hanmail.net

ISBN 979-11-88342-11-2

*잘못 만들어진 책은 교환해 드립니다. 값은 뒤표지에 있습니다

이 도서의 국립중앙도서관 출판예정도서목록(CIP)은 서지정보유통
지원시스템 홈페이지(http://seoji.nl.go.kr)와 국가자료종합목록
구축시스템(http://kolis-net.nl.go.kr)에서 이용하실 수 있습니다.
(CIP제어번호 : CIP2019020683)

금강산은 모두의 길이다.

| 순서 |

구룡연(九龍淵)

수정봉(水晶峰)

세존봉(世尊峰)

만물상(萬物相)

삼일포(三日浦) · 해금강(海金剛)

내금강(內金鋼)

금강산과 개성에서 평화의 꽃 피는 그날은

눈을 감으면 지금도 금강산의 광경이 파노라마처럼 흐릅니다.

정인숙님의 '금강산은 모두의 길이다'를 받아든 순간 불과 두 달 전 다녀왔던 금강산의 모습들이 파노라마처럼 되살아났습니다. 금강산관광을 준비하던 과정에서의 설렘, 남북의 경계선을 넘을 때의 긴장과 설렘, 북측 안내 성원들의 반가운 인사와 수줍은 모습들, 무엇보다 서럽고 기쁘게 갑자기 눈앞에 다가 선 금강산의 풍광들...!

책장을 넘기면서 구룡연, 수정봉, 세존봉, 만물상, 삼일포, 해금강 등 작가의 소개 글을 보면서 그 섬세함에 놀랐고 부지런함에 감탄했습니다. '분단일정'이라는 작가의 표현처럼. 촉박했을 대부분의 여행일정 속에서 언제 이 내용들을 정리하고 또 기억을 되살렸을까 하는 생각이 들었습니다.

책은 금강산을 가보지 못한 분들에게도 금강산을 쉽게 이해할 수 있는 길잡이가 될 것 같습니다. 이렇듯 친절한 설명을 위해 작가가 들였을 수고로움의 크기는 책의 마지막에 담긴 참고문헌의 방대함을 통해 또 확인할 수 있습니다.

정인숙님께서 책을 통해 말하고자 했던 것은 비단 금강산의 풍광만은 아닌 것 같습니다. 금강산 관광의 역사와 남북간 협력의 모습을 통해 남북이 하나 되고자 하는 노력이 왜 중요한지에 대한 경험적 설명들도 중요한 내용입니다.

금강산은 개성공단과 함께 현대아산 정주영 명예회장으로부터 시작되고 구체화된 남북협력 공간일 뿐만 아니라 이산가족 상봉행사, 장관급회담 등 남과 북의 수많은 인적, 물적, 사회문화교류의 상징 공간이었습니다. 그곳은 개성공단과 함께 남과 북이 일상적으로 경제협력의 기적을 만들어 나갔던 곳 입니다.

개성공단을 통해 남과 북의 차이가 틀림이 아니라 다름임을 알아갔던 것처럼, 금강산을 통해서도 남북이 서로의 다름을 이해하고 공유해 가고자 했던 작가의 글에서 남과 북은 만남 그 자체만으로도 이미 평화와 통일의 반은 이룬 것이나 다름없음을 깨닫게 됩니다.

'금강산은 모두의 길이다'는 금강산을 이해하기 위한 안내서이기도 하고 남북교류를 준비하기 위한 좋은 참고자료이기도 하며 십 수차례 금강산을 다녀왔던 작가의 생생한 북측 여행기이기도 합니다.

모쪼록 이 책이 많은 분들에게 읽혀짐으로써 남북이 서로의 다름을 다름으로 받아들이고 더 큰 하나의 마음을 모아가는 데 큰 도움이 되었으면 합니다.

마지막 책장을 덮으며 또렷이 떠오르는 영상과 생각 하나가 있었습니다. 이 책을 읽는 분들이 올 해가 가기 전에는 모두 금강산을 다녀올 수 있겠다는…, 바람 아닌 기시감의 어떤 영상이었습니다.

정인숙님과 함께 금강산으로 가시죠!

개성공업지구지원재단 이사장 김진향

금강산은 모두의 길이다

금/강/산/

금강산에는 분명히 남북을 이어주는 그 무엇이 있다.

그러기에 분단대립의 시대에도 남북 모두에게 꼭 한번은 가보고 싶은 민족의 명산으로 자리한 것이 아닌가! '아름다운 산'의 상징으로 대대손손 이어지고 선조들의 얼이 담긴 역사문화는 영적인 힘으로 응축되어졌다. 이러한 힘이 우리들 마음을 관류하기에 분단의 철옹성인 휴전선 한 모퉁이를 허물고 남북 소통의 길을 만들어 내고, 서로 등을 돌릴 때도 그 길만은 이어지기를 바랐던 것이리라.

금강산 탐승길은 네 가지 키워드를 생각하는 길이기도 하다. 눈앞에 생생하게 펼쳐지는 분단현실, 남북 공통의 기억, 다름의 기억, 남북이 함께 만드는 공존의 삶이다. 그러므로 금강산 길은 단순히 '관광'이라는 의미를 넘어 우리 민족의 유구한 역사와 평화 · 통일 · 공존에 대한 생각을 한번쯤은 하게 된다.

이 글은 2004년 7월 18일 금강산에 첫발을 디딘 후 2008년 5월 12일까지 5년간 십 수차례 금강산을 탐승하면서 보고 느낀 경험과 생각을 담았다. 비록 '분단일정'에 쫓겨 발걸음의 속도마저 빠를 수밖에 없었지만 때로는 아름다움에 멈춰 섰고 때로는 분단현실 앞에서 아픔의 눈물을 흘리기도 하였다. 그러나 항상 나를 설레게 한 것은 왕래의 시간들이 쌓이면서 남북 사람들 사이에 따뜻한 마음과 소통의 폭이 넓어져 간다는 것이었다.

옷깃만 스쳐도 인연이라는데 금강산 탐승 길과 각 사업장에서 얼굴을 마주했던 북녘 사람들이 생각난다. 그들이 만든 음식을 먹고, 그들이 펼치는 예술공연을 보고, 그들이 만든 생산품을 사고, 이야기도 나눴다. 탐승 길 오르막에서 힘들어 할 때면 손을 내밀어 주고, 무거운 배낭을 들어주던 따뜻한 마음 앞에선 분단현실도 까맣게 잊곤 했다. 특히 어느 해 12월 온정리에서 매섭게 몰아치는 겨울 찬바람을 피하려 나도 모르게 인민군 앞에 섰는데 외투자락으로 바람을 막으며 "통일의 바람은 따뜻할 겁니다."라던 그의 말이 되살아오곤 한다.

그동안 구룡연, 만물상, 삼일포, 해금강, 세존봉, 수정봉, 내금강 묘길상까지 탐승했으나 금강산 최고봉 비로봉은 오르지 못했다. 탐승을 목전에 둔

2008년 7월 12일 금강산 관광이 전면 중단되었기 때문이다. 금강산 탐승 10년은 남북 사람들 모두에게 많은 변화를 가져왔다. 남북이 몸소 부딪치며 더나은 공존의 방법과 삶을 만들어 낸 것이다. 그 결과 금강산에서 10년간 이룩한 변화의 성과들이 개성공업지구에서는 1년도 걸리지 않았다고 하니 금강산 탐승 길은 남북변화의 바로미터이자 교과서인 셈이다. 진정 금강산 탐승 중단이 안타깝고 다시 탐승 길이 열려야 할 이유이기도 하다. 그래서 나는 금강산 탐승 중단 10년이 지나는 지금 다시 금강산을 소환해 본다.

나는 금강산을 정치경제 논리로 접근하고 싶지는 않다. 오직 금강산이 품고 있는 우리 선조들의 숨결을 남북 공통의 기억으로 연결하고 다름을 인정하며 공존의 미래로 나가고 싶을 뿐이다. 그러기에 금강산이 주는 의미를 생각하지 않을 수 없다. 금강산이야 말로 서로 다름에 대한 이해와 존중, 공존을 만들어 가는 최적의 장이라고 생각한다. 어디 그뿐이랴. 요즈음 '국익'이란 말이 자주 회자되곤 하는데 나는 남북 평화와 공존이 최대의 국익이라고 생각한다. 분단으로 인해 얼마나 많은 사람들의 생명이 희생되고, 인생이 조작되고, 사실이 왜곡되고, 소모적인 이념논쟁이 지속되고, 얼마나 많은 세금이 분단의 장벽에 쓰여 지고 있는가?

남북 모두 깊이 성찰해볼 과제이다.

끝으로 금강산 탐승을 잘 할 수 있도록 협조해 주신 현대아산 금강산관리사업소 및 서울 현대아산 관계자 분들께 감사드린다. 항상 변함없는 마음으로 협조해 주셨음을 잊지 않고 있다. 금강산 현지 사업장에서 묵묵히 일하는 모든 남북 사람들, 탐승 길의 북측 환경순찰원들과 구급봉사대원들, 금강산 신계사 남측주지 제정 스님과 북측주지 진각스님, 표훈사 주지 청학스님께도 감사드린다. 마지막 탐승 길이 된 2008년 5월 12일 복원 후 처음으로 신계사에서 열린 부처님 오신 날 봉축법요식에 참관한 나는 어떠한 난관도 초월하는 남북협력이 신계사에서 시작되기를 기원하였다.

또한 금강산 연구에서 문헌자료수집과 글을 쓰는데 함께한 간우연, 김경욱, 한재혁, 현원일 선생님과 사진촬영을 도와준 김도균 선생님, 삽화를 그려주신 임종길 선생님, 저의 글을 꼼꼼히 읽고 조언을 아끼지 않은 유동걸 선생님, 인경화 선생님께 깊이 감사드린다.

2019. 5. 정인숙

금강산으로의 초대

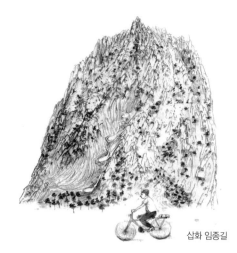

1. 금강산 10년 여정

삽화 임종길

1998년 11월 18일 금강산 탐승 길이 분단 이후 일반대중들에게 처음 열렸다. 자연에게도 형평성을 부여하듯 그 옛날 우리 선조들이 주로 다니던 내금강 길이 아니라 외금강 길이 열렸다. 역시 금강산은 '천하제일' 명산이다. 섬세하면서도 장엄한 자연절경은 나의 온 마음을 전율케 하였고 우리 선조들의 숨결은 영적인 힘으로 작용하여 수많은 사람들의 발걸음을 이끌어 과거, 현재, 미래로 이어지는 마음 길을 열어가고 있다. 세계화 시대에 이 표현은 어쩌면 자화자찬이고 우물 안 개구리 소리처럼 들릴지 모르나 2008년 미국의 외교전문지 포린 폴리시는 미국인들이 찾아가기 어려운 세계적인 절경 5곳을 선정했는데 그 중 1위로 금강산이 꼽혔으며 금강산을 '때 묻지 않은 영적인 피서지'라 했다.[1]

그러나 금강산은 수천 년 남북 공통의 역사를 품고도 외세의 강점과 이념체제를 달리하는 분단역사 속에서 아파하다 겨우 10여 년 동안 모습을 드러냈다. 이 과정에서도 수많은 우여곡절이 있었다. 남북 대립에서 오는 갈등과 강대국의 정치적 이해가 맞물려 남북평화의 상징인 금강산을 세계에 알릴 수

---

1) 연합뉴스에 따르면 2008년 6월 18일 미국의 외교전문지 포린 폴리시는 미국인에게 사실상 금지된 대표적인 절경지로 북측의 금강산, 쿠바 바라코아 해안, 소말리아 모가디슈 해안, 이란 페르세폴리스, 미얀마 만달레이 등을 선정했는데 이중 금강산이 1위에 꼽혔다.

있는 조건을 만들어 내지 못한 것이다. 금강산 관광이 비정치적인 사업이 되어야 함에도 '분단'이라는 정치적 영향을 받지 않을 수 없어 남북, 북미 관계의 지렛대로 작용하였다. 이러한 힘의 작용은 금강산뿐만 아니라 개성공단 등 모든 남북교류 사업에 영향을 미치고 있다. 따라서 금강산이 아무리 세계적인 명산일지라도 자유롭게 왕래할 수 있는 정치적 상황을 만드는 일이 우선임을 알 수 있다.

바다 길로 시작한 금강산 탐승 길은 이제 육로가 정례화 되었다. 특히 육로는 우리 선조들이 다니던 옛길로서 남과 북이 1,700여 차례의 협의를 거쳐 복원한 길이다. 남북 군인들이 하루씩 교대로 매설된 지뢰를 제거하여 마침내 남북 분단의 벽을 허무는 새로운 역사를 써가는 길로 만든 것이다. 따라서 금강산이 분단시대 우리에게 주는 의미가 무엇인지를 깊이 생각해 보지 않을 수 없다.

나는 금강산에 남북 평화와 화해와 공존의 길이 있고 남북번영의 해법이 있다고 확신한다. 그러기에 나는 남북이 몸소 부딪쳐가며 함께 삶을 펼치던 금강산이 항상 그립다.

2. 금강산 길에서의 4가지 키워드

금강산 탐승 길은 네 가지 키워드를 생각해 보는 길이기도 하다. 눈앞에 생생하게 보이는 분단현실, 남북 같음의 기억인 공통의 역사, 다름의 기억인 북측의 역사, 남북이 함께 만드는 공존의 삶이다. 따라서 금강산 길은 단순히 '관광'이라는 의미를 넘어서 우리민족의 유구한 역사와 평화·통일·공존에 대한 많은 생각을 하게 되는 길이다.

분단현실

금강산 탐승은 분단현실의 행정절차로부터 시작된다. 탐승 신청을 하면 신청자들의 인적사항은 통일부를 거쳐 경찰청, 국가정보원의 신원조회를 마치고 국방부를 통해 유엔사에 전달되는 과정을 거치게 되는 것이다. 승인과정에서 내가 직접 불편함을 느끼지는 못하지만 보이지 않는 분단의 산물이다. 뿐만 아니라 탐승 길은 분단현실을 수없이 목도하면서 지나가는 길이기도 하다. 탐승 전 사전교육에서 강조하는 '하지 마' 라는 말로 집약되는 금지언행, 금지품목에도 분단은 있으며 금강통문, 남방한계선, 북방한계선, 비무장지대, 군사분계선, 군사분계선 표식비, 지뢰밭, 인민군, 인민군 경계ㆍ검문, 통제, 이탈감시, 긴장감, 남북주민접촉차단, 행동준칙 엄격적용, 위반 시 추방 또는 관광중단, 위반금, 사죄문, 자신도 모르게 하게 되는 자기검열 등 분단이 만들어내는 산물들을 금강산 탐승 길 곳곳에서 생생하게 접하고 느끼게 된다.

남북공통의 기억

금강산은 북녘 땅이지만 남과 북의 공통의 역사가 살아있는 민족의 명산이다. 이 말은 현재 「금강산관광지구법」 제3조 「관광은 민족의 유구한 력사 찬란한 문화를 인식하고 등산과 해수욕 휴양으로 건강을 증진하며 금강산을 유람하는 방법으로 한다」에도 잘 함축되어 있다.[2] 이것은 남측에게 요구하는 것뿐만 아니라 금강산에 대한 북측의 관점이기도 하다.

그렇다면 공통의 기억은 무엇일까.

공유된 기억의 상징은 단연코 금강산의 아름다움이다. 그것을 매개로 우리 선조들의 얼이 담긴 역사문화의 유산들이 탐승 길 곳곳에서 우리에게 말을 걸

---

2) 초기관광지구법 : 제 11조「관광객은 금강산 구경을 하면서 우리나라의 유구한 력사, 찬란한 민족문화와 금강산의 아름다움을 인식하며 휴식과 휴양으로 건강을 보호하고 증진시키는 원칙에서 관광려행을 하여야 한다」

어온다. 조선시대 문인이자 4대 명필가로 이름난 양사언이 초입에서 맞이하고 수많은 선조들의 숨결은 물론 신계사, 장안사, 표훈사, 정양사, 마하연사, 묘길상, 삼불암 등 찬란한 불교문화와 도교, 유교 등 정신적 힘이 응축되어 있으며 선조들의 인격수양지로서의 자취들이 있다. 금강산을 소재로 우리의 선조들은 수없이 많은 전설과 일화, 시와 문학, 그림들을 남김으로써 끊임없이 후대와 소통하는 살아있는 산으로 만들었다. 지구상의 수많은 산들 중에서 금강산처럼 뭇 사람들의 사랑과 칭송과 정신적 안식처가 되어주는 산은 없을 것이다. 그러기에 분단의 깊은 상처를 남긴 처절한 한국전쟁 후에도 금강산은 남과 북의 서로 다른 정치이념을 넘어 민족의 명산이라는 상징성을 잃지 않고 마침내 분단의 벽을 허물고 소통과 화해와 공존협력의 새로운 역사를 만들어 내는 힘이 되고 있다.

다름의 기억

금강산에는 우리민족의 공통의 기억도 있지만 분단 이후 남과 북의 다름의 역사도 있다. 해방 이후 북측은 백두산을 혁명의 성산으로 금강산은 혁명적 교양장소이자 인민의 휴양지로 가꾸어 왔다. 금강산 곳곳의 바위벽에 새겨진 글들은 북측 역사를 상징적으로 드러내는 말들이다. 사회주의 제도 찬양, 북측의 사상과 이념, 북측의 지도자 김일성수령과 김정일위원장, 김일성의 부인 김정숙, 김일성의 아버지와 어머니의 발자취를 기념하는 송가, 헌시, 현지지도사적비, 현지지도표식비 등을 탐승 길 곳곳에서 볼 수 있다. 새겨 놓은 글들은 사회주의 제도 만세! 주체사상만세!, 김일성동지 만세!, 주체, 자립, 자주, 자위 등 북측의 체제와 이념이 함축되어 있는 글들이 대부분인데 남측

(1999.7.30.)

23

사람들에게는 낯설게 다가오는 북측 역사의 단면이다. 또한 한국전쟁 시기 금강산 전투를 그린 시문학예술작품이나 금강산 전설과 일화, 금강산 역사와 문화도 분단 이후 북측 이념체제를 반영하고 있다. 즉 수령의 말씀을 최우선 으로 하면서 인민들의 투쟁사를 계급적 관점에서 그리고 있다. 교과서를 벗 어나 금강산에서 만나는 남과 북의 다름의 역사이다.

남북이 함께 만드는 공존의 삶

금강산 탐승 길은 남북이 함께 원해서 열린 길이다. 바닷길을 열고 육로와 철로를 이으며 각 사업장을 확대해 가는 동안 남북 사람들이 매일 얼굴을 맞 대고 평화·공존의 삶을 만들어 나간 길이다. 탐승 길과 각 사업장에서는 수 십 년 분단으로 인한 이질성을 몸소 부딪치면서 차이와 갈등을 넘어 서고, 서 로의 장점을 조화 있게 발전시켜 공존하는 방법들을 만들어 가고 있는 것이 다. 이러한 해법들은 '변화'라는 이름으로 축적되어져 먼저 온 평화, 먼저 온 통일이 금강산에 뿌리 내리고 있다. 크게는 자본주의와 사회주의 사람들이 공존하는 방법을 배워나가고, 개인주의와 집단주의가 만나고, 자유주의 시장

만경다리 앞에서 북녘사람과 바둑 한 판

경제와 균형분배인 사회주의경제 가 서로의 장점을 배워가면서 공 존할 수 있는 제도와 태도를 함께 만들어 가고 있다. 또한 관광 초 기 탐승객들이 가졌던 막연한 긴 장감과 경계심들이 진정어린 마 음으로 변화하고 따뜻한 마음들 이 쌓여가면서 남측 사람들뿐만 아니라 북측 사람들도 변화하고

마침내 모두의 변화로 이어지는 과정을 볼 수 있었다. 금강산은 명실공히 분단의 벽을 허물고 남과 북의 사람들이 소통과 화합으로 협력사업의 모범을 만들어 가는 평화·공존 지대다. 한발 더 나아가 남북 철도가 러시아 유럽까지 왕래할 수 있는 길이 열리면 인류 마지막 냉전의 유물도 걷어질 수 있다. 나는 금강산에 남북 화해와 평화·공존의 길이 있고, 남북 번영의 해법이 있다고 확신한다. 먼저 온 평화, 먼저 온 통일을 금강산에서 보았기 때문이다.

3. 금강산의 상징 '아름다움'에 대하여

다양성이 만든 아름다움의 집약

우리 선조들은 예로부터 '금강산은 천하제일'이라고 일컬어 왔다. 얼마나 아름다우면 이런 수식어가 상징화되었을까. 가까이는 어린 시절에 고무줄놀이를 할 때마다 단골로 부르던 노래 '금강산 찾아가자 일만 이천 봉, 볼수록 아름답고 신기하구나...'에도 금강산의 아름다움은 잘 함축되어 있다. 이 노래를 작사한 강소천은 북에서 남으로 내려와 문필활동을 한 사람이지만 이념을 넘어 우리의 자연에 대한 진정한 아름다움을 노래하고 있다.

금강산은 아름다운 색채에 따라 봄에는 금강산, 여름에는 봉래산, 가을에는 풍악산, 겨울에는 개골산 또는 설봉산으로 계절마다 이름을 달리하는데, 아마도 이렇게 여러 이름으로 불리는 산은 지구상에서 금강산 밖에는 없을 것이다. 물론 세계 곳곳에는 부분적으로 금강산 보다 더 뛰어난 아름다움을 간직한 곳이 있을 수 있지만 모든 아름다움이 한곳에 집약되어 공존의 미를 드러내는 곳으로는 금강산만한 곳이 없다고 본다.

한마디로 금강산의 아름다움은 다양성이 만들어내는 조화미의 극치다. 백두대간을 따라 금강의 봉우리들이 만들어내는 산악미와 울창한 수림들, 기기묘묘한 기암괴석, 봄날 파룻파룻 자라나는 연봉들, 언제나 물이 맑은 계곡, 여름 봉래산이 쏟아내는 폭포, 가을 단풍들의 조화, 겨울 설봉의 흑백의 장엄함, 바람과 구름의 조화, 사계절의 찬란한 빛과 색, 관동팔경의 절경인 삼일포와 총석정, 바위마다 흔적을 남긴 태곳적 신비, 바다 속의 비경 해금강, 화가들의 화폭에도 살아있는 전망미, 선녀들이 다녀갔다는 절애고도 절경, 담소의 초록빛 물, 눈 덮인 연봉들의 숭고미, 금강송의 고고한 자태, 언제나 그리운 비로봉, 민족정신의 장쾌한 준봉, 자연지형 절경에 자리한 영적 문화유산들, 수많은 전설과 일화, 문학예술, 골짜기와 연봉마다 살아있는 꽃과 나무와 새와 동물! 이 모든 것이 아름다움과 영적인 상징으로 우뚝 선 금강산은 우리 민족의 마음을 이어주는 영원한 명산이다.

미적 기준의 객관성 – 다른 나라 사람들이 본 금강산

금강산이 천하제일이라고 말하려면 먼저 산수에 대한 적절한 미적기준이 있어야 할 것이다. 물론 미적 기준은 매우 주관적이며 상대적이기 때문에 금강산이 천하제일이라는 것은 우리만의 생각으로 볼 수도 있다. 그런데 금강산의 아름다움은 우리만의 평가가 아니라 세계인의 평판이다.

고려시대부터 중국에서는 원생고려국, 일견금강산(願生高麗國, 一見金剛山)이란 말이 있는데, '고려국에 태어나서 금강산을 한번 보는 것이 소원'이라는 말이다. 이 말은 일반적으로는 중국 북송의 대문인 소식(소동파)의 글이라고 알려져 있는데 그 출처가 분명치는 않다. 금강산은 14세기 초엽 원나라 사신들이 다녀 간 후 중국 사람들 사이에 많이 알려졌고, 임진왜란 이후에는 일본인 승려들이 '금강산'이라는 글자를 써들고 다닐 정도였다니 중국과 일본에 널리 알려졌다고 볼 수 있다. 중국의 화가 고개지(顧愷之)는 원화동천(元化洞

天)의 바위에 '천하제일의 명산'이라고 썼고, '천 개의 바위가 빼어남을 경쟁하고, 만 갈래 골짜기는 물 흐름을 다툰다(千巖競秀萬壑爭流)'라고 화제(畫題)에도 썼다고 한다. 그러나 중요한 것은 중국이 천하제일이라고 하는 계림이나 이태백과 함께 유명한 여산폭포, 공자가 올랐다는 태산이 있는데 이곳을 제쳐두고 금강산을 보는 것을 일생에 소원했다는 것이다.

1894년 영국의 저명한 지리학자 겸 작가로 『한국과 그 이웃나라들〈Korea and Her Neighbours〉(London: John Murray, alhemakle street, 1898)』이라는 저서를 남긴 '비숍 버드 이사벨라'(1831~1904)는 금강산을 탐승 한 후 "금강산의 아름다움은 세계 어느 명산의 아름다움을 초월하고 있다. 대협곡은 너무도 황홀하여 우리의 감각을 마비시킬 지경이다."라고 하였고, 특히 그의 기행문에는 내금강 단발령에서 바라 본 중향성을 "진정 약속의 땅!(A fair land of promise!)"이라고 감탄하고 있다.

독일의 탐험가 쿠르거 박사도 금강산의 기기묘묘한 협곡과 울창한 처녀림, 폭포, 빛과 색채 등 끊임없이 살아 움직이는 변화의 아름다움을 극찬하고 있다. 1901년 조선을 방문하여 최초로 한라산의 높이를 측정했던 독일의 지리학자이며 쾰른신문 기자였던 겐테(Sigfried Genthe)도 금강산을 돌아보고 기행문을 남기는 등 금강산은 서양 사람들에게도 널리 알려졌다.

스웨덴의 아돌프 구스타브 국왕도 1926년 신혼여행 중 금강산을 방문하여 "하나님이 천지를 창조하신 여섯 날 중 마지막 하루는 금강산만을 만드는데 보내셨을 것이다."라고 함으로써 기독교를 배경으로 하는 서양인들이 할 수 있는 최고의 찬사를 보냈다.

사실 금강산이 아시아를 넘어 세계에 널리 알려지게 된 계기는 일제강점기 일본사람들에 의해서였다. 이때 일본 사람들은 우리나라 조선의 것이라면 모든 것을 폄하하였지만, 금강산만큼은 높이 평가했다고 한다. 일본의 어느 기자는 "야마 계곡과 묘기산, 마쓰시다의 경승을 후지산 밑에 모아 놓더라도 아직 금강산의 절승과 겨루기는 모자랄 것이다."라고 썼다. 이들은 금강산의 아름다움을 자연과 인간이 만들어내는 최고의 아름다움으로 보았던 것이다.

4. 금강산 맛보기

자연환경과 22개 명승구역

금강산은 백두대간이 남쪽으로 내달리다 등줄기 중간쯤에 한 번 쉬어 가는 지점에 위치하고 있다. 서쪽으로는 내륙, 동으로는 바다와 접하고 있는데 봉우리들마다 자태가 수려하고 탁 트인 동해 바다의 장관을 쉽게 볼 수 있는 것이 금강산 매력중의 하나다. 가장 높은 비로봉(1,639m)은 설악산(1,708m)보다 낮지만 해안가나 평지에 바짝 다가 서 있기 때문에 앙시표고(仰視標高)는 4,000m~5,000m의 고산 못지않다고 한다. 실제 고성항에서 금강산의 봉우리들을 올려다보면 마치 거대한 산맥이 병풍을 친 듯한 웅장함을 맛볼 수 있다. 금강산의 지형 중 수 만 가지 형상의 기암괴석과 크고 작은 담소(潭沼)와 폭포로 이루어진 깊은 계곡의 아름다움은 섬세하면서도 웅장한 자태를 겸비하고 있고, 골짜기에서 바라보면 여기 저기 새하얀 화강암 봉우리들이 눈부시며, 봉우리에 올라 보면 끝없이 펼쳐진 연봉들과 깊은 계곡마다 생명수처럼 품고 있는 초록빛 물색에 흠뻑 빠져들게 된다.

금강산에는 비와 눈이 많이 내린다. 비는 7~8월에 가장 빈번이 내리며 특히 외금강, 해금강 지역은 8월 하순과 9월 초순에 폭우가 많이 내린다. 눈도 많이 내려 적설량이 2m 이상에 이른다. 외금강과 해금강은 해양성 기후를 띠고 있으며 내금강은 대륙성 기후의 특성을 띠고 있다. 봄과 가을철에는 때때로 산에서 바다 쪽으로 '금강내기'라는 초속 40m의 무덥고 메마른 바람이 분다. 이러한 자연기후 조건과 지형적 특성으로 금강산은 풍부한 수량과 다양한 식물 분포를 보여주고 있다. 금강산의 식생은 바다의 영향과 지형적 조건으로 지역적 차이를 나타낸다. 금강산의 동쪽 비탈면인 외금강일대에는 참나무, 갈참나무, 떡갈나무 등의 참나무 속 수종들과 일부 남방계통의 식물들이 많이 분포하고, 서쪽지역인 내금강일대는 분비나무, 가문비나무, 나도박달나무 등 고산지대에 사는 북방계통의 식물들이 많이 분포되어 있다.

해금강지역은 바다의 영향을 많이 받는 해양 조건에서 자라는 소나무, 해당화나무, 때죽나무, 청미래 덩굴, 향수꽃나무 등이 분포되어 있다. 금강초롱과 금강국수는 금강산에서 처음 발견된 1속 1종의 식물로 천연기념물이다. 금강산은 산림이 울창하고 하천이 잘 발달하여 수많은 산짐승과 조류, 어류 등이 서식하고 있다. 산짐승으로는 사향노루, 산양, 산토끼, 곰, 수달, 오소리, 너구리, 여우 등이 있고, 조류에는 종달새, 할미새, 찌르레기, 꾀꼬리, 딱따구리, 뻐꾸기 등이 있다. 하천에는 금강모치나 열목어 등 희귀종 물고기와 연어, 송어, 잉어 등 다양한 어종의 물고기가 서식하고 있다. 해금강과 고성항에서 만나는 동해는 한류와 난류가 만나는 곳으로 어족이 풍부하고, 옛날에는 고래잡이로도 유명했다고 한다.

금강산은 크게는 외금강, 내금강, 해금강으로 나누며 이것을 다시 22개의 명승구역으로 세분화하고 있다. 외금강 구역은 온정, 만물상, 구룡연, 수정봉, 천불동, 선창, 백정봉, 선하, 발연소, 송림, 은선대 등 11개 구역이 포함된다. 한때는 고성항을 둘러싼 천불동의 경치가 특별히 아름답다하여 별금강, 신금강이라 부르기도 하였다.

내금강은 만천, 만폭, 백운대, 명경대, 망군대, 태상, 구성, 비로봉 등 8개 구역이며, 해금강은 삼일포, 해금강, 총석정 등 3개 구역이다. 이중 남녘 탐승객들에게 개방된 곳은 내금강, 외금강, 삼일포, 해금강의 일부 구역이다.

역사문화의 자취

금강산에 사람이 산 흔적은 신석기 시대로 거슬러 올라가는데, 부족국가시대 예(濊), 맥(貊)족이 살았으며 기원전 2세기경에는 고조선의 영역에 포괄되었다. 4세기와 5세기에는 고구려의 영토였으며 6~7세기에는 신라와 고구려가 이 지역의 지배권을 다투었다. 신라 후기에는 신라의 화랑들이 삼일포를 찾았던 기록이 있으며 불교의 전래로 금강산은 이 시기부터 외부로 알려지기 시작한 것으로 보인다. 특히 불교를 국교로 삼았던 고려 건국 이후에는 금강산이 불교의 성지로 내국인의 순례가 이어졌고 중국과 일본에도 널리 알려졌다. 조선시대에는 숭유억불(崇儒抑佛)책으로 불교가 위축되었지만 많은 승려와 문인들이 금강산을 찾았고, 구한말에는 우국지사들도 찾는 등 수많은 선조들의 발자취를 더듬어 볼 수 있다. 금강산지역의 유적유물은 산성과 봉화대, 불교문화유적, 고인돌과 고분, 돌다리 등 다양하다.[3] 금강산 4대사찰인 장안사, 표훈사, 신계사, 유점사를 비롯하여 수많은 사찰들이 찬란했던 불교유적이 있었음을 말해주고 있으나 한국전쟁 등으로 거의 소실되고 기록으로만 전해진다. 금강산 지구에 남아 있는 유적유물은 고성군 해안가나 삼일포 호수부근에서 출토된 석기, 금강군 순갑리 등에 있는 고인돌, 고성군 봉화리 등에 있는 고분, 온정리 옛성 등 산성터, 사찰 표훈사와 정양사, 석탑, 석등, 석비, 부도, 각종 공예품 등이다. 이중 탐승 길에 볼 수 있는 것은 표훈사 반야보전, 능파루, 보덕암, 마하연사 칠성각, 신계사 3층탑, 내금강 길 차창으로 보이는 장연사 3층탑, 삼불암, 묘길상, 묘길상 앞 석등, 표훈동에 있는 서산대사비, 풍담당비, 허백당비, 서산대사부도, 편양당부도, 설봉당부도, 제월

---

3) 사회과학원력사연구소, 『금강산력사와 문화』, (평양:과학, 백과사전출판사, 1984), 민족문화사 반포, 참조

당부도, 풍담당부도, 취진당부도, 삼한계조라옹부도, 장안사 무경당령운부도
등을 들 수 있다. 나머지는 아직 개방되지 않아 볼 수 없다.

5. 소 1,001마리와 바다 길

1989년 1월 현대그룹 정주영 명예회장이 북
측을 방문하여 금강산 공동개발 등에 합의하
고 금강산관광개발의정서를 체결하였고 그
이후에도 10여 년간 끊임없는 노력이 있었다.

군사분계선을 넘는 소를 실은 트럭 (현대아산자료)

1998년 6월 16일 정 명예회장은 소 500마리를 트럭에 싣고 판문점을 통해
북녘 땅으로 향했다. 이른바 '소떼 방북'이다. 북녘의 강원도 통천군(금강산 지
구)이 고향인 정주영 회장은 방북 기자회견에서 "어릴 적 가난이 싫어 소 판
돈을 갖고 무작정 상경한 적이 있다. 그 후 나는 묵묵히 일 잘하고 참을성 있
는 소를 성실과 부지런함의 상징으로 삼고 인생을 걸어왔다. 이제 그 한 마리
가 천 마리의 소가 되어 그 빚을 갚으러 꿈에 그리던 고향산천을 찾아간다. 이
번 방북이 단지 한 개인의 고향방문을 넘어 남북 간의 화해와 평화를 이루는
초석이 되길 진심으로 바란다."고 하였다. 이어 민족교류를 통한 신뢰구축이
평화와 통일로 이어지리라는 소망을 전했다.

"소가 방울을 달고 쩔렁 쩔렁

평화를 싣고 오네

통일을 싣고 오네"

소떼가 북녘으로 떠나던 날 남측 사람들은 평화통일의 물꼬를 트는 획기적인 계기가 되기를 간절히 바랐고, 북측은 북과 남 해외 온 겨레의 가슴속에 조국통일의 열망이 높아가고 있다고 하였다. 소떼 방북은 남과 북의 모든 사람들에게 감격의 순간으로 기억되고 있으며 그 후(1998.10.27.) 501마리의 소가 북녘으로 더 보내졌다. 마지막 한 마리는 통일의 뜻을 이어가라는 뜻이 담겨져 있다. 정주영 회장은 김정일 국방위원장을 만났고 금강산 관광 사업에 대한 합의서를 작성하였다. 이러한 역사가 만들어지기까지는 민족의 통일을 바라는 수많은 사람들의 피와 땀과 눈물이 있었다. 특히 문익환 목사 등 민간통일운동에 일생을 바친 분들의 일념은 남북교류에 신뢰의 토대가 되었다.

소떼 방북 이후 1998년 9월 7일 남측정부는 금강산 관광 사업을 승인하였고 곧이어 1998년 11월 18일 강원도 동해시 동해항에서 '현대금강호'가 북측의 고성항으로 출항함으로써 금강산 탐승 길의 새 역사를 열었다. 분단 50여 년 만에 민족의 명산 금강산이 남북 모두에게 다시 모습을 드러낸 것이다. 통일이 되었다면 4시간 만에 갈 수 있는 길을 동해의 공해상으로 나가 돌아가야 했으므로 13시간이 걸렸다고 한다. 현대 금강호가 이산가족 및 실향민 등 승객과 승무원, 안전요원, 여행안내원 등 1,400여 명을 태우고 4박 5일 일정으로 북녘 땅으로 뱃머리를 돌리던 날 동해시민들은 설렘으로 지켜보며 환호했다. 금강호가 동해바다의 거센 파도와 칠흑 같은 어둠을 지나 항로를 마치고 고성항에 도착하자 북측의 환영인사가 흘러나왔다.

"파도 사나운 바다를 헤치고 오신 여러분, 얼마나 고생이 많으셨습니까?"

그 후 금강산의 사계절 이름을 딴 봉래호(1998.11.20.), 풍악호(1999.5.14.), 설봉호(2000.9.9.)가 금강산 탐승 항로에 나섰다. 원불교 소태산 교조는 '금강산이 세상에 모습을 드러내는 날 (金剛現世界) 조선은 새로운 조선이 되리라 (朝鮮更朝鮮)'라고 했는데 드디어 그 새로움을 향한 날이 시작된 것이다.

6. 부딪치며 조율해간 탐승초기

민족의 숙원인 금강산 탐승 길이 열렸지만 남과 북의 사람들이 만났을 때 어떤 일이 발생할지 예측할 수 없는 상황에서 관광이 시작되었다. 대부분의 사람들은 금강산 관광 사업을 불안감과 의구심으로 바라보았고, 관광객들도 모험 반 관광 반의 심정으로 금강산 탐승 길에 올랐다. 정치군사적 냉전 상태가 해소되지 않은 채 시작된 남북교류이기 때문에 심리적, 사회적, 정치적 동의와 준비가 충분히 이루어지지 못한 상태에서 금강산 관광을 시작했다. 그러던 중 미국은 북측의 금창리 핵시설의혹을 제기하여 북미간의 협상환경이 적대적 분위기로 변하였고, 남북 간에는 군사적충돌인 제1연평해전(1999.6.15.)이 발발하였다. 1999년 6월 20일에는 관광객 민00씨가 구룡연 관폭정에서 북측 사람에게 한 발언이 문제가 되어 억류되는 사건(1999.6.21.~6.25.)이 발생했다.

북측은 남측 관광객이 북측 주민들을 상대로 '행동준칙'을 어겼다며 억류하였는데 당시 행동준칙은 금강산 관광 개시와 함께 북측이 남측에 일방적으로 통보한 내용이라고 한다.[4] 사건 발생과 함께 금강산 관광은 45일간 중단(1999.6.21.~1999.8.4.)되었고 관광 사업은 큰 어려움에 직면했다. 민00씨 억류사건은 남과 북의 사람들이 만났을 때 어떻게 해야 하는가를 명확하게 하지

---

4) 1998년 11월 18일 북측이 일방적으로 통보한 '금강산관광에서 남조선관광객들이 지켜야 할 행동준칙'을 말함

않으면 언제든지 일어날 수 있는 사안임을 보여주었고, 그 어떤 것도 초월할 수 있는 중립적인 중재기구를 필요로 했다. 그렇지 않으면 분단 반세기의 다른 역사와 문화 속에서 살아온 남과 북의 사람들 간에 사소한 일도 큰 오해로 비약되어 남북의 정치 외교적 문제로 비화되기 때문이다.

이 사건을 계기로 남과 북은 1999년 7월 30일 금강산 관광 시 준수사항에 대한 합의서(관광세칙)와 신변안전보장을 위한 합의서를 체결했다. 이 때 북측이 일방적으로 통보했던 '행동준칙'을 배제하고 합의했지만 기본적으로는 처음에 제기했던 행동준칙이 북측이 남측 관광객에게 바라는 자세임에는 변함이 없다.

북측은 합의사항을 곧이곧대로 적용했다. 북측은 북측대로 자신들의 입장을 무시하거나 합의사항을 어기는 남측의 관광객들에게 경계심과 불만이 고조되었고, 남측은 남측대로 제약 사항이 많은 관광이 아닌 관광에 대한 불편과 두려움이 컸다. 금강산 관광지구 내 경계지역 이탈을 감시하는 군부나 환경오염단속을 하는 환경순찰원들은 고의든 실수든 위반행위를 하는 관광객들을 발견하면 그 자리에 세워놓고 강경하게 대처하였다. 관광객이 아닌 통제의 대상으로 바라본 듯하다. 따라서 초기에는 적발과 시비와 벌금(위반금)이 많았다. 북측은 이러한 통제와 감시, 합의사항 원칙적용을 통해 남측사람들의 관광 질서를 잡고 사업의 주도권을 확보하고자 했던 것으로 보인다.

이러한 상황에서 남과 북의 대치상태, 북미간 적대적 관계, 1998년부터 시작된 IMF 구제 금융과 국가부도사태의 위기여파, 계승권을 둘러싼 현대그룹의 내분문제, 남과 북의 군사적 충돌, 남측 보수 세력의 퍼주기 논란, 관광대가 과부담 등 금강산 탐승 길은 점점 어려워졌다. 그러다 2000년 6월 15일 남북공동선언으로 금강산 탐승 길은 새로운 전환점을 맞이했다. 6.15남북공동선언은 남과 북의 긴장상황을 벗어나게 하는 토대가 되었는데 우리민족끼리를 강조하고 화해와 통일, 긴장완화와 평화, 이산가족문제해결, 남북교류협력 등이 주요 합의사항이었다. 이에 남북경협이 당국 간 차원으로 격상되었고 남북경제협력을 안정적으로 추진할 수 있는 제도적 장치들이 마련되는 등 남북경협의 새로운 도약의 길이 열렸다.

6.15남북공동선언에 힘입어 금강산 탐승에 설봉호가 취항하였으나 바다 길 관광은 여전히 저조하여 2001년 2월에는 북측에 관광대가로 지불되는 대북지불금이 연체되기에 이르렀다. 연체이유는 관광객 수의 절대부족과 관광대가의 과부담으로 인한 자금난이었다. 금강산 관광여건이 어려워지자 현대아산은 이에 대한 돌파구로 북측에 관광객 수에 따른 대가 지급방식과 육로관광 실시, 관광특구 지정을 요구하였는데 8개월여의 협상 끝에 2001년 6월 8일 육로관광합의에 이르렀다. 그 후 관광사업 대가 지급방식은 총액제가 아니라 관광객 수에 따라 지급하게 되었고, 2002년에는 '금강산관광지구법'이 제정 공포됨으로써 그동안 합의 · 계약으로 진행해오던 사업을 법제화된 틀에서 보다 안정적으로 추진할 수 있게 되었다.

7. 1,700여 차례 남북협의 '금강산 육로'

남북교류협력의 효시라 할 수 있는 금강산 관광 사업을 활성화시키기 위해서 남과 북은 적극적인 대책을 수립해 나갔다. 2002년 1월 23일 통일부가 금강산 관광사업 지원방안을 발표함으로써 금강산 탐승은 활기를 찾았고, 같은 해 11월 북측에서는 금강산 관광지구법이 제정 공포되어 관광특구로 지정되었다. 2002년 12월 11일에는 동해선 임시도로 연결 공사도 완공되었고 2003년 1월 27일에는 제7차 남북군사실무접촉에서 동 · 서해지구 임시도로 통행의 군사적 보장을 위한 합의서가 타결되었다.

금강산 육로 탐승 길은 수많은 고뇌 끝에 만들어진 길이다.

고성통일전망대에서 바라본 금강산육로

탐승 길 안내 조장의 설명에 의하면 당시 남북 당국은 모두 육로로는 길이 없다고 어려움을 표하였으나 현대아산은 위성사진을 보아가며 우리 선조들이 다니던 희미한 옛 길의 흔적을 찾아내어 여기저기 들고 다니며 끊어진 한반도의 혈맥을 잇는 마음으로 자료를 축적하면서 북측과 매일 협의를 하였다고 한다. 1,700여 차례 남북협의를 거쳐 마침내 금강산 육로가 만들어졌는데 가장 힘들었던 작업은 한국전쟁 중에 매설된 지뢰 제거였다. 100m에 3개월씩 걸린 이 작업은 남과 북의 군인들이 만약의 충돌에 대비하여 하루씩 교대로 하였다고 한다.

2003년 2월 14일 남측출입관리사무소(CIQ)에서 남측 육로관광 기념식과 동해선 임시도로 개통식을 갖고 육로시범관광을 실시하였다. 이날 기념행사에서 정주영 명예회장 사망 후 대북사업을 유업으로 이어받은 정몽헌 현대아산 회장은 어렵게 성사된 육로 관광 사업의 소감을 묻자 "모든 분들이 같이 합심하고 노력한 결과이며 남북이 같이 원했기 때문에 가능한 것이었다. 남북을 가르는 휴전선이 200km에 달하는데 지금의 임시도로는 폭 10m로 몇 십만 분의 일도 안돼 미력하지만 그 휴전선을 전부 개통해서 남북이 모두 왕래할 수 있을 것으로 본다."고 말했다. 역사적인 금강산 육로의 탄생이다.

8. 정몽헌 회장의 죽음과 국민들이 만들어 간 길

2003년 1월부터 남측에서는 국회의 다수당인 한나라당의 반대로 금강산의 정부지원금이 중단된데 이어 같은 해 4월 26일부터 6월 26일까지 2개월간은 북측이 사스(SARS 급성호흡기증후군)를 이유로 남측 사람의 북측지역 방문을 금지하면서 금강산 탐승이 일시적으로 중단되었다. 정권도 바뀌어 햇볕정책을 표방한 김대중 정부에 이어 참여정부를 내세운 노무현 정부가 집권하였으나 여소야대의[5] 국회가 구성되면서 당시 한나라당에 의해 금강산 관광길은 더욱 큰 암초에 부딪쳤다. 더구나 정치권에서 현대그룹에 대한 대북송금 의혹을 제기하는 목소리가 높아지면서 급기야 현대아산 정몽헌 회장은 검찰 조사를 받게 되었고 금강산 사업은 최대 위기를 맞았다.

대북 송금의혹은 현대가 북측으로부터 도로, 철도, 항만, 전력, 통신 분야 건설사업 이른바 '7대 경협사업'에 대한 독점사업권을 확보하는 합의서를 채택하는 대가로 북측에 현금 4억 달러를 지불하기로 이면합의 한 것 같다는 추측이었다.[6] 검찰조사가 진행되던 2003년 8월 4일 정몽헌 회장은 그의 집무

---

5) 2000.4.13. 총선결과 야당인 한나라당 133석, 여당인 민주당 115석, 자민련 17석, 기타 8석이었다.
6) 임동원 '피스메이커', 중앙books, 2008. p.42.

실에서 투신하여 생을 마감하게 된다. "평화는 때로는 돈으로도 살 수 있다." 라는 그의 말이 무겁게 마음을 스쳤다. 그의 죽음은 금강산 관광 사업을 반대하던 사람들의 목소리를 일시에 잠재웠다. 이 안타까운 소식에 수많은 국민들은 금강산 관광 사업은 계속 이어져야 한다며 금강산 탐승 길에 나섰고, 그 결과 2005년 6월 7일 금강산 관광객이 100만 명을 넘어섰다.

금강산 관광은 단순 관광이 아니라 우리 민족이 만들어가는 가장 평범하면서도 위대한 평화 · 통일의 길임이 확인된 것이다. 북측에서는 정몽헌 회장 추모기간 동안에 금강산 관광을 중단(2003.8.6.~8.12.) 하고 깊은 애도로 고인에 대한 예의를 표했다. 정몽헌의 추모비는 금강산 탐승의 중심 온정리에 세워졌으며 도올 김용옥 선생이 추모시를 썼다.

금강산과 함께 그의 삶은 이어질 것이며 사람들의 마음에 민족분단 역사를 평화로 극복하고자 온 몸을 던진 사람으로 기억될 것이다. 또한 남북이 함께 번영하는 공존의 미래를 그는 지켜 볼 것이다. 금강산 사업은 정주영, 정몽헌 회장의 유지이며 김일성 주석의 유훈으로 깊은 인연을 맺고 있다.

이러한 우여곡절을 거친 후 2003년 9월부터 금강산 육로 탐승이 정례화 되었고, 2004년 9월부터는 육로관광이 본격화 되었으며 2005년 2월 바다길 탐승이 막을 내리면서 이제 육로로만 금강산을 왕래하고 있다. 2007년 6월 1일부터 내금강 탐승 길이 열렸고, 2007년 12월 8일 금강산의 최고봉 비로봉 사전답사도 마친 상태다.

2008년 3월 17일부터는 승용차를 타고 군사분계선을 넘어 금강산 관광을 하는 등 교통수단이 확대되었으나 안타깝게도 같은 해 7월 11일 금강산 관광은 북측 군인에 의한 남측관광객 피격사망사건으로 중단되었다. 하지만 금강산 관광은 단순히 현대아산과 북측간의 관광사업 뿐 아니라 남북 이산가족 상봉 행사, 적십자 회담, 장관급 회담, 군사 실무회담, 학생들의 수학여행, 대북

금강산 온정리 정몽헌 추모비

민간교류의 사업까지 활발히 진행되면서 남과 북의 긴장완화에 지대한 족적
을 남긴 위대한 길이다.

　금강산!

　남과 북이 서로 등을 돌리고 있을 때도 이 길은 남과 북을 이어주었고 남북
군인들의 땀과 남북 당국, 남북 국민들이 만들어낸 역사의 길이다.

나의 금강산 탐승

1. 괜스레 서두르는 마음

2004년 7월 18일 '남북교육자통일대회' 이후 2005년 2월 25일 금강산 관광 길에 다시 올랐다. 관광을 위한 첫 걸음인지라 떠나기 전날 밤은 유난히 잠도 오지 않고 설렘도 배가 되었다. 아름답다는 금강산의 명성도 있지만 그보다는 북측 땅과 북녘 사람들을 만난다는 기대와 긴장감, 비무장 지대를 지나 군사분계선을 넘는다는 특별함이 있기 때문이다. 뿐만 아니라 '백문불여일견(百聞不如一見)'이라고 조금 더 북측을 이해하게 될 것이라는 마음도 한 몫 하고 북측을 가기 위한 출경시간을 맞추지 못하면 어쩌나 하는 걱정도 함께 했다.

2004.7.18. 금강산 첫 출발

1차 집결지는 강원도 고성이다. 오전 9시 경 금강산 행 관광버스를 타고 서울을 출발하여 양수리와 양평, 홍천, 인제를 지나고 남한강과 홍천강, 소양호 상류, 인제 내린천과 주변의 산세가 조화로움을 더하는 가운데 진부령을 넘으니 벌써 동해바다가 출렁인다. 진부령과 거진읍 중간쯤을 지날 때쯤 왼쪽으로 건봉사 입구라는 이정표가 보인다. 건봉사는 금강산 말사(末寺)로서 예로부터 '금강산 건봉사'라 불렸으니 금강산 초입인 셈이

다. 이곳은 임진왜란 때 사명대사의 승병봉기처로도 이름난 곳인데 한국전쟁
은 그만 금강산을 둘로 나누었고 천년 고찰 건봉사도 한순간에 불태워 버렸
다. 그러나 건봉사 불이문(不二門)만은 유일하게 불타지 않았으니 민족과 국
토를 둘로 나누는 것만은 안 된다는 뜻을 담고 있는 듯하다. 불이문(不二門)
편액 글자는 조선말기 화가 해강 김규진 선생이 썼다고 하는데 금강산 구룡폭
포 바위벽에 '미륵불(彌勒佛)'이라는 글자를 쓴 사람이기도 하다. 남녘에는 불
이문(不二門)을 쓰고, 북녘에는 미륵불(彌勒佛)이라 새겼으니 분단시대를 사
는 사람으로서 그가 어떤 마음으로 이 글씨를 썼을지 헤아려 보게 된다.

2. 주의사항이 아주 많은 길

1차 집결지와 '목걸이 관광증' 그리고 추억의 고성통일전망대

금강산을 가기위한 수속절차를 밟는 1차집결지는 강원도 고성군 금강산콘
도였으나 2006년 1월 19일부터는 고성군 화진포에 있는 아산휴게소이다. 이
곳에서 금강산을 가는데 필요한 관광증 및 사전교육을 받는데 관광증은 목걸

❶ 구 동해선남북출입사무소
❷ 관광증
❸ 현 동해선도로남북출입사무소

이용 비닐주머니에 잘 넣어져 있다. 숙소와 객실 방 번호, 반/조가 적혀있는 금강산 관광 이용권과 여권 역할을 하는 관광증 2장이 들어있다. 관광증은 비자 겸 여권 대용이므로 탐승 길에서 잃어버리거나 훼손시키지 말고 잘 보관해야 한다. 처음 탐승 길에서는 출입증명서인 관광증을 신주단지처럼 모시느라 얼마나 신경을 썼던지 뒷머리가 경직될 정도로 스트레스를 받았다.

잃어버리면 남측으로 돌아올 수 없고 벌금도 많이 물게 된다는 주의사항도 한 몫 하였다. 실제로 위반 사례도 있다하여 신경이 더 곤두섰다. 관광증에 대한 주의사항을 듣다보면 북측이 참으로 까다롭다는 생각이 들기도 하지만 북측에 대한 편견 때문일 수도 있다. 사실 북측이 아닌 다른 나라에 여행을 하는 동안에도 인솔자로부터 가장 많이 들었던 말이 여권을 분실하지 않도록 주의하라는 것이었다. 그래서 잠을 잘 때도 옷에 지니고 자야했다.

여권을 잃어버리면 다음 목적지로 이동도 어렵고 해결되기까지는 비용도 문제이지만 우리나라에 제때에 돌아올 수 없는 일이 발생한다. 그러므로 여권이건 여권대용이건 잘 보관하는 것은 당연한 일이다. 또한 정부에서 발급받은 여권과 비자 내용에 오류가 있어도 개인이 임의대로 고치면 안 되듯이 금강산 관관증도 임의대로 수정해서는 안 된다. 이 서류를 근거로 남과 북에서 방북을 허락한 것이기 때문이다. 수정하면 위반금(벌금) 등 행정적 조치가 따른다. 그러다 보니 관광증은 누구나 돌아오는 날까지 목에 걸고 다니면서도 수없이 분실여부를 확인하게 된다.

아산휴게소가 개관되기 전에는 고성군 금강산콘도에서 1차 금강산 관광수속업무를 했다. 이곳에서 오후 2시경부터 방북교육 등 수속절차를 마치면 고성통일전망대 아래 '동해선남북출입사무소'로 이동하여 출경시간을 기다렸다. 그러다 시간적 여유가 있을 때는 '고성통일전망대'에 올라 눈앞에 펼쳐진 금강산 봉우리들과 해금강을 바라보며 탐승의 의미를 생각해 보곤 했다. 전망대에서 금강산 탐승을 마치고 돌아오는 수십 대의 관광버스가 꼬리에 꼬리를 물고 비무장 지대를 통과하는 광경을 볼 때면 가슴 뭉클한 전율이 느껴지기도 하고, 인적 하나 없는 그 길에 비무장지대만이 배경이 되는 버스들의 행렬은 한 폭의 그림을 보는 듯 했다. 하지만 지금은 이러한 여유로움은 회상으로만 남게 되었다. 9년간의 추억을 뒤로한 채 '금강산콘도'와 '동해선남북출입사무소', '고성통일전망대'는 역사의 한 장이 되었다. 금강산콘도는 여행객들의 숙소로 사용되고 통일전망대는 따로 일정을 잡아 오지 않는 한 면 발치에서 바라볼 뿐이다. 화진포 '아산휴게소'에서 1차 금강산 탐승 수속업무를 하는 것은 편리성은 있지만 '남북출입사무소'를 제진역으로 이전한 것은 아쉽다.

멀리서 보는 금강산의 아름다움을 느낄 수 있고 북녘 땅으로 향하면서 잠시 각자의 생각들을 정리할 수 있는 고성통일전망대의 남북출입사무소가 더 의미 있다는 생각이 들기 때문이다.

휴대금지품과 옷차림

금강산 탐승에 필요한 관광증을 받고나면 간단한 주의사항을 듣게 된다. 관광 초기에는 주로 긴장감을 주는 '하지 마'가 주였으나 해마다 완화되어갔다. 그렇다고 내용이 크게 달라진 것은 아니다. 주의사항은 일반적으로 외국을 여행할 때 지켜야 할 사항과 함께 군사지역을 지날 때 지켜야할 사항, 북측지역 출입 시 유의사항이 더 해진 내용이다. 남과 북의 특수 관계가 단적으로 드러나는 것이기도 하다. 주의사항이라기 보다는 준수 사항이라고 말하는 것이 더 적절할 듯한데 남측의 탐승객들이 가장 주목하고 듣는 부분이다.

우리가 금강산을 갈 때는 해외에 나갈 때와 마찬가지로 '휴대금지품목'이 적용된다. 남과 북은 1991년에 유엔에 동시 가입한 독립국가들이고 금강산은 북측 영토이기 때문이다. 그러나 통상적으로 다른 나라에 갈 때와는 달리 휴대전화, 고배율 카메라와 망원경 노트북 등 금지품목[7] 이 더 많은데 그것은 군사지역을 통과 할 때의 통상적 절차에 남북의 특수 관계를 반영하고 있다고 생각된다. 이와 같은 상황들은 북측이 자국의 군사기지 및 체제를 보호하고 만약의 사태에 대비하기 위한 최소한의 대책이라고 여겨진다. 역지사지로 우리 남측도 마찬가지일 것이다.

북측사람이 남측의 군사기지에 와서 고성능 카메라로 촬영을 하고, 남측주민들 사이에서 북측의 방송을 틀어놓는다면 어떠할까를 생각해 볼 수 있다. 이러한 제재는 대결국면에서 발생할 수 있는 분쟁을 사전에 예방하기 위한 북측과 남측의 공통된 필요에 따른 요구라고 보아도 될 것이다. 특히 남측 사람들에게 필수품처럼 된 무선통신 휴대전화 금지가 불편하지만 북측이 자유가 없기 때문이라고 생각하기에 앞서 최전방 금강산은 남과 북이 대치하고 있는 군사지역임을 감안할 필요가 있다. 역시 분단 산물의 불편함이다. 관광수속 창구에서 휴대폰 등 반입금지품 보관신청을 한 후 돌아올 때는 남측출입사무소에서 돌려받는다.

금강산 탐승 길에서는 옷차림에도 신경을 써야 한다. 옷에 태극기나 일본 국기, 미국 국기는 물론 국명 표기나 영어가 눈에 띄게 인쇄된 의복에 대해서는 제재를 한다. 물론 이것도 남북의 합의사항이다. 북측을 '악의 축'으로 규정하고 경제봉쇄를 철저히 강행하는 북미 관계와 국교수립 없이 적대적인 북일 관계를 생각해 보면 이유가 짐작된다. 물론 잘 모르고 이런 옷을 입었다면 갈아입거나 그 위에 테이프를 붙여 보이지 않게 하면 된다. 이것은 작은 일일 수도 있는데 작은 일부터 합의사항을 지켜가는 것이 남과 북의 신뢰감을 쌓아가는 토대이다. 해가 갈수록 이러한 제재 조건들이 완화되고 적발 시 조치도

---

7) 금지품목: 휴대전화(밧데리, 충전기포함), 라디오, 녹음기, MP3, PMP, 10배 이상의 쌍안경과 망원경, 160mm 이상의 망원렌즈가 달린 사진기, 24배줌(광학렌즈)이상의 줌렌즈가 달린 비디오카메라, 관광객의 문화생활 및 편의목적으로 인정되는 종류와 수량을 제외한 인쇄물(예, 남측신문, 서적내용 검열 등), 그림, 글자판, 녹화테이프 등

유연하게 변화하고 있다. 금강산 탐승구역에서 함께 하는 남북 사람들 간에 신뢰가 쌓이고 인간관계가 잘 형성되어 간다는 반증일 것이다. 특히 2018년부터 남북, 북미 간 정상회담 등 평화의 바람이 불기 시작했으니 다시 금강산 길이 열리면 많은 변화가 오지 않을까 한다.

탐승원칙 제3조, 삭제된 제12조, 수정된 제19조

탐승 시 주의사항에는 우리들이 금강산을 탐승 할 때 가져야할 원칙이 무엇인지를 명확히 내포하고 있다. 그러니까 '하지 말라'는 금지행위를 듣게 되면 단순히 기계적으로 외우기보다는 그 이면에 함축된 '왜 그럴까'를 생각해 보면 상대를 이해해가는 과정에서 도움이 될 것이다. 1998년 11월 2일 북측이 제시한 금강산관광 시행세칙을 남측이 거부하자 같은 해 11월 18일 다시 행동준칙을 일방적으로 통보하였다. 물론 수많은 협의를 거쳐 남과 북이 수정보완에 이르렀지만 어쩌면 당시 통보한 행동준칙들이 북측의 속마음이 아니었을까?

초기 금강산관광지구법 제11조는 '관광객은 금강산 구경을 하면서 우리나라의 유구한 력사, 찬란한 민족문화와 금강산의 아름다움을 인식하며 휴식과 휴양으로 건강을 보호하고 증진시키는 원칙에서 관광려행을 하여야한다'라고 명시하였으나 현재는 제3조에 '관광은 민족의 유구한 력사 찬란한 문화를 인식하고 등산과 해수욕 휴양으로 건강을 증진하며 금강산을 유람하는 방법으로 한다.(2002.10.23.)'로 수정 되었다. 이것은 남측 관광객뿐만 아니라 북측의 인민들도 가져야할 탐승 원칙이다.[8]

---

8) 참고 : 금강산관광지구법
제1조 : 이 준칙은 남조선관광객들이 금강산지구를 관광하면서 공화국의 안전보장과 금강산자연보호 질서를 엄격히 지키도록 하기 위하여 제정한다.(초기)
제1조 금강산관광지구는 공화국의 법에 따라 관리 운용하는 국제적인 관광지역이다. 조선민주주의인민공화국 금강산관광지구법은 관광지구의 개발과 관리 운영에서 제도와 질서를 엄격히 세워 금강산의 자연생태관광을 발전시키는데 이바지 한다.(2002년 수정)

금강산 탐승 길에는 수천 년 우리민족이 만들어온 남북 공통의 역사와 문화, 아름다움이 투영된 우리민족의 정서가 면면히 살아있다. 이것을 기억하면 환경보호는 물론 같은 민족으로서 우선되어져야 할 가치가 무엇인지 알게 되고 '금지사항'의 배경에 대해서도 좀 더 이해하게 될 것이다. 초기 금강산관광지구법 제12조는 관광객이 금강산 탐승 시 지켜야 할 질서관련 조항으로 '관광 질서는 자각적으로 지켜야하고 북측의 자주권과 재산, 인권을 침해하거나 사회제도와 정책, 시책을 시비하지 말아야 한다.'고 하였으나 삭제 후 수정 보완하여 금강산관광지구법 제19조에 명시하였다.

제19조에는 관광객이 지켜야 할 사항으로 '관광지구 관리기관이 정한 노정을 따라 관광하여야 하며, 민족의 단합과 미풍양속에 맞지 않는 인쇄물, 그림, 녹음, 녹화물 같은 것을 유포시키지 말아야 하고, 관광과 관련 없는 대상을 촬영하지 말며, 관광지구 관리기관이 정한 출입금지 또는 출입제한 구역에 들어가지 말아야 하고, 통신기계를 관광과 관련 없는 목적에 이용하지 말아야 하며, 북측의 혁명사적지와 역사유적유물, 천연기념물, 동식물, 온천 같은 관광자원에 손상을 주는 행위를 하지 말아야 한다'고 규정하고 있다. 수정 보완된 내용은 매우 구체적이고 명확하여 자의적 해석의 폭을 줄였다. 이 모든 것은 남과 북의 약속임을 기억해야 한다. 특히 정해진 길을 관광하며 출입금지구역에 들어가지 말아야 하는 것은 매우 중요한 사항이다.

비무장지대를 건너자마자 양쪽으로 포진하고 있는 북측의 군사시설을 단지 관광거리로만 생각하면 큰 착오다. 서해안의 강화(교동도)에서 동해안의 간성(고성의 명호리)까지 248km의 군사분계선을 사이에 둔 비무장지대 (DMZ)는 양측에서 1백만 이상의 군대가 배치된 세계에서 가장 중무장한 지역으로 남아있다. 좀 더 냉정하게 말한다면 남과 북은 아직 전쟁이 끝나지 않은 상태이고, 서로 다른 이념, 정치, 경제, 사회, 문화를 달리하는 극명한 대결적 관계다. 특히 군사지역은 어느 나라이건 엄격한 공권력의 통제가 미치는 곳임을 기억할 필요가 있다. 따라서 금강산이 남과 북이 합의하여 만든 관광특구라 할지라도 정해진 탐승 길을 벗어나서 마음대로 탐승할 수 없다. 만약에 정해진 곳이 아닌 다른 곳을 가려면 관광지구 관리기관을 통하여 목적에 맞게 관광증명서 발급신청을 하여야 한다. 이러한 절차 없이 정해진 구역을 벗어나면 곧바로 제재가 따르게 마련이다. 이러한 곳에 우리는 분단을 끝장내고 화해 · 협력 · 평화통일을 만들어 가기 위해 발걸음을 내 딛고 있는 것이다.

'바위글발'에 손가락질을 하지 말아야 하는 이유

금강산에는 남북공통의 기억도 있지만 수십 년의 분단이 만들어낸 다름의 역사도 공존한다. 그렇기 때문에 금강산 탐승 길에서는 '손가락질 하지 말라'는 주의사항에 몇 번이고 긴장하게 되고, 탐승 길에서 북측 사람들을 만나면 괜한 경계심도 생긴다. 관광초기에는 합의사항을 위반했을 때 곧이곧대로 규정을 적용하여 벌금(위반금)을 내거나 억류나 추방되는 경우도 있었고 심지어는 관광도 중단되었다. 백범 김구 선생의 말처럼 아직은 우리들 마음속의 38선이 너무 높아 생긴 일이다. 백범은 "마음속의 38선이 무너져야 땅위의 38선도 없어질 수 있다"고 했다. 금강산 탐승 길만이라도 마음속의 38선을 내려놓아야겠다. 남북 공존을 모색하는 변화의 시대에 남북 사람들이 만나 '상대와의 차이를 인정하고 존중'하는 경험을 해 볼 수 있는 곳이기 때문이다.

앞에서 말했듯이 '하지 마'라고 하면 그것을 단순히 외워서 할 것이 아니라 '왜 그럴까'라고 생각해볼 필요가 있다. 특히 남북관계에서는 더욱 그러하다. '손가락질 하지 말라'는 대상은 주로 바위에 새겨진 글이나 탐승길 요소요소에 세워진 현지지도사적비, 현지지도표식비 등을 말하고 있다.

'바위글발'은 바위에 새겨놓은 글들을 말하며 북측에서는 이것을 '만년대계 자연글발'이라고 한다. 바위글발은 북측사회주의 역사를 상징하는 말들로서 '주체, 자주, 자립, 자위'를 비롯하여 북측의 지도자 김일성 수령과 김정일 국방위원장, 김일성수령의 부인 김정숙과 관련된 내용들이 주를 이루고 있다. 이들은 북측에서 3대 영웅으로 추앙받고 있으며 특히 김일성 수령은 북측에서는 '절대성'이 부여된 존경 받는 인물로서 김일성을 빼놓고는 북측의 역사를 말하기 어렵다. 이러한 역사적 배경을 담고 있는 글발이나 표식비를 우리 잣대로 평가하거나 폄하한다면 문제가 발생할 수밖에 없다. 입장 바꿔 생각해 보면 북측 사람이 남측에 와서 우리의 체제를 폄하하고, 그동안 우리가 일궈온 소중한 가치에 대해 경시한다면 우리 또한 문제 삼지 않을 수 없다.

더구나 전체의 이익과 관계형성으로 특징되는 사회주의집단지도 체제인 북측의 경우는 더욱 그러할 것이다. 이것이 남과 북의 가장 큰 차이점이다. 상대가 살아온 소중한 가치나 문화적 차이를 잘 알 수 없는 남북의 현실 앞에서 상호 사려 깊지 못한 언행들은 나 개인의 문제를 넘어 남북문제로 비화될 수 있다. 실제로 1999년 '민00씨 사건'으로 관광이 중단이 되었고, 2004년 4월 남북이산가족 상봉행사 중 통일부 관계자의 '천출명장'[9] 관련 발언이 문제가 되어 행사가 일부 취소가 되기도 하였다.

통일을 지향하는 과정에서 차이에 대한 인정과 존중이 기본이라는 것을 다시 한 번 느끼게 된다. 이점은 북측사람이 남측사람을 대할 때도 마찬가지다. 북측에서 금강산은 '인민들의 휴양지이자 혁명적 교양장소'다. '혁명적 교양'이라는 말에는 북측 사회주의의 역사가 함축되어 있다. 그것을 금강산 바위에 기록으로 새겨 놓은 것이다.

---

9) '천출명장'과 관련해서는 p74~75에서 설명.

잠깐! 사진촬영 금지

금강산 탐승 길에서는 사진 촬영을 제한하는데 특히 차를 타고 이동 중에는 촬영을 절대 금지한다고 철저하게 사전교육을 받는다. 이러한 교육결과 금지구역에서는 손도 떨리고 가슴도 떨려 사진촬영을 하고 싶어도 할 수도 없다. 사진촬영 금지위반여부 감시는 북측 군부소관인데 무서울 정도로 정확히 적발해 낸다. 금강산관광지구법 제19조에도 관광객이 지켜야 할 사항으로 '관광과 관련 없는 대상을 촬영하지 말아야 한다.'고 규정되어 있다.

특히 비무장지대, 북측의 인민군이나 군사시설물들이 있는 곳을 향해서는 사진 촬영을 철저히 금하고 있다. 금강산 지구는 중요한 군사지역이다. 북측 인민군들이 생명을 걸고 끝까지 사수한 금강산지구 1211고지와 월비산, 351전투는 한국전쟁사에 한 획을 남겼을 정도이며, 특히 내금강 지구에 있는 1211고지는 남측에서는 김일성고지라고 부를 정도다. 군사지역에서의 사진촬영 금지는 북측뿐만 아니라 세계 모든 나라들의 공통점이다. 물론 언제 다시 오게 될지 모르는 북녘의 산하를 촬영하고 싶은 마음이야 모르는 바 아니지만 남북 특수 관계, 군사지역임을 감안한다면 당연히 협조해야 할 사항이다.

때로는 몰래 촬영하는 사람들도 있는데 합의사항 위반이자 신뢰를 무너뜨리는 행위라는 것을 함께 기억해야 한다. 우리의 금강산 탐승 길은 합의사항을 일방적으로 어겨서 얻을 이익은 한 가지도 없다. 금강산 탐승 길의 최고의 아름다움은 지킬 것은 지키는 가운데 형성되어지는 남과 북의 신뢰와 진정성임을 그곳에서 만나는 북녘 사람들과 대화하다보면 느끼게 된다.

작은 약속 '남측'과 '북측'

1991년 남과 북은 각각 주권국으로 유엔에 동시 가입하였다. 또한 같은 해 남과 북은 쌍방이 나라와 나라사이가 아닌 통일을 지향하는 과정에서 잠정적으로 형성되는 특수 관계를 인정하는 '남북사이의 화해와 불가침 및 교류 · 협력에 관한 합의서(약칭: 남북기본합의서)'를 체결하였다. 하지만 나는 일상에서 북측의 공식 국명인 '조선민주주의인민공화국'이라 호칭하지 않고 북한으로 부르고 있다. 북측 또한 남측을 남조선이라고 부르고 있다. 북한은 '북쪽에 있는 대한민국'이고 남조선은 '남쪽에 있는 조선민주주의인민공화국'이라는 의미를 담고 있다. 엄밀히 말하면 서로가 거부감을 갖는 호칭이다. 이에 남북교류가 진행되면서 남과 북은 '남측'과 '북측'으로 부르기로 합의 하였다.

금강산을 갈 때도 사전교육에서 이점을 강조하고 있다. 내가 북측을 '북한'이라고 표현할 때는 잘 몰랐는데 북측 사람이 나와 이야기 도중에 '남조선'이라고 하니까 왠지 묘한 기분이 들었다. 소위 '내로남불'이라고나 할까? '남측'과 '북측'은 서로를 존중하는 호칭이라고 생각한다. 작은 약속이지만 약속된 이름을 불러줄 때 그에 맞는 책임도 더해질 것이다. 금강산에서 북녘 사람들을 만나 이야기를 하게 되면 '북측' 과 '남측'으로 말하는 것이 가장 자연스럽다.

3. 아련한 희망 길

7번 국도와 '동해선도로남북출입사무소'

금강산을 가려면 1차적으로 화진포 아산휴게소에 집결하여 금강산 관광증을 받은 후 버스로 제진역에 있는 '동해선도로남북출입사무소'로 이동한다. 출입사무소까지는 십 수 차례 오간 길이건만 계절에 따라, 때로는 마음에 따라 풍경이 달라지는데 때때로 분단이 가슴 저리도록 다가올 때가 있다.

2005년 탐승길 기억을 더듬어 본다. 2월에 이어 4월 말경 다시 찾은 최북단 마을 명파리는 눈 쌓인 겨울을 지나 파릇파릇한 봄의 생명을 안고 있었는데 왼쪽 차창 밖으로는 산자락이 검었다. 그 광경을 보니 분단이후 처음으로 남측의 소방헬기가 비무장지대에 투입되어 산불을 진화하였다는 언론 보도가 떠올랐다. 산불은 2005년 3월 29일 오전 통일전망대 서북쪽 북측 지역에서 발생하였고 며칠 뒤 내린 비로 자연 진화된 줄 알았으나 불씨가 되살아나 바람을 타고 남측지역 비무장 지대로 번져 민가까지 위협하게 되었다. 불이 번질 것을 대비해 소방차와 병력 등 만반의 준비를 해 놓은 남측은 이 상황에서 더 기다릴 수 없어 4월 8일 북측에 비무장지대 내 소방헬기 진입을 허용해달라는 전화통지문을 보냈다.

북측이 군사분계선만 넘지 않는다면 비무장지대 안으로 헬기가 진입해도 좋다고 답신하자 남측 소방헬기는 비무장지대로 진입하여 산불을 진화했다. 산불이 번지는 위급한 상황에서도 상대의 허락 없이는 들어갈 수 없는 분단의 현실은 참으로 안타깝다. 차창 너머 길게 드리워진 검은 산자락은 그 산불의 잔재가 아닐까 하는 생각이 들었던 것이다.

차창에 스치는 최북단 마을과 산야에 마음을 주다보면 어느새 '동해선도로 남북출입사무소'에 도착하게 되는데, 일반국도 7번을 따라 남북출입사무소까지 가는 길에는 네 개의 콘크리트 방호벽이 설치되어 있다. 전시에는 이 방호벽을 허물어 도로를 차단시킨다고 한다. 일반국도 7번 도로는 강원도 고성에서 함경북도 회령에 이르는 약 900km의 구간이 연결된다. 이 노선은 원산에서 북동부 해안을 따라 입지한 공업지구와 흥남, 북청, 김책, 청진 등의 주요 도시와 연결되고 중국 동북3성, 러시아 연해주로 이어지는 국경도로가 개설되었다.[9] 방호벽을 지나면 '여기는 민통선입니다'라는 아치형 안내판이 보이는데 수상한 자를 신고하라는 안내전화 번호가 먼저 눈에 들어온다.

통일의 꿈을 안고 가는 금강산 길 초입에서 만나는 우리 내면에 지우지 못

---

9) 한국관광공사, '남북철도연결에 따른 한반도관광 진흥 전략 수립' 한국관광공사, 2008. p. 191 참조.

한 분단의 상흔들이다. 여기저기 군사적 대립과 분단의 흔적들이 아니더라도 '최북단'이라는 푯말 하나로도 더 갈 수 없다는 것을 알고도 남는다. 그러나 나는 지금 이곳을 넘어 북녘 땅 금강산으로 가고 있다.

아산휴게소에서 금강산 통행절차를 밟는 제진역 남측출입사무소까지는 약 10분정도가 걸린다. 이곳이 개관되기 전에는 고성통일전망대 인근에 '동해선 도로남북출입사무소'가 있었다.

출국 아닌 출경 – 금강산 27km

동해선도로남측출입사무소에서 세관(Customs), 출입국(Immigration), 검역(Quarantine) 절차를 밟는다. 국경을 넘는 해외출입국 절차와 동일한데 관광증과 신분증으로 신원 확인을 한다. 남북은 1991년 유엔에 가입한 독립 국가들이지만 나는 여권 없이 북녘 땅에 가고 있고, 출국이 아닌 출경 심사를 받고 있다. 출경(出境)은 국경의 개념이 아닌 경계선을 넘는다는 의미이다. 이는 앞서 언급했듯이 1991년 12월 13일에 체결된 '남북기본합의서'에 근거한다. 남과 북은 '쌍방 사이의 관계가 나라와 나라 사이의 관계가 아닌 통일을 지향하는 과정에서 잠정적으로 형성되는 특수 관계라는 것을 인정'하여 남북 간 왕래는 국내 이동으로 간주하는 것이다.

그러나 출경수속을 할 때 반입 금지 품목은 고배율 카메라와 비디오, 망원경, 노트북, 휴대폰 등 외국으로 나갈 때 보다 더 많고, 서적 또한 내용검열을 하는 등 관

'2005. 4. 23. 탑승차량 앞

광객들의 소지품 검사가 철저하다. 끝나지 않은 대결국면인 남북분단의 현실이다. 이것은 북측 사람들이 남측을 방문할 때도 마찬가지다.

검색대를 통과한 후 건물 밖으로 나가면 관광객이 타고 갈 35인승 금강산 관광 전용버스가 기다린다. 남녘에서 타고 온 버스나 자가용은 특별행사 등으로 사전허가를 받은 차량 외에는 들어갈 수 없다. 그런데 2008년 3월부터는 일반 탐승객들도 누구나 사전허가를 받아 승용차로 금강산 관광을 할 수 있게 되었다.

남북이 함께 만들어가는 변화들이다. 금강산 관광버스 운전기사는 남측의 현대 아산에서 고용한 중국 조선족 동포다. 관광증에 명시된 조별로 탐승객들이 승차하고, 금강산 북측출입사무소에서 수속 준비가 완료되었다는 무전연락을 받으면 버스는 금강산을 향해 움직인다. 이곳에서부터 돌아오는 날까지 탐승객들을 안내 할 '안내조장'과 함께하는데 남측사람이다.

여행을 할 때 안내하는 사람을 흔히 '가이드'라고 하는데 금강산 탐승 길에서는 '안내조장'으로 부르고 있다. '가이드'라는 외래어보다는 '안내조장'이라는 우리말 표현이 적합하다고 합의하였기 때문이란다. 북측에서는 외래어 보다 우리말 사용을 중시하고 있으며 학교에서도 국어와 역사, 지리과목을 철저히 교육하고 있다. 차에 탑승하자 안내조장이 "승차권 주셨나요? 승차권을 안 주시면 무임승차 이전에 월북이 됩니다."라고 한다. 월북이란 말을 들으니 새삼 묘한 느낌이 들었다.

차창 밖으로 여기서부터 금강산까지 27km라는 이정표가 보인다. 드디어 금강산을 향해 관광버스가 속도를 낸다. 그러나 버스보다도 더 빨리 달려가는 내 마음은 벅찬 감격과 설렘, 기대감, 그리움, 슬픔, 긴장감으로 뒤범벅이다. 육당 최남선이 한마디로 집약한 '조선심의 발로'인 금강산을 만날 수 있고 분단으로 갈수 없었던 북녘 땅을 가기 때문이다. 나는 금강산 탐승 길에서

'금강산에는 남북 분단현실이 있고, 금강산에는 우리민족 공통의 기억이 살아 있으며, 금강산에는 다름의 기억인 북측의 역사가 있고, 금강산에는 남북이 함께 만드는 공존의 삶이 있다'는 네 가지에 대해 생각해 보고자 한다.

어쩌면 금강산은 이 네 가지 주제를 동시에 뚫고 지나가는 길이기도 하다.

그렇다. 금강산에는 분단현실이 가까이에 있고, '남북 공통의 역사'도 살아 있으며 '분단이 만든 다름의 역사'도 있다. 뿐만 아니라 남북 사람들이 함께 만들어가는 공존의 삶을 탐승지 곳곳에서 접하게 될 것이다. 공통의 기억은 공유하고 다름과 차이는 서로 인정하며 이해의 폭을 넓혀갈 때 평화와 통일을 위한 소통의 길은 열릴 것이다. 이것을 만들어내는 것은 결국 우리들 마음에 달려있다.

동해선도로

손에 잡힐 듯 스치는 추억과 전쟁의 상흔들

남측의 비무장지대 금강통문이 가까워오면 우측으로 고성통일전망대와 구 '동해선남북출입사무소'가 보인다. 9년 동안 이곳에서 남북출입경절차를 수행 하였다. 이곳은 하루 1,000여 명을 수용하기에는 좁은 곳이었지만, 금강산 관광객들은 불평 없이 설레는 마음만을 간직한 듯 더우면 더운 대로, 추우면 추운 대로 대합실과 출입사무소 밖에서 출경 시간을 기다리며 고성통일전망대에 오르기도 했다.

고성통일전망대는 1983년 7월 26일에 착공하고 이듬해 2월 9일에 준공되어 안보관광의 중심 역할을 하던 곳이다. 1953년 7월 27일 2년 이상을 끌며 수백만의 사상자와 국토분단, 황폐화를 가져온 한국전쟁의 휴전협정이 조인되었을 때 전쟁 전의 38선은 동서로 사선을 그으며 지금의 휴전선과 비무장지대를 남겼다. 당시 한국군과 유엔군은 군사적으로 가치가 있는 동쪽의 산악지대를 차지하였고, 인민군과 중국군은 서쪽의 평야와 도서와 바다를 차지하였다. 군사적 측면에서 양측은 고성과 금강산 일대의 산악지대가 원산에 이르는 공격로이자 방어선이었기 때문에 치열한 전투를 벌였다.

지금은 이곳에서도 뚜렷이 보이는 북측의 월비산과 351고지, 내금강의 1211고지는 철의 삼각지와 함께 남북 모두에게 치열한 전사를 남겼다. 이곳에는 대한민국 '공군 351고지 전투지원작전기념비'가 있고 당시의 전투기 한 대도 전시되어 있다.

통일전망대에서 보이는 351고지는 1950년 한국전쟁 당시 함포사격으로 고지가 366미터에서 351미터로 낮아졌다 하니 얼마나 치열한 전투였을지 짐작이 된다. 조국을 위해 전쟁터로 나가야 했던 수많은 젊은이들의 생이 한편의 시에서도 가슴 아프게 살아온다.

출정사(出征詞)

조영암[10]

복사꽃 붉은 볼이
너무도 젊어

사랑도 하나 없이

싸움터로 달린다

나라와 겨레 우에

몸이 슬어도

천년후(千年後) 백골(白骨)은

웃어 주리니

흐려오는 안정(眼精)에

얼비치는 사람아

흰눈벌 촉루 우에

입 맞춰 달라

(시산(屍山)을 넘고 혈해(血海)를 건너, 정음사, 1951)

   그러나 금강산 탐승 길이 열리면서 고성통일전망대는 평화관광의 역사를 새롭게 써나가고 있다. 이곳 통일공원에는 미륵불상과 성모마리아 상이 북녘을 향하고 있는데 이는 북녘의 해금강에서도 잘 보인다. 한편 우리 선조들은 금강산을 잘 보려면 '멀리보아야 한다'고 했는데 이곳에서 그 말을 실감할 수 있다. 금강산 마지막 봉우리인 구선봉이 손에 잡힐 듯하고 금강산 탐승 길에서 보게 될 월비산, 351고지, 옥녀봉, 집선봉, 세존봉, 채하봉과 해금강의 일부가 수묵화처럼 들어온다. 멀리서 금강산을 조망할 수 있는 위치 좋은 전망대이다. 하지만 아름다운 전망 속에서도 드러나는 전쟁의 상흔들을 보고 있노라니 금강산은 분단 이후 북녘동포들에게 어떤 의미일까를 생각해보게 된다.

---

10) 조영암 (趙靈巖, 1918.5.27. ~ ?). 승려이자 시인, 작가. 건봉사에 부도와 '출정사(出征詞)' 시비가 세워져 있다.

4. 교양! 북측에서의 금강산의 의미

금강산은 군사요충지

금강산은 북측의 중요한 군사기지다. 북측에서 금강산을 군사적으로 중요시하는 이유는 평시나 전시를 막론하고 방어전과 공격전에 유리한 전략기지로서의 특성을 지녔기 때문이라고 한다. 금강산은 주봉인 비로봉이 중심인 내금강과, 단단한 화강암의 만물상이 자리한 외금강 등 서부에서 동부 해안선까지 약 40km에 걸쳐 있는 천연요새다. 자연 지리적 조건은 각 연봉들과 고지, 울창한 삼림, 절벽 등이 남쪽에서의 군사적 북진을 가로막는 성채처럼 전개되어 있고 그 중심부의 전방 약 4km 지점에 월비산이 버티고 있으며 그 뒤 연봉들 사이로는 남강이 동북에서 서남쪽으로 흐르고 있다.

이러한 자연조건을 갖춘 금강산을 사수하기 위하여 한국전쟁 때 치열한 전투가 벌어졌다. 북측은 금강산을 지키기 위한 전투가 바로 미군(유엔군)의 진격을 막았다고 말한다. 특히 목숨으로 사수했다는 1211고지 전투와 351고지 전투, 그 전투를 보장하기 위한 인민들의 원호활동 이야기가 북측에서는 많이 회자되고 있다.

휴전회담 초기 치열한 전투가 벌어졌는데 1211고지를 지키지 못하면 금강산을 잃고 후방의 원산까지도 내줄 수밖에 없는 상황이라 이곳 사수에 사활을 걸었다고 한다. 1951년 9월 북측 인민군 최고사령관이던 김일성이 방문하여 "1211고지를 목숨으로 사수하자"며 장병들을 독려하였고, 10대의 어린 나이로 불 뿜는 적의 화구를 온몸으로 막았다는 상징적 인물 이수복의 '영웅신화'가 탄생한 곳이기도 하다. 1211고지는 북측에서는 '영웅고지', '승리의 고지'로, 남측에서는 '김일성 고지'로 통칭하고 있다. 오늘날에도 북측에서는 산의 높이로 명칭을 대신하던 전시 군사용어가 그대로 명사화 되어 '사활이 걸린 중대한 문제' '반드시 수행하거나 쟁취해야 할 과제나 목표'의 대명사처럼 1211고지라는 말을 쓰고 있다.

이곳은 행정구역상으로는 강원도 금강군으로 남측의 철의 삼각—백마고지 전투로 유명한 철원으로 가면 볼 수 있는데 철원은 옛날 금강산 장안사까지 전철이 왕래하던 곳이다. 반면 351고지 전투는 휴전협정 체결직전의 격전지였다. 치열한 전투를 벌이는 인민군들에게 군수물자를 지원하기 위해 엄동설한을 뚫고 만든 106굽이 온정령 고개 길은 영웅의 고개로, 온정리에서 신계사로 넘어가는 고개 길은 수레길(술기넘이)로, 신계사의 하관음봉과 문필봉 사이에 있는 극락고개는 원호고개로 명칭이 바뀌었다. 한국전쟁은 금강산 지명마저 바꿨고 처절했던 금강산 전투 속의 인민들의 모습은 북측 문인들의 시문학으로 피어났다.

길마다 고개마다
구희철

(전략)

수레길, 원호고개
끝없이 이어가던 사람들의 물결
그 날의 모습을 내 모르고
그 날의 이름들 내 알길 없어도

아, 금강산아!
너의 아름다운 모습 속에

그네들의 모습이 함께 있고
너의 그 빛나는 이름 속에
그네들의 이름은 함께 불리워져라

금강의 아이들

김정곤

(전략)
아! 금강의 아름다움에 취해
신비로운 전설을 알기 전에
금강의 풀 한포기 나무 한그루
목숨으로 수호한 그 불같은 이야기
먼저 가슴들에 새겨 안았으니

그래서 저 고지의 구릉들이
영웅의 어깨처럼 일어서 마주오고
그래서 금강의 바위들이
탄약상자 멘 아버지 어머니들 모습처럼
다가서고
(후략)

북측은 김정일 시대에 절경 여러 곳을 선정했는데 '철령의 진달래꽃'을 선군3경으로 선정하였다. 철령은 내금강 가는 길 강원도 고성군 구읍리와 회양군 금철리 경계에 있는 해발 677m 고개를 말한다. 1996년 3월 이후 김정일 국방위원장이 10여 차례 이 고개를 넘어 최전방을 시찰한 것을 계기로 '고난 극복', '승리' 등을 상징하고 있는데 금강산 지구는 여전히 북측의 중요한 군사 기지라는 것을 알 수 있다.

인민들의 휴양지이자 혁명적 교양장소

북측은 해방 이후부터 금강산 지구를 정책적으로 인민들의 문화휴양지로 가꾸어 왔다. 금강산에는 북측에서 건설한 휴양소와 초대소, 혁명사적관과 문화유적관리소가 있다. 온정리에도 금강산혁명사적관(구 외금강휴양소)과 1947년 김일성과 그의 부인 김정숙이 다녀간 것을 기념하여 내국인전용 김정숙 휴양소(현 외금강호텔)가 건립되고, 외국인들을 위한 금강산 여관(현 금강산호텔)도 세워졌다. 북측은 해방 이후 일제강점기 퇴폐적 관광문화를 일소하고 금강산에서의 광산개발도 중단시키는 등 자연을 그대로 보존하는 정책을 펼쳤다. 그리고 금강산을 인민들의 휴양과 교양을 담보하는 사회주의 낙원으로 만들어나가고자 하였다. 금강산 곳곳에 세워진 휴양소와 탐승로는 북측 사회주의 건설에 땀 흘린 인민들이 휴식과 더불어 사상교양으로 심기일전하던 곳이다.

구룡폭포

리호남

신선 선녀가 날 불렀더냐

아니면, 청룡, 황룡이 날 찾았더냐

로동의 피로는 간 데 온 데 없어

새 힘 솟으며 마음은 용광로로 달리니

아! 금강의 조화 세상 비길 데 없네

북측이 금강산에 새긴 수많은 글발들, 즉 '만년대계 자연글발'은 북측의 이념과 체제, 김일성수령과 사회주의를 선전하는 글들이 주를 이룬다. 1970년대에서 80년대에 이루어진 글발 사업에는 만 명 이상의 인민들이 자원했다고 한다. 글발을 통하여 김일성의 은덕과 사회주의 노동당 시대의 업적을 대대손손 교양 선전하고 있는 것이다. 북측이 추구하는 교양과 사상을 담은 압축적인 말은 '주체'인데 주체사상은 북측 사회를 이끌어 나가는 사상이자 철학이라고 볼 수 있다.

남측의 탐승객들이 다니는 금강산 탐승 길은 우리 선조들이 다니던 길이고 해방이후에는 김일성이 다녀간 노정이기도 하다. 우리들이 탐승 길에서 만나는 선조들의 자취와 분단 이후 세워진 표식비들이 그것을 말해주고 있다. 남측 관광객들이 가기 전까지는 북측 인민들이 김일성수령의 은덕을 되새기며 혁명적 교양을 높이던 길이다. 그러나 지금은 남측 관광객이 다니는 탐승길에 북측 인민들은 다닐 수 없다. 그럼에도 금강산 탐승 길이 중요한 것은 멀리서나마 남녘 사람들이 북녘 사람들의 사는 모습을 볼 수 있고, 북녘 사람들 또한 남녘 사람들을 볼 수 있는 기회이기 때문이다. 멀리서 가까이서 접촉기회가 많아지면 궁극적으로는 다름을 넘어 공존의 삶으로 확장될 수 있으리라 믿는다.

5. 비무장지대 풍경

아! 비무장 지대, 갑자기 조용해지는 차안

남측출입사무소에서 출발한지 채 10분도 안 되어 '금강통문'에 이른다. 국군들이 문을 활짝 열어주면 탐승객들을 태운 금강산 관광 버스는 남방한계선을 넘어 비무장지대[11]로 들어선다. 통문은 남북방 한계선의 철책 곳곳에 있는 비무장지대 출입구로서 적의 침투를 막고 감시하기 위한 문인데 이렇게 왕래의 문이 되었다. 오가는 차량들은 비무장을 상징하는 주황색 깃발을 달고 있다. 비무장지대란 국어사전에서는 '전쟁을 멈춘 양쪽 군사 세력이 경계로 정한 선'으로 설명하고 있지만 그보다는 아무도 접근할 수 없는 '분단의 상징'으로 우리들에게는 호기심과 긴장감이 팽배한 곳이다. 이 지역에서는 군대의 주둔이나 무기의 배치, 군사시설의 설치가 금지되며 이미 설치된 시설도 철수 또는 철거하여야 한다. 그러나 한반도의 비무장지대는 세계에서 유래가 없는 '지뢰밭'으로 비무장지대라는 본래의 뜻과는 너무도 거리가 먼 중무장지대다.

이곳에 들어서면 탐승객들이 약속이라도 한 듯 차안은 조용해지고 시선은 일제히 차창 밖을 향해 여기저기 두리번거린다. 그러면서 막연한 불안감, 긴장감이 생기는데 무엇이라 꼬집어 말할 수는 없다. 이러한 감정기류는 대북 경제교류사업의 선구자였던 현대그룹 고 정주영 명예회장도 예외는 아니었다. 정 회장은 그의 자서전에서 북측을 처음 방문할 때의 불안한 마음을 이렇게 털어놓고 있다.

"5천년 역사를 공유한 한 핏줄이면서 동족상잔의 전쟁을 하고 그 이후 40년을 적대 관계로 지내온 북한 방문에 나서면서 솔직히 일말의 불안과 긴장을 떨칠 수 없었다. (중략) 세계 언론이 내 신분 보장 배경이 돼주겠지 하면서도

비무장지대(현대아산자료)

만에 하나 북한에서 나를 보내주지 않고 내가 고향에서 늙어 죽겠다고 한다고
해버리면 어떻게 하나 걱정이 되었다"라고.

이렇게 분단은 휴전선에만 있는 것이 아니라 우리들 마음속 깊은 곳에 본능
처럼 자리하고 있다. 그러기에 백범 김구 선생도 "마음속의 38선이 없어져야
땅위의 38선도 없어질 수 있다"라고 한 것이 아니겠는가. 비무장지대에서의
마음의 긴장은 마음을 무장한다는 것이니 나 자신부터 긴장을 풀어야겠다.

그런데 2018년 남북정상간 4.27 판문점선언, 9.19평양공동선언에 따라 같은
해 10월 비무장지대 남북공동경비구역 내 지뢰가 완전히 제거되었고[12] 남북,
북미 간 지속적인 평화를 위해 상호 외교적인 노력을 기울여 나가고 있다.

---

11) 비무장 지대는 군사분계선(휴전선)을 중심으로 북쪽으로 2km 지점에 북방한계선, 남쪽으로 2km 지점에 남방한
   계선이 있는데 그 4km 구간을 비무장 지대라고 한다. 말 그대로 일체의 무장을 하지 않고 군사행위, 적대행위를
   하지 않는 완충지대다. 여의도의 약 117배 정도의 넓은 지역으로 자연생태계의 보고이다.
12) 2018년 10월 JSA 남북지역의 지뢰제거 작업을 완료했고, 11월1일부터 말까지 비무장지대(DMZ)내 최전방 감시초
   소(GP) 11개를 시범 철수하고 완전 파괴하고 오전9시부터 오후 5시가지 민간인들에게 자유로이 개방했다. 또한
   11월 1일 0시부터 지상·해상·공중에서 남북 군사당국이 상대방에 대한 일체의 적대행위를 전면 중지했다.

1,290 번째 군사분계선 표지판[13]

금강통문에서 약 5분쯤 가면 왼편으로 군사분계선 표지판을 볼 수 있다. 지금은 1m 남짓의 사각 콘크리트 기둥만이 남아있다. 2005년 2월 말까지만 하여도 쇠붙이로 된 군사 분계선 표지판이 콘크리트 기둥 상단에 붙어있었으나 같은 해 4월 23일 탐승 길에는 표지판이 그만 땅에 떨어져 있었다. 오랜 세월 견뎌온 녹슨 몸을 더 이상 지탱하지 못하고 인적 드문 비무장지대에서 모진 풍상을 뒤로 한 채 흙으로 돌아간 것이다. 그것을 보는 순간 사람의 생과 같다는 생각이 들었고, 아무도 관심 가져주지 않는 비무장지대에서 나뒹구는 모습이 참으로 쓸쓸하게 다가왔다.

군사 분계선표지판은 차창 왼쪽으로 저 멀리 '우리민족끼리 조국을 통일하자'라는 북측의 선전구호가 눈에 들어올 무렵 안내조장이 말한다.

"왼쪽을 보십시오. 군사분계선표지판이 있습니다."

순간 일제히 시선이 왼쪽으로 쏠리고 시속 30km의 버스는 유유히 지나간다. 도로 위에도 군사분계선을 그어 놓았는데 차창을 통하여 눈을 아래도 크게 내리뜨면 볼 수 있다. 그러나 잠시 멈춰 설 수도 없는 곳이라 순간을 놓치면 보지 못한다. 더구나 지금은 표지판이 떨어지고 콘크리트 기둥만 서 있어 그럴듯한 군사분계선표지판을 상상해온 사람들은 지나치기 쉽다. 그러나 군사분계선 통과는 특별한 의미가 부여된 노정이다. 그것은 남과 북의 금강산 공동개발과정에서 현대그룹 정주영 명예회장이 끝까지 뜻을 굽히지 않은 것이 한 가지가 있는데 금강산 개발에 관한 인력이나 장비 수송은 해로(海路)와 육로(陸路)로 하되 육로로 할 경우 반드시 판문점이나 동부 군사분계선을 통과해야 한다는 것이었다.

---

13) 군사분계선 표지판: 서쪽의 한강어귀 교동도에서 개성, 판문점을 지나 철원, 감화를 거쳐 강원도 고성 명호리까지 약 248km에 200m 간격으로 세워져있다. 총 1,292개로서 유엔군이 696개, 북측이 596개를 관리하고 있다. 이 중 끝에서 세 번째인 1,290번째 표식비를 지나는 금강산 탐승 길을 만든 것이다.

그는 그의 자서전『이 땅에 태어나서』에서 "군사 분계선의 통과가 없는 금강산 공동 개발 작업은 아무런 의미가 없다. 군사 분계선의 통과를 나는 우리 민족이 합일로 나아가는 출발의 상징으로 생각했기 때문이다."라고 하였다. 실제로 금강산 탐승 길에서 남쪽 사람들이 군사분계선을 통과 할 때 통일에 대한 긍정적 시각 변화가 가장 큰 것으로 나타났다. 그러나 막상 군사분계선표지판을 본 사람들은 '아니! 저것이 군사분계선표지판이야?'라는 표정으로 웅성거린다. 안내조장이 말해주지 않으면 찾기도 어려운 1,290번째(마지막은 1,292번째)군사분계선표지판이다. 분단의 한 귀퉁이를 허물고 금단의 땅 북측으로 들어가는 역사적 순간을 맞고 있음을 실감한다. 그리고 보니 수십 년 동안 비무장지대에서 홀로 서 있다가 사람들의 왕래가 시작되자 무게를 벗어던지듯 흙으로 돌아간 군사분계선표지판이 어쩌면 분단이 끝남을 의미하는지도 모르겠다.

인민군

드디어 군사분계선을 넘었다.

군사분계선을 넘으니 북측의 인민군이 경계를 서고 있다. 북측 땅으로 들어온 것이다. 북측의 인민군들을 보는 순간 참으로 어리다는 생각이 들었다. 북측은 2003년 3월부터 병역제도를 초모제에서 전민군사복무제로 변경하였다. 초모제는 군대에 지원하는 사람을 모집하는 모병제와 유사하다. 변경된 전민군사복무제는 모든 남자들은 징집 나이가 되면 군대에 나가야 하며 복무연한은 종별로 차이가 있으나 남자 10년, 여자 7년이다. 군복무는 남측의 중고등학교에 해당하는 중학교(6년)졸업 후 입대를 하므로 입대연령은 17세 정도이다. 대학진학이나 노동현장에 가는 경우에도 재학기간이나 근무기간이 끝나면 군사복무를 하도록 하고 있다. 창밖에 일정 간격으로 경계를 서고 있는 낯선 제복의 인민군들이 북녘 땅임을 더욱 실감나게 한다.

어느 겨울 칼바람 몰아치는 탐승 길에서 경계를 서는 인민군을 보았다. 추위에 꽁꽁 언 붉은 뺨이 먼저 눈에 들어왔는데 엄동설한 속 그들의 모습이 너무나 곤고해 보여 수많은 생각이 소용돌이 쳤다. 분단현실의 그늘은 남과 북 모두에게 너무나도 짙어 나 또한 춥다. 분단체제를 하루 빨리 끝내야 되는 이유가 절실해질 수밖에 없는 광경이다.

군사 분계선을 넘을 때면 백범 김구 선생이 떠오른다. 1948년 4월 19일 민족의 분열을 막고자 남쪽의 56개 정당, 사회단체 중에서 41개 정당과 단체들이 38선을 넘어 남북제정당사회단체대표자 연석회의에 참여하였다. 이때 김구 선생은 "조국이 없으면 민족이 없고, 민족이 없으면 무슨 당, 무슨 주의, 무슨 단체가 존재할 수 있겠습니까…"라고 하였다. 그리고 '3천만 동포에게 읍泣 고告함'이라는 글에서는 "38선을 베고 쓰러질지언정…"이라며 민족의 통일을 염원하였다.

남측 손님들은 하나라도 놓칠세라 숨죽이며 비무장 지대 차창 밖 광경을 살피는데 북측의 비무장 지대라는 생각이 채 끝나기도 전에 북방한계선을 넘어 북녘 땅으로 접어든다. 이제는 정말 북측 영토라는 생각이 들자 긴장도 더되고 기분도 묘해졌는데 이 묘한 느낌은 무엇으로도 딱히 설명하기가 어렵다. 남방한계선에서 북방한계선까지 4km의 비무장 지대를 넘어 북녘 땅까지 채 10분도 걸리지 않았다. 수십 년 분단세월의 거리를 10여분 만에 지나온 것이다.

탐승 길 시작은 남북공통의 기억

비무장지대 한 가운데에 자리한 구선봉은 북녘에서는 금강산 1만 2천봉의 마지막 봉우리이지만 남녘에서는 금강산 첫 봉우리다. 구선봉은 남쪽의 통일전망대서 전체적인 모습을 잘 볼 수 있다. 이곳은 우리나라에서 가장 큰 해당화 군락지대라는데 해당화는 해금강을 지나 명사십리 원산까지 이어지고 있단다. 피고 지는 해당화는 해금강 탐승 길에서도 볼 수 있다.

낙타를 닮은 구선봉(187m)은 옛날 아홉 신선이 바둑을 두었다는 전설을 간직하고 있다. 또한 군사분계선을 넘자마자 차창 밖 오른쪽으로 호수 하나가 눈에 들어오는데 구선봉 자락에 안기듯 갈대숲에 둘러싸인 이 호수는 수면이 유리처럼 맑고 잔잔하여 고요함마저 든다. 이러한 수면위에 주변의 경치가 마치 거울에 비추는 것과 같다하여 감호(鑑湖)인데 둘레가 약3km라고 한다. 이 감호 기슭에 조선시대 4대 명필이자 문인인 봉래 양사언(1517~1584)이 비래정(飛來亭)이라는 집을 짓고 살았다는데 내금강이 고향인 양사언은 남측에서는 물론 북측에서도 널리 알려진 문인이다. 그리고 보니 금강산 탐승 길은 남북 공통의 기억으로 시작되고 있다.

감호당 鑑湖堂
양사언 (楊士彦)

어찌하여 한가로이 여기에 사느냐면　間君何事卜閑居
천하 명승이 이곳만 같지 못함이라　天下名區盡不如
흰 모래 푸른 바다 짙푸른 솔숲길　沙白海靑松翠路
내 사는 곳 연꽃 가득 핀 그림 속이라　芙蓉萬朶畫吾廬

군사분계선 넘는 동해선 철도
비무장 지대에 들어서서 차창 밖 오른편으로 보이는 철로는 남녘 제진에서 금강산까지 이어지는 동해선이다. 2002년 9월 18일 오전 11시 분단 50여년

만에 역사적인 동해선 철도·도로 착공식이 남과 북에서 있었다. 1982년 우리 정부가 북측에 제의한 20개 시범실천사업의 하나인 '서울-평양간 도로 연결'을 제의한 때로부터 약 20년 만이라고 한다.

남과 북을 잇는 철도는 해방직후인 1945년 9월 11일 단절되었는데 단절구간은 4개선 316.6km에 이른다.[14] 그러다 2000년 6.15남북공동선언 이후 남과 북은 경의선과 동해선 철도와 도로를 연결하기 위한 사업을 추진하였다.

동해선 철도

특히 2002년 4월 북측이 경의선 구간뿐 아니라 동해선 연결 공사도 함께 하자고 제안하면서 동서육로의 동시 착공이 본격 추진되었다. 그러나 미국 부시 행정부가 비무장지대를 관통하는 철도·도로 연결에 비협조적으로 나오면서 걸림돌을 만나게 되었다. 비무장지대는 1953년 체결된 정전협정에 따라 운영되고 있어 정전협정 당사자가 아닌 남측은 비무장지대 내의 철도·도로 연결문제에 대해 북측과 합의할 법적 권한이 없는 것이다.

---

14) 단절된 구간: 경의선(서울- 신의주): 서울-평양-신의주를 통해 중국과 연결. 남측 12km, 북측(장단-개성) 12km. 경원선(서울- 원산): 서울-원산-나진-두만강역-러시아로 연결. 남측의 신탄리-군사분계선구간 16.2km, 북측의 군사분계선-평강구간 14.8km 단절.

북측과 미국이 정전협정을 일부 개정하
는 보충합의서를 체결하고 비무장지대 일
부의 관할권을 남측에 이양해야 하는데 미
국이 이를 거부한 것이다. 우여곡절 끝에
법적 권한은 넘겨받지 못하고 일부 권한만
넘겨받아 2000년 9월 18일 분단 50여년
만에 경의선 및 동해선 철도 · 도로연결 착

한반도 철도 현황 (출처 : 국정홍보처)

공식을 하였고, 2003년 6월 14일 경의선 및 동해선 철도 연결식과 공사가 진
행되었다. 동해선은 서로 만나는데 60년이 걸렸지만 실제로는 45분 거리다.

동해선 철도의 연결은 비무장지대와 군사분계선을 통과하는, 즉 분단의 장
벽을 허무는 역사적 사건이자 '민족의 혈맥'을 잇는 상징적 사건이다. 또한 철
도 복원은 섬과 대륙을 잇는 거대한 사업이다. 남북 철도의 연결은 실제로 섬
과 같은 남을 북과 연결하고, 중국과 러시아, 유럽철도까지 연결되기 때문이
다. 수년간의 철로 복원 공사를 마치고 2007년 5월 17일 경의선과 동해선은
시험 운행을 하였다. 경의선(서울-신의주)은 남녘에서 북녘으로, 동해선은 단
절 57년 만에 북녘 금강산역에서 남녘 제진역까지 25.5km를 달렸다.

철도 운행이 상시화 되면 남측에는 많은 변화가 생길 것으로 전망한다. 통
일부 자료에 의하면 중국이나 러시아 유럽 등에서 선박이나 비행기로 실어오
던 화물을 열차로 운반하면 물류운반비용이 획기적으로 줄고, 운반비용이 줄
어들면 우리나라의 경쟁력도 높아진다고 한다. 남북의 철도가 시베리아 철도
와 연결되면 러시아의 풍부한 석유와 천연가스, 목재 등 산업에 필요한 자원
을 보다 싸고 안정적으로 확보할 수 있다.[15] 또한 남북 간의 직교역이 늘어나

---

15) 2018. 10. 24일 한국가스공사에 따르면, 공사는 극동 시베리아 가스전에서 채굴되는 천연가스를 육상 배관을 통
해 북측을 거쳐 한국에 공급하는 '남-북-러 천연가스사업 한 · 러 피엔지(PNG · 파이프라인 천연가스) 공동연구'
를 위한 선행 단계의 하나로 실무준비에 착수했다고 밝혔다.

고 북측에 대한 임가공 및 직접투자가 늘어남으로써 남북의 경제발전은 물론 정치·사회·문화적 교류의 확대로 이어져 남북 간의 협력과 신뢰가 쌓이고 평화조성에 기여하게 될 것이다.

남북 철도와 관련하여서는 2018년 11월 30일부터 12월 17일까지 남북 철도 공동조사단이 개성에서 신의주를 지나는 경의선부터 함흥, 청진, 원산을 지나 나진, 선봉 등 북측 공업지대가 많은 동해선까지 2,600km의 조사를 마쳤다. 또한 남북은 2018년 12월 21일부터 12월 23일까지 원산에서 금강산까지 약 100km의 도로를 포함하는 동해선 도로 북측 구간에 대한 공동조사를 진행하였다. 경의선과 동해선이 연결되고 현대화되면 철도를 통해서 러시아와 유럽, 중국까지 물류수송은 물론 여행도 가능하다.

모든 조사를 마치고 2018년 12월 26일 남북 철도·도로 연결 및 현대화 착공식을 가졌다. 동해선 기차를 타고 광활한 시베리아를 거쳐 유럽까지 가는 날을 벌써부터 상상해 본다. 이제 남과 북은 하늘 길, 땅길, 바다길, 철길까지 모두 열렸다. 이제 마지막 남은 하나는 진정어린 마음의 문을 활짝 여는 것이다.

6. 북방한계선 넘어 온정리로

처음 만나는 북측사람과 북측출입사무소 변천사

비무장 지대의 끝 북방한계선을 넘어 북녘 땅에 들어서는가 싶더니 벌써 구선봉 북측출입사무소다. 버스에 있는 모든 짐을 갖고 하차해야 한다. 가까이로는 농호(호수이름)가 보이고, 인민군도 보이며 저 멀리 감호역과 남강도 눈에 들어온다. 도착하자 북측의 노래 '반갑습니다'가 사람보다 먼저 반긴다.

♬ 동포여러분 형제여러분
이렇게 만나니 반갑습니다.
얼싸안고 좋아 웃음이요
절싸 안고 좋아 눈물이니
오~ 오~ 닐니리야,
반갑습니다. 반갑습니다.
반갑습니다. 반갑습니다. ♬

노래를 들으며 출입사무소 대기실로 이동하여 관광증에 기재된 번호대로 줄을 서서 북측 출입사무소에서 통관절차를 마치면 온정리로 간다. 여기에서 처음으로 북측 사람을 가까이 만나는데 출입경수속요원이다. 북측 사람과의 공식적 첫 대면이다. 그러나 이렇게 변화가 온 것은 2007년 1월부터다.

그 이전까지는 처음 만나는 북측 사람은 검문을 위해 차에 오르는 인민군이었다. 북방한계선을 넘으면 곧바로 총을 찬 2인 1조 인민군이 차에 올라와 짐과 인원점검을 하는데 괜히 긴장되고 무섭기까지 하였다. 이것을 '경무관 검문'이라고 한다. 그러다 검문소가 북방한계선에서 200m 정도 떨어진 장소로 옮겨지고 위압적인 분위기도 많이 부드러워졌지만 여전히 꾹 다문 입술, 권총, 절도 있는 걸음걸이, 매의 눈처럼 날카로운 눈빛 앞에서는 눈길 한번 주기도 어렵다. 경무관이 차에 올라오고 검문이 시작되면 순간 차안은 쥐 죽은 듯이 조용해진다. 특히 무엇인가 이상하다 싶으면 그 관광객 앞에 딱 멈춰서서 신분증을 요구 할 때는 숨도 멎는 듯하다.

어쩌다 차안의 선반 칸을 열었다 '탁' 닫을 때면 정신마저 번쩍 든다. 속으로는 반가운 마음이 앞서지만 긴장되어 쳐다보기도 겁나는 북측 인민군 검문이다. 어디 그 뿐인가. 차안 검문을 마치면 찬바람 일으키듯 하차하여 차량 수하물 칸 검색도 빈틈없이 한다. 수하물 칸 검색을 마치면 군인들은 텔레비전에서 보던 것처럼 팔과 다리를 높이 올렸다 내리며 막사를 향해 간다. 그때서야 차안은 웅성거리기 시작한다.

이것이 금강산 탐승 길에서 남측 관광객이 긴장 속에서도 가장 인상적으로 기억하는 구선봉 임시 검문소 초기 풍경이다. 이때 긴장하며 숨죽인 남녀 손님들의 이야기는 다양한 느낌과 언어로 회자되고 있다. 어떤 이는 말을 건네보았다 하고, 어떤 이는 웃음을 보냈다 하는데, 결론은 정을 담은 마음과 반응없는 침묵일 뿐이다. 탐승객들은 북측 사람이라 긴장했는데 막상 만나보니 우리와 똑같다며 야단들이다. 이러한 긴장감은 그동안 우리가 받은 철저한 반공교육의 영향 때문이 아닐까? 하지만 인민군과의 강렬한 첫 대면은 탐승하는 동안 나를 조심하게 만드는 보이지 않는 통제기제로 작용했다.

이렇게 침묵으로 일관하는 인민군에 대해 호기심을 보이자 안내조장이 경험담을 덧붙인다.

"아무 말도 안해요. 겨울에 손님들을 스키장에 모시고 갈 때도 인원보고를 하는데 몇 명이라고 말을 해도 그저 묵묵부답 그대로 서있기만 합니다. 알았다는 것인지 들어가도 된다는 것인지 도대체 아무 말이 없습니다."

이러한 경무관 검문이 끝나면 고성항의 북측출입사무소로 이동하여 출입절차를 밟고 온정리 온정각으로 되돌아 나오는데 2005년 4월 25일부터 북측출입사무소가 고성항에서 구선봉 임시 검문소로 이전하면서 입경 절차도 간소화 되는 등 변화가 생겼다. 그간 금강산 탐승 길에 남과 북의 신뢰가 쌓여가면서 탐승객들의 편의를 위한 관광서비스 개선이라 생각된다.

금강산에서는 크고 작은 변화들이 끊임없는데, 2007년부터는 차안에 올라와서 하던 인민군 경무관 검문이 사라지고, 구선봉 북측출입사무소에서 출입경요원들이 통행수속을 하고 있으니 남북 간 변화는 효율적인 방향으로 끊임없이 이어지고 있다.

북측출입사무소에서도 남측과 마찬가지로 입경수속 시 각자의 모든 짐을 차에서 가지고 내려 통관절차를 받게 된다. 이때 저절로 정신을 똑바로 차리게 되고 긴장도 된다. 이러한 마음은 다들 비슷한지 탐승객들끼리 서로 소곤소곤하며 이것저것을 묻곤 한다. 사실 나도 탐승 초기 고성항의 북측출입사무소를 통과할 때 죄지은 것도 없는데 저절로 긴장되었다. 그 때 뒤에서 누가 부르기에 깜짝 놀라 돌아보니 검색대 위에 있는 카메라를 가지고 가란다. 긴장감에 그만 카메라도 잊고 나온 것이다. 이러한 경험들이 우습기도 하지만 반공 교육이 몸에 배인 세대로서 슬프기도 하였다. 출입사무소의 검색절차를 마치면 타고 온 버스에 다시 짐을 싣고 차에 오른다. 드디어 금강산의 중심지 온정리로 향한다.

옛 출입사무소 고성항의 특별한 기억들

탐승초기 북측출입사무소가 있었던 고성항은 금강산 관광의 시작을 알리는 '현대 금강호'를 맞았고, 처음으로 북녘 땅에 발을 디딘 남녘 손님들의 설렘과 감동, 눈물을 고스란히 간직한 곳이다. 또한 2004년 1월 8일 설봉호의 마지막 운항까지 해로 운항의 역사를 품고 있다. 이곳은 천혜의 항구로서 항구 건너편으로는 고성읍이 아늑한 정경으로 다가오고 이곳을 지나면 통천과 원산이라 그리움도 피어오르던 곳이다. 고성항은 장전항[16]이라고도 하는데 길장(長)자에 활전(箭)자를 쓰는 것에서 알 수 있듯이 마치 활을 당긴 모습과 흡사하여 어떠한 사나운 파도도 장전항에서는 잔잔하게 멈추는 항구로 알려져 있고 분단이전에는 고래잡이도 성행하였다고 한다.

---

16) 장전항: 고성항을 장전항이라고도 하는데 분단이후에 생긴 이름이다. 한국전쟁 시 남과 북은 고성군의 월비산과 351고지를 두고 치열한 전투(금강산전투)를 벌였는데 그 결과 고성군은 남북으로 분단되었다. 따라서 남측은 고성군 간성에 북측은 고성군 장전에 군청을 두게 되어 그 후 북에서 고성이라고 하면 장전을 일컫게 되었다.

세존봉에서 바라본 고성항

고성항은 북측의 동해 잠수함 기지가 있던 군사항이다. 그러한 이유에서인지 처음에는 사진촬영을 철저하게 금지하여 눈으로만 경치를 익혀야 했는데 지금은 사진 촬영도 허용하고 해수욕장도 생겼다. 역시 커다란 변화이다. 하지만 지금도 곳곳에 포를 장전하고 인민군들이 경계를 서고 있어 해수욕장이 들어선 것이 조금은 색다른 느낌이다.

군사적인 문제는 남과 북이 서로에 대한 신뢰감 없이는 한 치의 양보도 허용하기 어려운 사안일진데 이러한 변화를 보니 남북의 신뢰가 점점 쌓여가고 있다는 생각이 든다. 아울러 군사기지를 일부 이전하고 이곳을 관광지로 개방하기까지 얼마나 많은 실무협의가 남북 간에 있었을지 짐작이 된다.

출입사무소가 구선봉으로 이전되기 전까지 고성항 출입사무소로 가는 길은 온정리의 수호신 매바위가 손에 잡힐 듯 가깝고, 매바위 산자락을 따라 길게 나있는 북녘주민 전용도로에는 자전거를 타거나 걸어 다니는 인민들을 볼 수 있었다. 또한 그 길을 따라가면 평양이라 하여 평양까지 통일여행을 하는 상상도 하고, '제9차 남북 이산가족 상봉'행사가 일부 취소되기도 했던 '천출명장 김정일장군'이란 글발이 새겨진 (금강산에서 가장 큰 가로 25m, 세로 34m)바위가 궁금하여 두리번거리던 길이기도 하다.

금강산의 바리봉 바위에 새겨진 자연글발 '천출명장 김정일장군'의 비화는 상대방이 간직한 가치에 대한 존중의 문제였다고 생각한다. '천출명장(天出名將)'은 북측의 조선말대사전에(1992년판)는 하늘이 낸 명성 높은 장수라는 뜻

으로 '위대한 전략가이신 김일성장군님을 높이 우러러 형상적으로 이르는 말'
이라고 정의하고 있다. 그러나 김일성 주석 사후에는 이 호칭이 그의 대를 이
은 김정일 국방위원장에게 쓰이고 있는 최상격의 호칭이자 고유명사화 된 말
이다. 그런데 2004년 4월 2일 남북이산가족 상봉행사 진행요원으로 동행한
통일부 관계자가 '남측에서는 천출이라는 말에 하늘이 냈다는 천출(天出) 이
외에도 천한 출신을 말하는 천출(賤出)이란 뜻도 있다'고 말 한 것이 문제가
되었다. 통일부 장관의 사과로 일단락되었지만 가끔 금강산에서는 이러한 언
행들로 인해 크고 작은 사건들이 발생한다.

　이러한 사건을 통해 알 수 있듯이 남과 북은 체제가 다르고 이념의 차이도
크다. 그것은 분단이후 남측과 북측의 가장 극명한 다름의 역사이기도 하다.
물론 금강산 관광은 사상과 견해를 뛰어 넘는 남북교류의 장이 되어야 하지만
금강산 탐승 길에서 발생하는 크고 작은 사건들은 서로의 차이점이 무엇이고
차이에 대한 인식과 인정, 상대가 살아온 삶에 대한 존중이 진정으로 필요하
다는 것을 일깨워 준다. 남과 북의 사람들은 금강산에서 이러한 것들을 부딪
쳐가면서 몸소 체험하고 있는 것이다.

　고성항의 추억은 이 뿐만이 아니다. 고성항이 가까워 오면 횟집, 해금강호
텔이 있으며, 현대
아산 직원들이 관광
객들에게 손을 흔들
어 주어 낯선 곳에
서 작은 정을 느끼
던 곳이고, 버스에
서 내리자마자 눈에
들어오던 환영구호

바리봉

에 대한 추억도 있다.

'동포애의 심정으로 금강산 관광객들을 환영한다'

반말조로 간결하게 붉은 색으로 써 붙인 환영 구호가 남녘사람들에게 매우 색다른 인상을 주던 곳이다.

이곳에서는 거대한 병풍처럼 둘러쳐진 금강산의 봉우리들을 볼 수 있다. 특히 고성항 뒤쪽 천불동 구역은 특별히 아름답다 하여 옛날에는 별금강이라고 하였다는데 이곳은 바닷가에서 산을 올려다보기 때문에 무척 높고 장엄한 느낌을 준다. 우리 선조들은 이곳이 '금강산의 진수를 가장 잘 볼 수 있는 곳'이라 하였으니 선조들의 마음으로 바라보면 히말라야 산보다도 더 거대하게 보이는 금강산을 느낄 수 있다.

고성항에는 남북이 함께 만들어 가는 약 3만 평 정도의 비닐하우스 야채 영농단지가 있다. 남측에서 전수한 최첨단 영농기술을 이용하여 북측 고성군 인민위원회에서 관리재배 하는데 남북교류사업의 효시라고 볼 수 있다. 생산된 야채는 남측 사람들이 가장 선호하는 온정리의 온정각 뷔페식당에 공급되므로 남측 관광객들은 북녘 동포들이 잘 가꾼 싱싱한 야채를 먹는 것이다.

고성항에는 2005년 4월 24일까지 북측출입사무소가 있었는데 다음날인 4월 25일 지금의 구선봉으로 이전하였다. 마침 4월 23일에서 25일까지 탐승길에 올랐던 나는 금강산에 올 때는 고성항에서 남측으로 갈 때는 구선봉에서 출입경 절차를 밟는 변화를 경험하게 되었다.

숙박시설로는 국내에 처음 소개된 바다위에 떠있는 특급호텔 '해금강호텔'이 있는데 파도가 치는 날이면 호텔도 흔들흔들하여 호텔 안에서 배멀미를 하는 사람도 있다. 사람들이 조언하기로는 흔들리는 방향으로 누워 있으면 어

76

린아이 요람 같아 편하다고 하는데 나의 경험으로는 꼭 그렇지만도 않았다. 2006년부터는 해수욕장이 개장되고 골프장도 건설되고 가족비치호텔도 들어서는 등 변화를 거듭하고 있으나 가끔은 민족의 명산 금강산의 아름다운 자연이 훼손되지 않을까 염려되기도 한다.

온정리 가는 길

(1) 옛 사람의 눈으로 본 온정리

1914년 우리 선조들이 남긴 작자미상의 『금강승람』[17] 에는 온정리 풍경이 눈앞에 펼쳐지는 듯 하다.

"장전(長箭)은 짙은 초록 물결이 고요하여 배를 대면 기분이 자못 청징하다. 이로부터 천불산, 문주봉, 세지봉 뒤를 통하여 만물상으로 가는 통로가 있다. 장전포구를 나오면 탄탄대로가 남쪽으로 직통하여 어느새 바다를 떠나 골짜기 사이로 들어가는 것이다. 이로부터 오른편 여러 산악이 자연의 풍화작용으로 이루어진 기이한 경치가 차차 눈앞에 전개된다.

좀 더 나가면 두 개의 작은 길이 천변에 연하여 열리니 서쪽으로 돌아 오르면 문주봉을 왼편으로 위연한 수정봉을 위로 쳐다보는 온정리가 나타난다. 낙조가 서편으로 비낄 때 수정봉이 연보랏빛 안개에 차이고 한하계 일대의 산계곡은 엷은 연기에 빗기어 만상이 저무는 저녁경치를 바라보며 온천에 몸을 잠그고 내일 날씨가 청명하기를 마음으로 빌며 산행길을 머릿속에 그려놓는 것은 온정리(溫井里)가 던지는 정서이다."

---

17) 1928년 신민사(新民社)라는 출판사에서 초판 발행된 단행본으로 출처지는 전라도 광주이고 작자는 미상이다. 이 책은 총 184쪽 분량에 금강산의 지도와 사진, 역사와 지리, 기행문과 한시 등을 망라하여 수록하고 있는 국한문 혼용으로 된 금강산 관련 고서중 자료가치가 높은 희귀한 책이다.

(2) 북녘의 마을과 학교

고성항에서 온정리로 가는 길에 왼쪽으로 보이는 마을이 금천리다. 마을을 따라 길게 쳐진 회색 담장은 관광이 시작되면서 주민들의 사생활 보호를 위해서 만들어졌다고 한다. 마을에는 학교와 영생탑, 혁명사적관이 중심에 자리하고 있다. 북측에서는 지방의 경우 리단위 별로 소학교와 중학교를 세우고 있다. 어느 나라 어느 사회에서나 교육은 중시 되듯 북측도 마찬가지다.

북측의 「사회주의 헌법」 제43조는 '국가는 사회주의 교육학의 원리를 구현하여 후대들을 사회와 인민을 위하여 투쟁하는 견결한 혁명가로, 지·덕·체를 갖춘 공산주의적 새 인간으로 키운다.'라고 명시함으로써 공산주의적 새 인간을 육성한다는 것을 교육목표로 하고 있다. 학제는 유치원(낮은반 4세, 높은반 5세), 소학교 5년(2013년부터), 중학교 6년(남측의 중고교 과정), 대학교, 대학원이 있으며 중학교까지 전반적 12년제 의무교육을 실시하고 있다. 대학은 2년제 및 4~7년제 대학과 이른바 '일하면서 배우는 교육체계'에 따라 각 대학들에는 통신 및 야간반이 있다. 또 연합기업소와 1급 기업소에는 공장대학이 있어 공장운영에 필요한 기술 인력을 양성하고 있으며 이밖에도 어장·농장대학 등 다양하다.

북측에서는 남측의 과외에 근접한 활동이 소조활동이다. 소조활동이란 특정과목을 중심으로 방과 후에 교원의 지도를 받는 보충수업 형식이다. 소조는 수학, 외국어, 예체능 등 다양하며, 매일 방과 후 2~3시간 정도 무상으로 실시한다.

(3) 영생탑과 남강의 연어

금천리 마을에서 보듯이 북측의 마을 중심에는 김일성 사후에 세워진 영생탑이 있다. 영생탑에는 '위대한 수령 김일성 동지는 영원히 우리와 함께 계신다'라고 쓰여져 있는데 1996년경부터 김일성 주석을 기리기 위하여 각 시도에 하나씩 세웠다고 한다. 영생탑은 온정리 온정각에서 금강산 호텔로 가는 길에도 있는데, 북측에서 정성스럽게 관리하고 있는 것을 볼 수 있다. 사진 촬영은 정면에서만 하도록 하고 있다. 영생탑은 김일성 주석이 사후에도 북녘의 인민들과 함께 하고 있다는 것을 상징한다.

온정리에 있는 영생탑

금천리 마을을 지나 남강 다리를 건널 때는 연어가 떠오른다. 2004년부터 남과 북은 이곳에 연어치어를 방류하였다. 연어는 바다로 나가 4년 간 북태평양과 베링해를 돌아 성어가 되면 자신이 태어난 강으로 돌아와 산란 후 생을 마치는 어종으로 알려져 있다. 방류한 치어들이 거센 풍랑을 이겨내고 다시 돌아와 후대를 위한 삶의 장을 만들어내듯 남과 북도 공존의 삶을 위한 변화들이 지속되기를 소망한다. 남강은 금강산에서 동해로 흘러드는 유일한 강으로 금강산 유점사 부근에서 발원하여 비무장지대 한가운데로 흐르다 북측의 구 고성에서 동해로 유입되는 77㎞의 강이다. 남강의 역사는 북측의 그림이나 문학, 예술 속에 살아있는데 한국전쟁 시 미군의 폭격에 맞서 남녀노소 할 것 없이 인민들이 목숨으로 이곳을 사수하여 전쟁을 승리로 이끌었다고 한다.

(4) 닭알 바위와 매 바위

온정리로 가는 길에 유명한 바위 두 개를 볼 수 있다. 이것을 찾으면 금강산의 방향 감각을 반은 익혔다고 볼 수 있다. '좌 닭알 우 매'라고 기억하면 좀 더 찾기 쉽다. 안내 조장들은 누구나 할 것 없이 이 바위들을 설명해 준다. 창 밖으로 저 멀리 온정리가 보이기 시작하면 남서쪽 방향으로 닭알 바위, 서북 쪽 방향으로 매 바위가 보인다.

북측에서 발행한 금강산 전설(사회과학출판사 1991)에 의하면 매 바위는 그 옛날 외금강 기슭에 공씨 성을 가진 욕심 사나운 지주 놈이 살았는데 그 고약한 지주를 어느 날 매를 갖고 사냥을 하는 사냥꾼이 와서 통쾌하게 대적 했다는 전설을 간직하고 있다. 이 마을의 수호신이자 천연기념물이며 또 매 바위가 있는 산 밑에 유명한 금강산 온천이 있다. 닭 알(달걀) 바위는 구룡연 을 탐승하는 날 술기넘이 고개를 넘다보면 잘 볼 수 있는데 정말 닭 알처럼 생긴 것이 비스듬히 위치하여 곧 굴러 떨어질듯 한데 수 천 년째 버티고 있단 다. 북녘에서는 바위, 나무, 폭포, 담소 등을 천연기념물로 지정하여 정성스 레 보호 관리하고 있다. 이 바위들은 마음이 급하면 눈에 들어오지 않으니 못 찾았다고 계속 두리번거릴 필요는 없다. 해금강, 삼일포 가는 길이나 남녘으 로 돌아오는 날에는 마음에 여유가 생긴 탓인지 뚜렷이 눈에 들어온다.

(5) 'perfect' 금강산 샘물은 남북합작사업

온정리 초입에 '금강산 샘물' 공장이 보인다. 최초의 남북합작사업이라는 수식어가 따라다니는 1급수 금강산 샘물이다. 금강산 샘물을 개발한 (주)태창 의 금강산샘물 개발사업 추진과정을 보면 이 사업을 1986년부터 구상하였으 나 북측에 대한 정보가 부족하여 당시 중국 연변대 교수들이 창구역할을 했단 다. 금강산 샘물 개발을 본격적으로 생각한 것은 일본 수질학회 다카무라 교 수가 추천하였기 때문인데 일본은 일제강점기에 금강산에서 수자원개발을 할 계획이었으며 당시 자료에는 수질이 좋고 수량이 많다고 조사되었다고 한다. 그 후 북측의 룡성맥주, 평양소주 등을 생산하는 '조선룡라888' 무역회사에게 사업제안을 한 것이 받아들여져 1994년 12월 기술자를 금강산에 파견하여 생수를 담아다 일본의 수질전문기관에서 성분검사를 했다.

결과는 'perfect'였다. 지하에서 용출된 천연광천수로 정수과정이 필요 없을 만큼 깨끗하고 약 알칼리(Ph6.8)성으로 수온은 연중 8℃를 유지하며 1일 용출량은 5,000톤이고 정수 매장량은 연간 34억 톤 가량이라고 한다. 금강산 샘물 수원지는 외금강 구룡연 구역 동석동인데 1995년 온정리까지 4.5km의 배관 공사를 마치고 2000년 3월 1일 5년여의 우여곡절 끝에 결실을 맺었다. 구룡연 탐승 길에서 동석동으로 가는 길을 볼 수 있다. 금강산 탐승 길에서는 계곡물을 그냥 먹어도 되는데 이것이 언제까지 지속될지는 탐승객들의 자연환경에 대한 관심에 비례할 것이다.

(6) 남북이산가족 금강산 면회소

온정리 종착지가 가까워오면 왼쪽으로 이산가족 면회소가 보인다. 상설 면회소가 될 것이라 하니 가슴이 설레고 평화와 통일이 가까이 오고 있음을 실감한다.

이산가족의 만남은 남북협력사업의 모범을 만들어 가는 일이고 남북 사람들의 마음에 신뢰가 쌓여가는 일이며 이해의 폭을 넓혀가는 일이다. 금강산에 세워지는 이산가족 금강산 면회소는 남북 정부 간의 첫 번째 공식약속이다. 2000년 6월 남북 정상 간의 6.15남북공동선언에서 흩어진 가족·친척방문단을 교환하기로 합의함으로써 남북이산가족문제 해결의 돌파구를 마련하였다. 특히 2002년에는 금강산에서 이산가족 상봉이 2차례 이루어지는 한편 남북적십자 총재가 만난 제4차 남북적십자회담에서는 우선 금강산지역에 면회소를 설치하고 경의선 철도·도로가 연결되면 추가로 서부지역에 면회소를 설치하는 문제를 협의·확정하기로 하였다. 이로써 정례적인 상봉·면회를 포함하여 이산가족 문제를 제도적으로 해결해 나가는 토대가 마련되었다. 2005년 8월 31일 착공하여 2007년 완공예정이었으나 남북 정치 상황의 변수로 2019년 4월 현재 미완의 상태다. 완공되어 목적대로 운영된다면 남북 민간교류의 획기적인 역사의 장이 될 것이다.

드디어 온정리!

드디어 온정리에 도착하였다.[18]

온정리는 강원도 고성군 일대의 크고 작은 마을을 포괄하고 있으며, 따뜻한 물이 샘솟아 온정(溫井)이라는 이름이 붙었다. 마을 앞으로는 온정천이 흐르고 천 년 전 신라의 마의태자가 다녀갔다는 온정온천도 있다. 온정리는 '온정리의 봄'이라 할 만큼 봄이 가장 먼저 오는 곳이다.

금강산 탐승의 중심은 예나 지금이나 온정리다. 현재 남측 사람들이 탐승하는 구룡연, 만물상, 삼일포, 해금강, 세존봉, 수정봉, 내금강도 모두 이곳에서 출발한다. 외금강뿐만 아니라 내금강과 삼일포 해금강을 지나 남측의 관동팔경까지 이어가는 금강산 탐승의 기점이다. 이러한 여건으로 일제 강점기에는 경제적 침략의 기지가 되었으며, 특히 3.1운동 이후 일제는 문화정치의 일환으로 금강산을 과학이라는 이름하에 개발하였다.

금강산에 전철이 생기고 온정리에는 여관과 음식점 등이 즐비한 하나의 관광지, 온천휴양지로 변한 것이다. 금강산의 신성함과 민족적 의미는 점점 박탈되었고 '조선의 기상'인 금강산의 상징과는 다른 향락유흥지로 전락한 것이

---

18) 온정리에 도착하면 먼저 눈으로 주위를 익히면 탐승에 도움이 된다. 제1온정각(서관)을 마주하고 시계 반대 방향으로 보면 온정각 뒤로 '주체'라고 새겨진 매바위산(255m)이 보이고, 북서쪽 중간에 있는 대궐 같은 청기와 집이 평양냉면으로 유명한 금강산 옥류관이다. 그 옆이 김정숙 휴양소를 개조한 외금강호텔이고 호텔 뒤로는 금강산 연봉들이 펼쳐진다. 그 외에 정몽헌 추모비, 제2온정각(동관), 닭알 바위산, 길을 건너면 금강산문화회관, 편의점, 농협이 있고 문화회관 뒤로 금강산 현대아산 사업소와 금강산 병원이 있다.

다. 이에 독립지사 만해 한용운은 불교의 성지로, 민족의 영산으로서의 금강산이 일제와 자본에 의해 병들어 가고 있음을 매우 안타까워했음인지 일생을 백담사에만 머물렀다.

금강산

한용운

만이천봉! 무양(無恙)하냐, 금강산아

너는 너의 님이 어데서 무엇을 하는지 아느냐

너의 님은 너 때문에 가슴에서 타오르는 불꽃에, 온갖 종교,

철학, 명예, 재산, 그 외에도 있으면 있는 대로 태워버리는 줄을

너는 모르리라

너는 꽃에 붉은 것이 너냐

너는 잎에 푸른 것이 너냐

너는 단풍에 취한 것이 너냐

너는 백설에 깨인 것이 너냐

(중략)

만이천봉! 무양(無恙)하냐, 금강산아

너는 너의 님이 어디서 무엇을 하는지 모르지

나는 남북분단선을 넘어 온정리에 발을 디뎠다. 예맥으로부터 고조선, 부

여, 고구려, 백제, 신라와 발해, 고려와 조선, 일제 강점기, 분단이 만든 다름의 역사를 간직한 금강산! 그러나 지금은 평화와 통일과 공존을 만들어 가는 새로운 역사 현장의 중심이다. 이곳에서 남북공존의 가능성과 한계도 보겠지만, 당위성과 그에 따른 과제들도 좀 더 명확해질 것으로 본다. 나 또한 왕래하면서 그러한 변화들을 조금씩 보고 느끼게 될 것이다.

아! 설레고 기대되는 금강산 탐승 길! 문득 조선시대 생육신 중 한 사람인 추강 남효온이 그리워진다. "온정리에 도착하니 비로소 두견새 울음소리가 들렸다."고 읊조린 추강의 마음을 전하듯 온정리의 두견새는 지금도 밤새 목이 쉬도록 울고 있다.

온정리 전경(왼쪽 제1온정각과 온정리 마을, 금강산 문화회관, 우측 온정관 동관, 고층건물이 이산가족면회소)

금강산의 명물 금강산온천

(1) 온천장 가는 길 · 북측주민과 만나는 교차로 · 호각소리

금강산에는 비단결보다 더 부드럽고 따뜻하게 탐승객을 맞이하는 곳이 있다. 바로 금강산 온천이다. 금강산에는 온천이 두 곳 있는데, 금강산 호텔에서 만물상 방향으로 가는 길에 있는 곳은 북측 사람들 전용 온천이고, 매바위산 아래에 있는 금강산 온천은 남측 사람들만 갈 수 있는 온천이다.

천 년 전 신라의 항복을 반대하며 금강산에 머문 경순왕의 맏아들 마의태자도 금강산 온천을 들렀고 조선시대 세종으로부터 '5세 신동'이란 이름을 얻은 김시습과 세조 또한 다녀갔다 하니 금강산 온천은 역사도 깊다. 더구나 이토록 아름다운 자연 속에 온천이 있다는 것은 금강산의 매력중의 매력이다. 눈으로 보게 하는 것도 모자라 금강산의 정기를 피부 속 깊이까지 느끼게 해 주는 듯하다.

금강산 온천은 버스를 타는 것보다는 걸어가는 것이 더 상쾌하다. 온정리 온정각에서 금강산 호텔로 가는 길 사거리를 지나 금강송이 숲을 이루는 대자봉과 매바위산 자락에 있다. 온천장 뒤 대자봉(362m)은 소나무가 숲을 이루고, 매바위산(255m)은 온정천 다리를 건널 때 우측으로 보이는 '주체'라고 새겨진 바위산이다.

온천장 가는 길은 걸어 다니는 사람이 드물어 매우 호젓하고 사색하기에 좋다. 가끔 금강산 순환 버스만이 오고갈 뿐이다. 온천의 초입이 가까워 오면 다리 하나가 있는데 다리 밑으로는 맑은 온정천이 흐른다. 온정천은 만물상 가는 골짜기 한하계(寒河溪)에서 내려오는 차가운 물이다. 차가운 물을 받는 논에서는 벼농사가 잘 되지 않아 밭농사가 발달하였다고 한다. 다리 밑을 가만히 들여다보면 맑은 물에 많은 물고기들이 떼지어 다니는 것을 볼 수 있다.

내 마음에 분단의 긴장감이 없다면 아마 더운 여름날 탐승 길에서 온정천에 두 손을 담갔을지도 모른다. 그러나 다리 가까이에 인민군 초소가 있고, 인민 군들이 남측 손님들을 쳐다보고 있어 긴장감을 떨쳐 버릴 수가 없다. 물론 이곳은 통제구역이다.

다리를 건너면 매점도 있고 단체 야영을 하는 숙소도 있다. 금강산의 시설물들은 해가 다르게 변화하는데 온천장 앞에도 꽃마차가 다니는 등 세계적인 관광명소를 본떠 시설물들을 보완하고 있다. 다만 금강산 고유의 특징을 살려가는 변화이기를 바라는 마음이다. 온천장 입구에는 '천하제일금강산'이라고 쓴 커다란 자연석이 세워져 있는데 천연 미네랄석이란다.

참! 인민군 경계초소 이야기가 나왔으니 말인데 온정각에서 걸어서 온천장을 가거나 금강산 호텔로 가려면 북측 주민들의 전용 길과 남측 탐승객들의 전용 길이 만나는 교차로를 지난다. 교차로에는 양측으로 인민군 초소가 있고 사진촬영도 금지한다. 물론 북측 주민들과 만날 수도 없는 교차로다. 남측 손님들이 지나가면 인민군 초소에서 마을 주민들을 정지시켰다가 남측 손님들이 다 지나간 후 북측 주민을 통과시킨다. 이곳을 지날 때 마다 나는 괜히 긴장이 되는데 어쩌다 인민군 경계병이 호각이라도 불면 그만 가슴마저 덜컹 내려앉는다. 가뜩이나 긴장되는데 하필이며 호각까지 때마침 불어대는지 은근히 화가 날 때도 있다.

대결적 역사에서 선입견으로 내면화된 두려움일지도 모른다. 대부분의 남측 사람들은 이곳을 지날 때 자동적으로 조용히 지나간다. 그런데 이곳에도 아주 조금씩 변화가 오고 있다. 북녘 주민들과 남녘 탐승객들이 함께 지나가도 되는 것이다. 어떨 때는 북녘 주민과 마주치기도 한다. 비록 말은 건넬 수는 없지만 서로가 자연스럽다. 오직 경계를 서는 인민군들만 뻣뻣하다. 교차로에 인민군 경계초소가 철수하고 북녘 주민들과 자연스럽게 인사를 나누는 날이 진정한 온정리의 봄이자 금강산의 봄이고, 진정한 남과 북의 봄이리라.

(2) 예술작품과 온천장의 물

금강산 온천장의 입구나 전시관에서는 금강산 그림, 꽃, 사진전 등이 자주 열린다. 2층에는 '북측 명인 미술전'이 열리고 있는데 북측의 유명한 예술가들의 작품을 상설전시판매하고 있다. 북측에서는 최고의 예술가에게 '인민' 칭호를, 그 다음은 '공훈' 칭호를 부여한다. 이곳에 전시된 작품들은 주로 금강산을 소재로 한 산수화나 정물화 등이다. 북측 그림의 특징은 혁명적인 내용을 담고 있는데 그러한 내용을 담지 않아도 되는 것이 백두산, 금강산, 묘향산, 칠보산 등 명산의 자연풍경이다.

금강산 온천은 처음에는 한 달에 한번 남탕과 여탕을 바꿔 운영하였는데 지금은 매일 바꿔 운영한다. 음양의 조화를 맞춘 건강요법이라고 하는데 그런 이유에서인지 온천장의 남탕과 여탕 사이에는 천장 쪽으로 서로 통하는 공간이 있다. 음양의 조화는 유용하고 필요하다는 것이 우리민족의 정서인 듯하다. 산행을 마치고 온천욕을 할 때는 먼저 냉탕에 들어가는 것이 근육통을 완화하는데 효과적이라고 북측 사람이 말해줬다. 그러니까 먼저 냉탕에 들어갔다가 온탕으로 가는 것을 몇 차례 반복 한 후 온탕에서 피로를 푸는 것이 좋다는 것이다.

온천장 앞 조형물(나무꾼과 선녀)

나도 그렇게 해보았는데 여름에도 더운물로 세안하는 나로서는 몹시 추워 달달 떨었다. 온천탕은 열탕, 냉탕, 게르마늄탕 등 다양하게 갖춰져 있는데 어디서나 금강산의 경치를 바라볼 수 있고, 경치에 마음이 동하여 시 한수가 떠오르면 옛 사람들의 정취도 느낄 수 있다. 금강산 온천물은 비누가 잘 풀리고 샴푸로 머리를 감지 않아도 부드럽다. 뿐만 아니라 목욕을 하고 나면 피부가 비단결처럼 부드러워 참으로 물이 좋다는 것을 느낄 수 있다. 세계에서 으뜸가는 온천이라 해도 손색이 없을 듯하다.

(3) 노천탕의 진수는 겨울

금강산 온천의 노천탕에서는 금강산의 봉우리들을 가까이 볼 수 있다. 온천탕 벽에 금강산 봉우리를 식별할 수 있도록 사진을 붙여 놓았는데 노천탕에 앉아 바라보면 모두 손에 잡힐 듯하다. 물론 온천욕을 하면서 금강산 봉우리들을 살피는 모습을 상상하면 우습기도 하지만 수건으로 몸을 감싸고 봉우리들을 둘러보는 재미도 있다. 그러나 금강산 노천욕은 겨울 엄동설한이 제격이다. 몸은 뜨거운 물속에 있지만 눈썹과 머리에는 고드름이 주렁주렁 마치 산신령이 내려온 것 같다.

또한 어둠이 내린 노천탕에서 금강산에 쏟아지는 밤하늘의 별빛을 바라보노라면 신비하게도 지상과 천상의 세계를 넘나드는 착각에 빠지기도 한다. 금강산 명소에서 이름을 따온 옥류탕, 연주탕, 폭포탕을 갖춘 노천탕에서 겨울의 금강산을 만끽하고 열 손실을 효율적으로 차단한 황토방에서 휴식을 취하니 금상첨화. 또 하나, 온천탕의 여유로움 속으로 들어오는 세존봉, 채하봉, 비로봉은 한 폭의 그림 같은데 이곳에서 비로봉을 가장 뚜렷하게 볼 수 있다. 우리 선조들이 즐겨하던 온천에서 온천욕을 하면서 과거와 소통하고 다름을 넘어 공존의 미래를 그려보는 나를 발견하게 된다.

(4) 온천물 효험의 명암(明暗)

금강산 온천의 과학적인 성분은 중탄산나트륨 온천이다. 예로부터 각종 질

환에 뛰어난 효험이 있는 것으로도 널리 알려진 듯하다. 효험에 대해서는 생육신이자 시인인 김시습과 역시 생육신 중의 한사람인 추강(秋江) 남효온(南孝溫, 1454~1492)의 일화로 대신하는 것이 더 좋을 듯하다.

북측에서 발행한『금강산 력사와 문화』에 의하면 어느 날 남효온(南孝溫, 1454~1492)과 김시습이 금강산의 '산수정'이라는 정자에서 만나 너무 반가운 김에 시간 가는 줄 모르고 회포를 나누었다. 어느덧 날이 저물어 다음날 금강산을 오를 계획을 서로 이야기 하던 중 김시습이 발을 헛디뎌 두어 길 되는 정자 아래로 떨어졌다. 친구들이 급히 달려가 보니 시습은 숨도 못 쉴 정도로 크게 상해 있었다. 친구들이 그를 맞들어 정자위에 눕혔고 남효온은 시습이 이렇게 크게 다쳤으니 내일 어떻게 함께 떠나겠냐고 걱정을 하였다.

시습은 오늘 밤으로 치료를 잘 하여 조금이라도 차도가 있으면 억지로라도 따라가겠으니 친구들에게 '후루원'이란 곳에서 기다려 달라고 가까스로 말을 하였다. 다음날 아침 효온 일행은 약속대로 그곳으로 갔다. 그런데 뜻밖에도 김시습이 먼저 와서 기다리고 있었다. 깜짝 놀란 친구들 앞에서 시습은 "금강산의 온천물로 한바탕 목욕도 하고 찜질도 하였더니 이렇게 씻은 듯 나았다오."라고 하였다.

남효온은 김종직의 문인으로 세조가 물가에 이장한 단종의 생모 현덕왕후의 능인 소릉(昭陵)의 복위를 상소하였다가 뜻을 이루지 못하고 실의에 빠져 유랑생활로 짧게 생애를 마쳤는데 김굉필(金宏弼), 정여창(鄭汝昌), 안응세(安應世), 김시습(金時習)과 친교가 있었으며『유금강산기(遊金剛山記)』를 남겼다.

그런데 조카인 단종의 왕위를 빼앗고 사육신 등 반대파를 제거한 세조는 말년에 욕창 등 악성 피부병으로 무척 고생을 하여 금강산온천 가까이 행궁을 짓고 피부병 치료와 요양을 위해 머물렀는데 세조의 피부병은 낫지 않았다고 한다. 금강산 온천물은 그냥 물만 좋은 것이 아니라 영험하기까지 한 듯하여 나의 인품도 되돌아보게 된다.

금강산호텔 이야기

금강산에는 숙박시설이 여러 곳 있다. 온정리에는 금강산호텔을 비롯하여 외금강호텔, 구룡마을, 온천빌리지 등이 있고 고성항에는 해금강호텔, 금강패밀리비치호텔, 금강팬션타운 등이 있다.

금강산호텔은 북측이 외국인을 대상으로 운영해오던 것을 남측의 현대아산이 임대하여 새 단장을 끝내고 2004년 7월 2일에 개관했다. 금강산호텔은 내금강, 외금강, 해금강 구역에서 모두 접근하기 편리한 곳에 위치하고 있다. 만물상이나 내금강, 수정봉을 갈 때도 온정각에서 출발한 버스들이 모두 이 앞을 지난다.

편의시설로는 본관 1층의 카페, 소공연장, 2층은 민족식당과 한식뷔페식당, 포장마차, 12층의 하늘전망대(라운지), 지하에 마사지실이 있다. 금강산호텔은 북측이 어려워졌을 때 경제적 지원을 많이 해준 재일조선인(총련)들에게 김일성 주석이 선물로 건립해준 호텔이라고 하는데 본관과 별관이 있다. 본관 뒤에 있는 별관은 풍악, 봉래 등 금강산의 계절 이름을 붙였다.

객실은 침대방과 온돌방이 있다. 호텔 숙소에서 바라보면 관음연봉과 수정

금강산호텔의 벽화

봉, 내금강으로 가는 길목인 온정령 고개 마루 등이 보이고 북녘 주민들이 생활하는 모습도 볼 수 있다. 금강산호텔로 가는 길과 숙소 앞에는 북측의 선전구호와 주제화가 우리의 시선을 끄는데 이곳이 북측 땅이라는 것을 느끼게

해준다.

남측에서 임대하였지만 북측방식으로 운영하며 300명 가량의 북측사람들이 근무한다. 북녘에서는 이러한 사람들을 '봉사원'

금강산 혁명사적관

또는 '접대원' '의례원'이라고 한다. 이곳에서 일하는 봉사원들을 보면 북측 사람이란 것을 떠나 같은 민족의 따뜻함이 먼저 느껴진다. 그러나 처음부터 그런 느낌은 아니었다. 남북의 사람들이 함께 근무하는 이곳이야 말로 분단의 현실이 온 몸으로 치열하게 부딪히는 곳이다.

더구나 호텔에서는 남북 사람들의 개별접촉이 가능한 공간이므로 북측으로서는 더욱 신경을 썼을 것이다. 그러나 다름의 역사를 넘어 공존의 삶이 어떤 것인지를 수많은 시행착오와 협의를 통해 소통하며 상호 존중하는 삶으로 한 발 다가서고 있다.

금강산관광사업에서 나타난 변화에 대한 현대아산 송원석의 연구에 의하면 금강산호텔 운영 초기에는 남측관리자가 북측인력들에게 직접 지시할 수 없어 호텔서비스 업무에 어려움이 있었으나 논의 끝에 남북운영협의회를 구성하여 매주 1회 협의를 통해 관광객들의 서비스 불만과 업무의 비효율성, 전문성 결여 등을 개선해 나가는 변화가 왔다고 한다.

호텔에서 인상적인 것이 2층의 벽화다. 이 벽화는 금강산을 옮겨 놓은 듯 금강산의 절경을 고스란히 담고 있다. 북측의 공훈예술가들이 한 달 여의 작업을 거쳐 완성한 것이라고 한다. 2005년에는 북측의 화가들이 민족식당의 벽화를 그리는 모습을 직접 볼 기회가 있었다. 밑그림도 없이 붓과 물감으로 척척 그려나가는 모습에 감탄했다. 당시 그림을 그리던 윤화룡 화가에게 말을 걸어보기는 했는데 조금 더 북녘의 그림 예술에 대해 많은 이야기를 나누고 싶었지만 보이지 않는 분단시스템이 작동하여 그렇게 할 수는 없었다.

또 하나 인상적인 것은 금강산 호텔 8층 복도 베란다에서 내려다보면 눈에 딱 들어오는 아담하고 단아한 2층 건물이다. 그 주위를 감싸고 있는 백년도 넘어 보이는 고고한 금강송도 매우 인상적이다.

이곳이 그 옛날 외금강휴양소로 사실상 온정리의 중심이다. 지금은 금강산 혁명사적관으로 운용되고 있는데 김일성주석과 그의 부인, 김정일 국방위원장의 유물사적이 전시되어 있다고 한다. 먼 발치기는 하지만 볼 때마다 깨끗하게 관리되어 있고 언제 보아도 단아한 느낌이다. 가까이에 금강산 샘물 금로수가 있다하여 올 때마다 가보고 싶은 곳이지만 어느 누구도 흔쾌히 가도 된다는 말이 없어 그저 망설일 수밖에 없었다. 나 또한 국가보안법이 먼저 떠오른다. 이런 생각에서 자유로워질 때가 진정한 금강산 탐승 길이 될 것이다.

금강산 호텔 12층에는 하늘전망대, 즉 스카이라운지가 있다. 이곳은 금강산 탐승을 하는 사람들에게 만남과 휴식의 공간이다. 같이 간 동료는 내부구조가 러시아식이라고 하였는데 북측은 해방이후 소련의 영향을 받았으니 일리가 있는 말이다. 하늘전망대는 북측의 다양한 술과 양주가 갖추어져 있고 봉사원들의 노래와 피아노 연주도 들을 수 있다. 봉사원들에게 노래를 청하면 특별한 이유가 없는 한 들려준다. 봉사원들이 피아노를 치면서 노래를 부르는 장면이 인상적이며 그들과 분위기에 맞춰 함께 노래를 부를 수도 있다. 남과 북의 사람들이 노래를 하면서 어우러지는 자연스러움이 있는 곳이다. 실제로 남북 공동행사가 열리면 관계자들이 함께 이곳에 모여서 회포를 푼다고도 한다.

어떻게 생각해보면 이곳은 단순히 술을 파는 곳이 아니라 수십 년 남북 분단의 간극을 한 잔의 술로 녹여 내는 곳이기도 하다. 그러나 일부 남측 관광객들이 음주 후 북측 여성 봉사원들에게 불필요한 언행들을 하는 경우가 잦아져 북측의 봉사원들과 함께 노래하는 것을 금지했다고 한다. 북녘 사람들을 만났을 때 아무리 같은 민족의 정이 흐른다 할지라도 도를 넘어서면 서로가 불편해지는 것이다.

이곳에서 일하는 봉사원들은 주로 온정리가 집이고 봉사전문학교를 졸업하였다고 한다. 근무시간은 오후 4시부터 12시까지 하루 8시간 일을 한다. 그들은 남녀 동포들을 처음 맞이했을 때는 어려움이 많았으나 지금은 '일없다'고 말한다. '일없다'는 괜찮다는 의미이다. 금강산의 자연 풍경에만 몰입되어 있던 나에게 봉사원들과의 대화는 북녘 사람들에 대해 보다 깊은 관심을 갖는 여유를 갖게 했다.

7. 금강산에서 만나는 북녘의 문화예술

금강산예술단 가무공연

금강산호텔의 소극장에서는 북녘 가수들의 노래공연을 볼 수 있다. 남녀 가수들이 다양한 노래와 연주를 한다. 공연은 '반갑습니다'를 시작으로 한 시간 동안 십 수곡의 노래를 들려준다. 북측은 '현시대의 음악은 현시대를 사는 인민의 정서에 맞아야 하고, 우리 음악은 반드시 조선적인 것이 바탕이 되어야 하며 서양음악은 조선음악에 종속되어야 한다.'는 원칙을 고수하고 있다. 우리 전통악기 또한 개량하여 시대에 맞게 발전시켜나가고 있는데 개량 악기만 하여도 단소, 대금, 태평소, 가야금, 해금, 장구 등 150가지가 넘는다고 한

다. 악기 개량 사업에는 자주와 주체라는
북측의 정책적 측면이 담겨있다.

금강산예술단 공연

남측 관광객들은 북녘 가수들의 공연
모습을 하나라도 놓칠세라 집중하며 관
람하는 분위기다. 공연에서는 민요 '아
리랑', '강원도금강산' 가야금독주 '옹헤
야', '통일무지개'를 비롯하여 남녘사람들도 잘 아는 노래 '번지 없는 주막', '찔
레꽃', '눈물 젖은 두만강', '감격시대', '나그네 설움', '선창', '뻐꾹새 노래하는'
'방앗간 처녀' 등의 곡을 들려준다. 분단 이전 남과 북이 함께 부르던 옛 노래
중심으로 선곡한듯한데 공연을 거듭해가면서 '서울의 찬가'도 부르는 변화를
보이고 있다. 북녘 노래로는 남녘 사람들에게도 많이 알려진 '심장에 남는 사
람', '휘파람', '우리는 하나'를 비롯하여 '내 조국입니다', '자랑하자 우리 민족
우리 민족 제일일세', '우리고장 제일일세', '난 말 못해' 등을 들려준다. 또한
금강산예술단 가무공연, 가야금독주, 5인조 밴드 공연과 함께 북녘 인민들이
즐겨 다루는 악기인 손풍금 연주도 들려준다.

손풍금 연주자

가야금 독주에는 21줄 개량 가야금을 사
용하여 소리가 크고 웅장한 느낌이 든다. 이
중 '심장에 남는 사람'은 2005년 인천의 문
학경기장에서 열린 '8.15 남북해외 민족축
전'에서 남녘의 관중들에게 유일하게 '앵콜'
을 받은 노래다. 북측 여가수의 맑은 목소
리가 밤하늘에 울려 퍼질 때 남과 북은 서
로를 심장에 새겼는지도 모른다. '우리는 하
나'라는 노래는 남북 행사에서 항상 마지막

으로 부르는 노래다. 이 노래를 들을 때마다 헤어지면 언제 다시 보게 될지 기약할 수 없기에 진한 아쉬움이 남는다.

공연은 남쪽 가수들의 현란한 춤과 노래 공연과는 대조가 될 정도로 단순한데 북녘의 공연문화인 듯 하다. 금강산 탐승 여정에서 공연관람이 아니면 북녘 사람들을 장시간 접할 수 있는 시간은 거의 없다. 보통 2박 3일 탐승 일정에서 탐승길 환경순찰원(해설도 겸함), 숙소, 식당 등에서 수십 명 이상의 북측 사람들을 만나게 되지만 이야기를 할 수 있는 시간은 거의 없다. 탐승객들은 기회가 될 때마다 호기심 반, 반가움 반으로 북녘 사람들에게 말을 건네지만 일상적인 인사 정도가 끝이다. 그 다음 이야기로 이어가기에는 공통의 대화소재가 없는 게 현실이다.

평양모란봉교예단 공연

(1) 최고의 우리민족예술

800명 규모의 좌석을 갖춘 금강산 문예회관에서는 평양모란봉교예단이 정기공연을 한다. 각종 국제대회에서 최우수상을 수상한 교예공연은 북녘사람들도 좋아하는 공연이다. 체력교예 종목의 하나로서 널뛰기, 밧줄타기, 말타기 등의 민속놀이를 정서함양과 사상교양을 위하여 예술적으로 발전시킨 것이라고 한다.

금강산 문화회관

금강산의 평양모란봉교예단은 1962년에 창단되었는데 평양교예단과 함께 북측을 대표한다. 평양교예단은 수중, 빙상, 동물교예가 유명하고, 금강산에서 공연하는 평양모란봉교예단은 인간의 육체를 통해 표현할 수 있는 미적이고 역동적인 체력교예로서 세계적으로 널리 알려졌다. 금강산의 경치가 자연이 주는 최고의 걸작이라면 교예공연은 인간이 창조한 최고의 걸작이 아닐까 한다. 남측의 중학교 교과서에는 북측의 교예에 대하여 "서양의 서커스를 추종하기 보다는 민족적 형식을 충실하게 발전시키고 있다."고 서술하고 있다.

수준 높은 종목으로 40일 단위로 교체되는 교예공연은 남측 탐승객들이 금강산에서 가장 인상 깊어하는 장면이다. 감동하여 온몸으로 박수를 치며 눈시울을 적시는 탐승객도 있다. 남녘 손님들이 교예공연을 보면서 무엇을 느꼈기에 그토록 감동적이고 만족한다고 하는 것일까. 어쩌면 같은 민족만이 느낄 수 있는 그 무엇이 가슴속을 파고들기 때문일 것이리라. 봄에 함께 왔던 동료가 교예공연을 보고 나와서는 "왜 자꾸 눈물이 나는지 모르겠어요."하기에 나는 "아름다운 것은 슬픈 것"이라고 대답했지만 그 동료의 눈물 속에 담긴 깊은 의미가 헤아려졌다. 말로는 다 표현할 수 없는 그 무엇! 그것이 남과 북을 끊임없이 이어주는 '민족적 정서'일 것이다.

언젠가 인터넷 신문 오마이뉴스 석희열 기자가 쓴 평양모란봉교예단 부단장과의 인터뷰 기사를 보았다. 그 내용은 금강산의 평양모란봉교예단은 100

평양모란봉교예단 공연

여 명의 단원으로 구성되었으며, 단원들은 12살 때부터 국가에서 운영하는 교예 및 배우 양성학교에서 5~6년 교육을 받은 사람들로써 '인민배우', '공훈배우', '일반배우'들이 함께 공연을 한다고 한다. 교예 양성학교는 출신과 성분에 관계없이 타고난 재주만 있으면 누구나 입학이 가능하고 교육을 받으면 국가에서 졸업증과 함께 배우라는 칭호를 수여한다.

인민배우가 되려면 작품을 잘하여 나라와 인민 앞에 기쁨과 즐거움을 주어야 하는데 국가에서 심사하여 합격하면 공훈배우 인민배우 칭호를 준다고 한다. 남측에서는 대중들에게 인기가 있으면 누구나 최고 배우가 될 수 있으나 북측에서는 배우들에 대한 심사나 판단을 인민들이 안하고 국가에서 한다. 그 이유에 대해 부단장은 "인민들에게 감동을 주고 인기가 있는 배우들을 대상으로 심사하기 때문에 인민들의 판단과 나라의 판단이 다르지 않다"고 답하였다. 덧붙여 "교예예술을 통하여 남녘인민들에게 우리문화를 널리 알리고 통일의 지름길을 개척할 수 있다"고 하였다.

금강산 문화회관에서의 공연은 2001년부터 시작하였다. 교예예술은 미술, 음악, 연극, 체조 등이 함께 어우러진 종합예술이다. 오후 공연을 위해 오전 내내 연습을 하며, 공연이 끝난 후 무대를 정리하고 숙소로 돌아가면 9시가 넘는데 그때서야 저녁을 먹는단다. 인기 직종이고 힘든 만큼 월급도 다른 직종에 비해 많이 받으며 특히 인민배우, 공훈배우들은 국가에서 장차관급에 버금가는 대우를 받는다.

(2)진정어린 박수

교예 배우들은 남녘 손님들이 함성을 지르고 박수를 크게 쳐줄 때 역시 우리는 한 핏줄 한 동포라는 생각이 든다고 한다. 또한 교예공연에서 음악을 연주하는 오케스트라 지휘자도 공훈예술가란다. 그리고 보니 금강산 문화회관에서는 매일매일 북녘의 교예배우와 기악배우(오케스트라 단원), 남녘의 관객이 혼연일체가 되는 감동의 자리가 마련되고 있는 것이다.

북녘의 청소년들이 가장 되고 싶은 사람 중의 하나가 교예배우인 것을 보면 교예배우들도 남녘의 인기 연예인들처럼 팬들이 많을 거라는 생각이 들었다. 여름 방문 때 교예공연 중 '공중그네타기'에서 배우가 실수를 하였다. 세 번을 시도했지만 번번이 상대의 손을 놓쳤다. 숨죽이는 남녘 사람들의 호흡 속에 애타는 마음이 묻어 나왔고 떠나 갈듯 한 격려의 박수가 이어졌다. 나는 배우들이 그런 실수를 하면 어떻게 되는지 궁금하기도 하고 염려도 되었다. 초창기에는 팀이 교체되기도 하였는데 요즈음은 더 잘할 수 있는 기회를 주는 등 분위기가 완화되었다고 한다.

교예공연에서는 남녘 사람들이 북녘 사람에게 보내는 진정어린 박수가 있다. 박수를 치다가 어깨가 빠진 사람도 있었다는데 얼마나 뜨겁게 박수를 쳤는지 짐작이 된다. 박수소리에는 잘 보았다는 감사의 표현과 격려, 헤어져야 하는 이별의 아쉬움, 그리고 통일의 염원 등 많은 의미가 담겨 있을 것이다.

더구나 공연 마지막에 그들이 들려주는 '우리는 하나'라는 노래는 많은 이들의 마음을 울리고 있다. 남북의 상징 단일기가 펼쳐지고 '우리는 하나'라는 구호 속에 그들이 흔들어주는 손 뒤로 땀에 젖은 배우들의 얼굴이 인상적이다. 북녘의 배우와 남녘의 관객들이 하나가 되어 이별을 아쉬워하는 순간이다. 여기저기에서 눈물을 글썽이며 부르는 노래가 바로 '우리는 하나'다.

> ♪ 하나~ 민족도 하나
> 하나~ 핏줄도 하나
> 하나~ 이 땅도 하나 둘이 되면 못살 하나
> 긴긴 세월 눈물로 아픈 상처 씻으며
> 통일의 환희가 파도쳐 설레이네
> 하나 우리는 하나 단군조선 우리는 하나
>
> 하나~ 언어도 하나

하나~ 문화도 하나

하나~ 역사도 하나 둘이 되면 못살 하나

백두에서 한라까지 분단장벽 허물며

통일의 열풍이 강산에 차 넘치네

하나 우리는 하나 단군조선 우리는 하나

하나~ 소원은 하나

하나~ 애국은 하나

하나~ 뭉치면 하나 둘 합치면 더 큰 하나

찬란한 태양이 삼천리를 비치어

통일의 아침이 누리에 밝아오네

하나 우리는 하나 단군조선 우리는 하나 ♬

교예공연을 마치고 인사하는 단원들

교예 공연을 몇 번 보다보니 어느 공훈배우에게 눈길이 갔다. 노련한 공연을 펼치는 그 남자 배우에게서 참 성실하다는 인상을 받았다. 교예공연은 국제 교예축전에서 최우수 작품상을 받은 '눈꽃조형', '공중2회전', '봉재주', '장대재주' 등 다양한 작품으로 남녘의 관객에게 감동을 주고 있다.

나는 민족문화를 현대적 감각에 맞게 승화시켜 세계 최고의 예술로 만들어낸 북측의 민족문화 계승에 대해 체제와 이념을 넘어 박수를 보낸다. 널뛰기 등 우리 민족이 즐기던 놀이를 새로운 형식으로 승화시킨 교예공연은 남북을 넘어 우리가 한민족임을 한 순간에 느낄 수 있는데 상업성을 떠나 우리문화를 이어가야 하는 이유라고 생각한다.

8. 추억과 정이 담긴 발걸음, 북녘 음식!

금강산에는 남과 북이 운영하는 식당들이 있다. 남측이 운영하는 고성항의 금강산횟집과 제1온정각, 제2온정각, 북측이 운영하는 금강원, 포장마차 '온정봉사소', 목란관, 옥류관 등이다. 나는 옥류관의 평양냉면과 포장마차 '온정봉사소'에 대한 이야기를 하고자 한다.

옥류관 평양냉면과 추억을 드시는 아버지

금강산에는 평양냉면으로 상징되는 옥류관 금강산 분점이 있다. 옥류관은 온정각 본관 서쪽으로 길을 건너면 푸른 소나무 숲을 배경으로 우리의 고유의 건축 양식으로

금강산 옥류관과 온정봉사소(우측)

보통냉면

쟁반냉면

지어진 웅장하면서도 멋진 청기와 건물이다. 옥류관 냉면은 참으로 맛이 있는데 남측에는 2018년 4월 27일 남북정상회담으로 더 유명해졌다.

나는 2003년 7월 말 평양방문 때 처음으로 옥류관 냉면을 먹었다. 수육, 녹두지짐 등이 먼저 나온 후 놋그릇에 냉면이 나오는데 자연의 향이 그대로 살아있는 최고의 맛이었다. 구수한 향이 코끝을 스치는 담백한 국물에 부드러운 순 메밀국수도 일품이고, 물 대신 제공되는 메밀육수 또한 담백하고 구수하다. 옥류관에서 근무하는 봉사원[19]은 냉면을 먹을 때는 식초를 냉면육수에 치지 말고 국수에 살짝 쳐 먹으라면서 '냉면은 마지막에 자기 얼굴이 그릇 바닥에 비쳐야 제 맛'이라고 하였다. 국물 한 방울도 남기기 아까워 그릇째 들고 마셨더니 그릇에 내 얼굴이 비쳤다. 그 뒤 남쪽에 와서 평양냉면을 잘한다는 곳을 몇 군데 가보았으나 평양 옥류관에서의 그 맛을 느끼기는 어려웠다. 다만 서울에서 수십 년째 평양냉면을 한다는 유명한 곳을 찾아 갔는데 냉면을 먹으러 온 두 사람이 마음에 다가왔다. 편마비로 거동이 불편한 어르신의 발걸음 속도에 맞춰 식당으로 들어오는 젊은이가 있었다. 알고 보니 아버지와

---

19) 북측에서는 영업장에서 일하는 사람들을 봉사원, 접대원, 의례원으로 호칭한다.

옥류관 벽화(총석정 파도)

아들이었는데 아들은 아버지를 의자에 앉힌 후 가슴에 턱받이를 해드렸다.

냉면이 나오자 한 올 한 올을 잘게 잘라서 아버지 입에 넣어 드렸는데 아버지는 자꾸 음식을 흘렸다. 아들은 흘러내리는 냉면을 열심히 받아내고 닦아드리면서도 조금이라도 더 드시게 하려고 정성을 다하였다. 그때 어렴풋이 어눌한 아버지의 말소리가 들렸는데 이북 억양이었다. 그들의 사연이 짐작되어지면서 가슴이 뭉클해져 왔다.

이러한 추억들이 있기에 금강산에 옥류관 분점이 들어온다고 하여 기뻤다. 금강산 옥류관 분점을 만들 때 설계는 북측에서, 시공은 남측에서 하였는데 평양 본점에 못지않게 길이 남을 역사적 장소로 남기고자 전력을 다하여 건설하였다고 한다. 또한 금강산 옥류관은 겉모습뿐만 아니라 내부도 아름다운데 특히 벽면에 북측의 유명 화가들이 그린 금강산의 명소가 감탄을 자아낸다. 지금은 탐승할 수 없지만 총석정 바위벽에 부딪치는 파도는 마치 나에게로 밀려오는 듯 세심하면서도 힘찬 붓길이 인상적이다.

옥류관 분점은 지하 1층, 지상 2층이다. 1층은 의자식이고 2층은 온돌좌식인데 창문으로 아름다운 금강송이 한 폭의 명화처럼 들어온다. 이곳 봉사원들은 모두 북측 사람들이며 한창 바쁠 때도 얼굴을 복숭아 빛으로 물들이며 친절과 미소를 잃지 않는다.

옥류관에서는 냉면이 나오기 전에 개인별로 김치와 녹두지짐, 장(소스)이 나오는데 따끈한 녹두지짐은 고소하고 맛있다. 냉면은 보통냉면과 쟁반냉면 두 종류다. 보통냉면은 메밀과 전분가루가 7:3의 비율이고, 쟁반냉면은 순 메밀국수라는데 둥근 쟁반모양의 놋그릇에 나온다.

쟁반국수는 300g이라 양이 많은 편인데 메밀국수의 진미를 맛볼 수 있다. 냉면은 얼음을 첨가하지 않고 맛 또한 식재료의 제 맛을 살려 자연의 향이 살아있고 자극적이지 않다. 냉면 맛에 대한 평가는 사람마다 다른데 담백해서 좋다는 사람이 있는가 하면 양념이 진하지 않아 입에 맞지 않는다는 사람도 있다. 나는 탐승 때마다 먹곤 하였다.

어느 여름 탐승길 옥류관 앞에서 60이 넘은 친척 아저씨 한분을 만났는데 "냉면 맛이 어땠어요?"하자, "얘, 현대가 냉면 맛 다버려놨다. 영 버렸다." 하여 한참 웃었다. 북녘의 냉면은 진한 양념이 특징인 남녘과 달라 호불호가 갈릴 수 있다. 사실 옥류관 냉면은 어린아이들이 가장 맛있어 한단다. 냉면 외에도 옥류관에는 꿩탕, 추어탕, 소꼬리탕, 단고기, 수육, 송어, 향어, 코스정식 등 북녘의 요리들을 먹을 수 있다.

정을 나누는 북녘 포장마차 '온정봉사소'

제1온정각을 지나 옥류관 가는 길목에 자리한 온정봉사소는 북측의 포장마차다. 저녁을 먹은 후 술 한잔하기 딱 좋은 곳인데 이곳이 특별한 것은 남측 탐승객들이 이야기꽃을 피우느라 밤늦도록 앉아 있으면 늦게까지도 문을 여는 운영의 묘미를 살리기 때문이다. 이것은 사회주의 시스템을 넘어 자본주의 시장경제를 받아들이는 커다란 변화다. 북측이 운영하는 곳이라 봉사원들도 모두 북녘 사람이다. 온정봉사소가 처음 생길 때는 제1온정각 앞 주차장 마당 한 켠에 있다가, 2005년 봄에는 제1온정각 옆(농협자리), 그 다음에는 옥류관 가는 길로 옮겼다. 다시 금강산 탐승 길이 열리면 온정봉사소 위치가 그대로일지 궁금하다.

참새구이 등 술안주도 다양하지만 평양 막걸리를 비롯한 북녘 술도 다양하다. 후덥지근한 어느 여름날 저녁, 숯불에 음식을 끓이고 꼬치구이를 굽는 나이든 남성 봉사원을 물끄러미 바라본 적이 있다. 진지하리만큼 꼬치구이를 굽고 있는 그의 모습이 마음으로 다가왔다. 그에게서 남북분단이 주는 곤고한 삶의 모습이 읽혀졌는데 나 또한 숨 막히듯 짓누르는 분단의 무게를 느끼기에 더욱 고독했다.

2005년 2월에 이곳에 처음 들러 군감자, 군고구마에 평양막걸리를 맛보았다. 온정각에서 저녁을 먹은 후 노래 소리가 요란하여 들어가게 된 것이다. 그러나 식후인지라 다음날 오겠다하고 곧바로 나왔다. 다음날 교예공연이 있었지만 미루고 약속을 지켰다. 북측이 운영하는 온정봉사소에서는 북녘의 노래가 사방에 퍼지고 남측이 운영하는 온정각 휴게소에서는 남녘의 노래가 이에 질세라 크게 울려 퍼졌다. 우리 일행은 금강산에도 분단이 있다면서 한참 웃었다.

온정 봉사소에는 관리인과 주방장, 봉사원들이 있는데 평양에서 왔다고 했다. 남성 봉사원은 옥류관이 완공되면 그곳에서 일할 것이라 하였고, 여성 봉사원들은 평양에서 봉사 전문대학을 졸업하고 왔다고 했다. 평양에서 왔다기에 2003년 남북교육교류 차 평양을 방문했던 이야기를 했더니 알고 있다면서 매우 반가워했다. 그러면서 화덕에 굽고 있던 감자 하나를 집어 내 손에 꼭 쥐어주었다. 온정 봉사소에는 참새구이, 꿩구이, 꼬치구이 등과 찌개류, 털게찜, 두부, 각종 술과 북녘 특산물이 있는데 평양막걸리에 참새구이를 먹었다.

함께 간 동료들이 참새는 머리까지 모두 먹는 것이라 하여 그냥 꾹 참고 씹었다. 끝내 속이 편치 않았고 며칠 동안 참새 생각이 떠나질 않았다. 참! 북녘 특산물 털게찜도 먹었다. 온몸에 털이 복슬복슬한 털게는 겨울 금강산 탐승 길에서는 꼭 먹어야 할 진미다.

2005년 2월에 이어 봄 향기 날리는 4월에 다시 들렀더니 꼬치구이 굽는 냄새가 온정리에 가득하고 남녘 손님들이 밤늦도록 붐볐다.

구룡연(九龍淵)

1.구룡연 탐승[20]

구룡연 탐승로

옛 사람의 눈으로 본 구룡연

　우리 선조들이 남긴 탐승기 『금강승람』의 구룡연 가는 길이다.

---

20) 구룡연 탐승 구간은 신계동, 옥류동, 구룡동으로 나눠볼 수 있다.
신계동 : 온정각에서 출발－술기넘이고개(자연글발)－창터 솔밭(금강송)－신계사－목란관입구주차장에서 하차－현지지
도사적비－목란다리 · 목란관－현지지도표식비－회상다리－자연글발'지원'－회상대 - 금수다리－삼록수－만경
다리－유료화장실
옥류동 : 금강문－금문교－깔딱고개－옥류동－자연글발(오직한마음, 경치도 좋지만 살기도 좋네)－무대바위－옥류폭
포 - 옥류다리 - 련주담 - 비봉폭포－무봉폭포－김일성 장군의 노래
구룡동 : 구룡동－무용교(바위벽 김일성 필체)－은사류－관폭정－구룡폭포－구룡연－연담교 - 상팔담－명제비

"비봉폭을 지나서 오른쪽 언덕을 건너 돌길을 밟고 산허리로 돌면 거대한 바위의 갈라진 틈이 있어서 〈淵潭橋(연담교)〉라는 세 자가 조각되어 있다. 옛날에는 암석이 가교(架橋)가 되어 있었으나 지금은 붕괴되어 현재의 모습이 되었다. 다시 암각을 내려서 맞은편 언덕으로 건너게 된다. 동굴 같은 절벽 밑에서 반대편 언덕을 우러러 보면 깎아지른 낭떠러지에 늘어져 대지를 부술 듯 낙하하는 거대한 폭포가 있으니, 이것이 구룡폭(九龍瀑, 일명 중향폭)이다. 높이가 50m 넘는 금강산 제일의 거대한 폭포이다.

폭포 위 아래로 커다란 푸른 바위돌이 있어서 폭포에 천착(穿鑿)된 120여 미터가 넘는 물줄기의 시원하고 웅장한 경취(景趣)는 그윽하고 묘한 신비를 극하였으니 이것이 그 유명한 구룡연이다. 연담교까지 돌아와서 구정봉 숲 사이를 뚫고 급한 험로를 800여 미터쯤 오르면 구룡폭의 절벽 위 부분이다. 그 위에서 내려다보면 내가 흘러내리는 가운데 8개의 푸른 담이 구슬이 이어진 듯 늘어져서 신비하고 숭엄하기 그지없으니 이것이 팔담이다. 다시 대 위에서 팔담을 등진 채 바라보면 중첩된 준봉들이 수려함을 다투며 원경으로는 푸른 바다와 합하여지고 가까이는 하늘을 찌를듯하여 그 장관이 말과 글로 이루 다 표현할 수 없다."

술기넘이 고개

(1) 술기넘이 고개를 넘기 전 외금강호텔

구룡연 탐승은 온정리 온정각에서 버스로 출발한다. 버스가 움직이기 시작하면 오른편으로 외금강호텔이 보이는데 그 이전에는 '김정숙 휴양소'였다. 김정숙은 김일성 주석의 부인이자 김정일 국방위원장의 어머니로 북측에서는 항일여성영웅이자 조선의 어머니로 추앙받고 있다. 김정숙 휴양소는 북측이

개축 전 김정숙 휴양소

내국인을 위해 운영하던 인민들의 휴양소이자 혁명적 교육장소로서의 역사를 간직한 곳이다. 그러나 금강산 관광길이 열린 이후에는 이곳에서 이산가족 상봉 및 대규모 남북 공동행사가 열렸다. 나는 2004년 7월 18일에 해방 이후 최초로 개최된 남북교육자통일대회 참석차 이곳에 왔었는데 건물이 매우 낡아 북측의 경제난을 반영하는 듯 했다. 남측에서 450명, 북측에서 300명이 참가한 교육자대회에서는 교육 분야의 민족공조에 대해 마음을 나눴다.[21] 남북의 교육자들은 삼일포를 함께 거닐었고, 북측의 교육자들이 평양으로 돌아갈 때는 서로 많은 눈물을 흘렸다.

이곳을 현대아산에서 임대 개축하여 2006년 8월에 외금강호텔로 개관한 것이다. 김정숙 휴양소를 호텔로 개축하고 명칭까지 바꾼 것은 커다란 변화라고 생각한다. 개축 과정에는 소수의 남측 기술 인력과 북측의 인력 350명

완공된 외금강호텔

이 공사에 참여 했는데 북측 일꾼들의 나이는 18~24세의 청년들이라고 했다. 개축 당시 둘러본 공사장 안에는 '가는 길 험난해도 웃으며 가자' 등 많은 선전구호들이 붙어 있었는데 쏟아져 내리는 햇살아래 청년들이 땀 흘리며 열심히 일하고 있었다. 이렇게 금강산 탐승 길 곳곳에는 북녘 사

---

21) 2004년 7월18일~7월20일까지 2박 3일간 일정으로 개최되었다.

람들의 보이지 않는 땀방울이 스며있다. 외금강호텔은 금강산 줄기를 한눈에 바라 볼 수 있는 온정각 본관과 동관의 중심에 있고 100여명의 북측 사람들이 근무하고 있으며, 면세점, 중식당, 연회장, 마사지실 등 다양한 부대시설을 갖추고 있다. 호텔 뒤편에는 맛있는 샘물인 금강약수가 있다. 외금강호텔 가까이에 대운동장을 만들 계획이라고 하니 앞으로 다양한 남북 공동행사가 열릴 것으로 기대된다. 이제 술기넘이 고개를 넘는다. 옛날 이 고개 너머 창터라는 곳에 양곡물자들을 보관하던 창고가 있었는데 물자를 수레로 실어 나르던 고개라 술기넘이 고개라고 한다.

(2) 바위에 새겨진 '만년대계 자연글발'

술기넘이 고개를 넘다보면 왼편으로 보이는 커다란 바위에 '조선인민의 경애하는 수령 김일성 동지 만세!'라는 글씨가 새겨져 있다. 김일성 주석 탄생 60주년 기념 글발이 새겨진 이 바위산이 바로 닭알 바위산이다. 옛날에 한 장수가 닭이 낳은 알을 먹으러 기어오르는 뱀을 칼로 잘

만년대계 자연글발

라 죽였다는 전설을 간직하고 있다. 이렇게 금강산에는 바위 곳곳에 글들을 많이 새겨놓았다. 남측 탐승객들에게는 익숙하지 않은 풍경이지만 북측에서는 매우 소중하게 생각하고 있다. 따라서 이런 글발들에 대해 손가락질을 하지 말라는 것이다. 그것은 상대가 소중하게 생각하는 것에 대해 최소한의 예의를 갖추어 달라는 의미기도 하다. 탐승 길 환경순찰원의 설명에 의하면 이 글발들은 처음 발표된 날을 기록하며 글의 내용에 맞게 글자의 크기와 필체를 선정하여 대규모로 제작한다고 한다. 기본 필체는 붓글씨체의 서법을 살린

청봉체[22]이며 눈에 잘 띄는 곳에 주위 색깔을 고려하여 새긴다고 한다.

북측에서는 자연글발에 대해 '인민들의 교양과 대대손손 김일성 수령의 업적을 칭송하고 로동당 시대를 노래하게 할 수 있도록 자연바위에 글발을 새기는 사업[23]이라고 말하고 있다. 자연글발들은 내용적으로나 지역적으로 편중되지 않고 역사적, 시대적으로 의의 있는 글들을 골라 새긴 것이므로 이글을 다 읽으면 반세기 북측의 역사를 알 수 있다고 한다.

금강산의 수많은 자연글발에는 북측체제를 상징하는 말, 노래 가사, 시, 송가 등이 새겨져 있다. 내용을 보면 남측 교과서에도 나오는 자주, 자립, 자위, 주체 4대노선, 주체사상, 항일혁명전통, 사회주의 찬양 등도 있지만 김일성 수령에 대한 내용이 가장 많고 김일성의 아버지, 어머니, 부인, 아들 김정일 국방위원장과 관련한 내용들도 있다. 북녘에서는 해방 이후 금강산을 정책적으로 근로자들의 문화휴양지이자 혁명적 교양 장소로 가꾸어 왔다.

한편 남측 탐승객들에게는 북측의 영토에서 북측 역사의 단면을 볼 수 있는 기회이자 남과 북의 차이가 무엇인지 체험할 수 있는 곳이다. 그러나 차이에 대한 이해보다는 수천 년 동안 이어져 내려오는 우리민족의 명산이란 생각에 바위에 새긴 글발을 보면 환경훼손이란 생각이 먼저 떠올라 거부감이 생기기도 한다. 물론 금강산은 남북 공통의 역사가 응축되어 있기도 하지만 우리가 보는 글발들이 분단이후 북측의 실체라는 것도 잊지 않고 있다.

현실적으로는 이러한 경험들이 북녘 사람들을 이해해 나가는 과정에서 필요할지도 모른다. 지금 금강산에서는 북측의 사회주의와 남측의 자본주의가 만나 소통하고 화합하는 토대를 만들어 가고 있는 중이기 때문이다. 탐승길 위의 나의 발걸음 또한 이러한 토대 위에 쓰는 역사이며 차이를 좁히기 위

---

22) 청봉체는 일반적으로 북측의 출판 분야에서 사용하는 글자체를 말한다. 청봉은 항일 빨치산 활동 중 백두산 삼지연의 청봉 밀영에서 사용했다는 서체에서 따온 것인데 글씨의 모양은 붓글씨의 원형으로 우리의 명조체에 가깝다.
23) 사회과학원 력사연구소, 「금강산의 력사와 문화」, 평양, 과학, 백과사전출판사,1984. 반포처: 서울, 민족문화사.

한 노력의 연장이다. 사람에 따라 다르기는 하지만 이러한 현실적 차이를 외면한다면 눈에 드러나는 금강산의 수많은 글발들은 명산의 자연을 훼손시켰다는 생각에 머물 수 있다. 금강산 탐승 길에는 바위마다 금강산을 다녀간 옛 우리 선조들의 흔적이 수없이 많다. 더구나 경치가 아름다운 옥류동이나 내금강 만폭동 바위에는 발 디딜 틈도 없이 옛 선조들의 흔적들이 새겨져 있다. 이 모두를 어떻게 해석해야 할지는 후대의 몫일까?

(3) 붉은 금강송

버스는 7~8분 정도 술기넘이 고개를 넘어 오른쪽 솔숲 길로 접어드는데 왼쪽으로 난 길을 따라 내(신계천)를 건너면 남북 최초의 합작사업 '금강산 샘물'의 상수원인 동석동 탐승 길이고 곧장 오르면 금강송이 무성한 창터 솔밭이다. 차는 쉬지 않고 신계천가를 따라 올라간다.

푸른 창공을 향해 100년도 넘은 듯한 소나무들이 쭉쭉 뻗은 솔밭을 지날 때면 '아! 아름답다!'라는 감탄사가 절로 나오는데 이 소나무가 바로 금강송이다. 금강송은 금강산의 특징이며 이러한 단순림은 해발 300m 이하에 가장 많이 분포한다고 하니 이곳의 해발도 가늠할 수 있다. 금강송은 남측의 국보 1호 숭례문 화재로 더욱 유명해졌다. 당시 금강송이 귀하여 숭례문 복원이 어렵다는 보도가 있었다. 금강송은 궁궐은 물론 임금님의 관을 만들 때 사용하는 귀한 목재다. 크고 곧게 자라는 것이 특징이고 붉은색을 띠어 홍송이라고도 하는데 짙푸른 솔잎에 곧게 뻗은 붉은 줄기는 격조 있는 매력을 지녔다.

특히 눈 내린 겨울날 고고하게 빛나는 금강송은 첫눈에 반하지 않을 수 없는데 내 인생에서 소나무 앞에서 가슴 뛰도록 설렌 것은 이곳의 금강송이 처음이다. 또 하나 엄동설한에 더욱 푸른 금강산의 소나무를 보면 '봉래산 제일 봉에 낙락장송 되었다가 백설이 만건곤할 제 독야청청 하리라'며 단종에 대한 자신의 절개를 표현한 조선시대 사육신 성삼문이 생각난다. 금강산의 여름 봉래산에서 마음껏 푸르던 소나무는 지금 엄동설한에도 홀로 푸르다. 나는 겨울날 금강송 숲을 보는 것만으로도 금강산 탐승의 의미는 충분하다는 생각이다. 눈 내린 겨울 설봉산에 우뚝 선 금강송의 자태는 아름다움의 극치다.

(4) 강원도의 힘

지금 창터 솔밭의 아름다운 소나무는 점점 생명을 잃어가고 있다. 일제 강점기에는 마구잡이 벌목을 하여 황폐화 되었고, 한국전쟁 때는 여기저기 수 없는 총탄에 맞고, 지금은 안타깝게도 솔잎혹파리로 수천 그루의 소나무가 누렇게 죽어가고 있다. 그래서 강원도가 나섰다.

남측의 강원도는 2000년 6월 4일 구룡연과 삼일포 지역에 솔잎혹파리 방제작업을 시작한데 이어, 2001년 6월 8일 같은 지역에서 북측과 함께 솔잎혹파리 및 잣나무 넓적잎벌레 공동 방제사업을 벌였다. 당시 북측은 3천ha에 솔잎혹파리 피해가 발생해 피해면적 전체를 방제할 수 있는 지원을 요청하였으나 여러 가지 사정상 1차적으로 1천 ha만 방제하고 그 후 2천 ha를 방제하였다. 2000년 12월에는 솔잎혹파리 공동방제는 물론, 연어자원증식(치어방류 등), 감자 원종장 건립 등의 남북공동 교류협력사업 합의서를 체결하였다. 방제 사업 이후 남측 관계자는 금강산 솔잎혹파리 공동방제 사업은 북측에도 실질적인 도움이 되지만 남측에도 솔잎혹파리가 확산되는 것을 방지하는 등의 환경보전은 물론 남북관계에도 긍정적 효과를 기대한다고 했다.

이러한 남북협력에 하나 더 절실한 것은 산불방지라고 생각한다. 북측에서 발생한 산불이 남측으로 넘어올 수도 있고 남측에서 발생한 불똥이 북측으로 튈 수도 있다. 2005년 비무장 지대 화재 시에 11일 만에 북측에 허락을 요청하여 소방헬기를 투입한 일도 그렇지만 2004년 고성낙산사 화재 때도 걷잡을 수 없는 상황이었다고 한다. 이때 남측의 헬기 조종사는 북측까지 올라가서 진화하고 싶었다고 말했다. 산불방지에 관한 공동협력방안이 필요한 것이다. 나무를 심는 것도 중요하지만 가꾸는 것이 더 중요하다는 것을 구룡연 창터 솔밭에서 절감하고 있다. 공교롭게도 금강산은 행정구역이 남북 모두 강원도이니 아름다운 금강산을 강원도들이 나서서 가꿔 나가면 함께 발전하지 않을까.

남북 공동복원 신계사

(1) 신계사 복원의 참뜻

신계사 神溪寺

강헌규[24]

내금강 다 보고 외금강에 들어서니   접혔던 병풍 다시 펼친 듯

날카로운 봉우리 여러 신선들 서있는 듯   앞뒤 둘러보아도 한 점 티끌 없네

內山觀盡外山來   屈曲屛風取次開

瘦容歷歷諸仙立   面背俱無一點埃

구룡연으로 가자면 창터 솔밭을 지나는데 솔밭이 끝나갈 무렵 오른쪽으로 부도밭이 보인다. 부도밭을 지나면 새로 지은 사찰 건물이 눈에 들어오는데 여기가 그 옛날 금강산에서 제일 먼저 지어졌다는 신계사다. 차에서 내려 신계사와 마주하면 대웅보전 뒤로 치솟은 듯 보이는 봉우리가 하관음봉(458m)

---

24) 강헌규(姜獻奎, 1797~1860), 호는 농려(農廬), 19세기 전반기에 활동한 문인.

복원중인 대웅보전과 하관음봉

이고 대웅보전과 마주하고 오른쪽으로 보이는 봉우리가 문필봉(337m)이다. 하관음봉과 문필봉 사이에 온정리에서 신계사로 넘어오는 극락고개는 한국전쟁 때 원호고개로 이름이 바뀌었다. 금강산 전투로 알려진 351고지와 월비산 전투의 원호물자를 이 길을 통하여 공급했기 때문이란다. 하관음봉은 버스를 타고 가다가 대웅보전과 일직선이 될 때가 가장 멋있는데 마치 부처님이 내려다보는듯한 느낌을 준다.

신계사는 금강산 4대 사찰중의 하나인데 한국전쟁 중에 모두 불타고 절터와 만세루의 주춧돌, 무너진 3층 석탑만 남았던 것을 2000년 6.15남북공동선언을 계기로 2003년부터 남북이 공동복원을 추진했다. 그 후 2004년 4월에 본격적으로 착공하여 2007년 10월 13일에 완공했다. 외금강 구역에서 가장 큰 신계사는 대웅보전, 만세루, 극락전, 축성전, 칠성각, 나한전, 어실각, 종각, 산신각, 요사채 등 모두 14개의 건물이 복원되었다. 북측에서도 신계사터를 '국보유적 제95호'로 지정하여 보호하고 있는데 옛 선조들의 숨결이 스민 절터에 들어서면 '신계사 터 유적비'가 먼저 반겨준다.

유적비에는 "신계사는 위대한 수령 김일성 동지와 위대한 령도자 김정일 동지 공산주의 혁명투사 김정숙 동지께서 주체36(1947)년 9월 28일 다녀가시고"로 시작되는데 매우 생소한 느낌으로 다가온다. 이어서 "신계사는 519년에 처음 세운 금강산의 4대 사찰 건축 중의 하나로서 우리 선조들의 뛰어난 건축술과 고상한 건축미를 잘 살린 큰 절이었다. 신계사는 여러 시기의 조선 건축사를 연구하고 그 발전과정을 잘 보여주는 국보적 가치가 있는 귀중한 민족문화유산이다"라고 맺고 있다. 북측에서는 이처럼 모든 글 앞에 김일성 수령에 대한 말로 시작하여 남측과 차이가 있지만, 문화유적을 보존하고 계승해야 한다는 것만큼은 남과 북이 똑같다. 이러한 공통의 기억들이 신계사를 공동복원하게 만든 것이며, 금강산 골짜기에 그윽한 풍경소리가 다시 울려퍼지게 한 힘이다.

신계사의 복원과정은 금강산을 올 때마다 진척 상황을 볼 수 있었는데 2004년 12월 4일에 신계사 대웅보전이 1차로 복원되었고, 신계사 3층 석탑도 해체되었다가 다시 복원되었다. 2005년 8월 하순경 탐승 시에는 대웅전 앞 만세루가 한창 복원 중이었다. 탐승 길에 들를 때마다 북녘 동포들이 일하는 모습을 볼 수 있어 지나며 인사를 주고받기도 했다. 신계사는 보통 구룡연 탐승을 마치고 내려오는 길에 들르는데 절터가 명당 중에 명당이란 생각이 저절로 든다. 대웅보전 앞에 서면 금강산 길에서 보았던 절경들이 병풍처럼 한꺼번에 펼쳐지면서 탐승객들의 마음을 사로잡곤 한다. 또한 복원을 위해 남측의 조계종에서 파견된 도감스님 제정이 수년 동안 탐승객들에게 신계사에 대한 설명을 해주셨는데 쏟아지는 금강산의 여름 햇살 속에서 밀짚모자에 선글라스를 끼고 설명하는 스님의 모습이 아주 이색적으로 느껴졌다.

2008년 5월 12일에 신계사 복원 이후 처음으로 부처님 오신 날 봉축법요식이 열렸다. 봉축법요식에는 신계사의 북측 스님 네 분과 남측 현대아산 직원과 불자들 몇 명만이 참석하였다. 신계사의 주지스님으로는 내금강 표훈사에서 뵈었던 진각

신계사 복원중인 북녘사람들

복원 후 처음 열린 봉축법요식

스님이 와 계시어 무척 반가 웠다. 사람의 인연은 참으로 알 수 없는 것이다. 진각스 님과는 대웅전 앞에 앉아 불 교에 대한 이야기를 나누기 도 했다. 그런데 남북이 공 동 복원한 신계사의 첫 번

째 봉축법요식은 참으로 쓸쓸했다. 남측에 새 정부가 들어서면서 여러 가지로 남북 관계가 경색되어진 국면 일 수도 있고 내부사정도 있을 수 있으나 나는 복원 후 낙성법회에서 다지던 마음들이 지속되기를 바라고 있다.

2007년 10월 13일에 열린 낙성법회에서 남측 조계종 지관스님은 신계사는 남북 불자들의 마음과 땀이 어우러지고 남북의 목재, 물, 돌, 흙들이 하나로 모여 소중한 우리민족의 성지로 새롭게 태어나는 과정이었다면서 불교계의 교류와 협력을 발전시켜 나가야 한다고 말했다. 이에 북측의 유영선 조국통일불교연맹 위원장은 북남이 힘을 합쳐 복원한 신계사는 명실 공히 우리 불교도들의 협력과 연대의 상징이자 통일기원의 도량이 되었다고 했다. 진정으로 신계사가 남북의 모든 문제를 초월하는 남북협력의 모범이 되기를 바라는 마음이다.

(2) 아주 특별한 풍경소리와 살아오는 집선연봉

신계사 대웅전 앞에 서게 되면 처마 끝 풍경을 올려다보게 되는데 이곳 대웅전의 풍경에는 아주 각별한 의미가 새겨져 있다. 풍경 하나에는 남북 민간 교류에 큰 획을 그은 고 정주영 현대그룹 명예회장과 고 정몽헌 현대아산 회장의 이름이 있고, 또 하나에는 이들의 명복과 뜻을 담은 '조국통일 극락왕

복원된 신계사 전경

생'이라고 새겨져 있는데, 글씨는 도올 김용옥 선생이 썼다고 한다. 나는 금
강산 길에서 가끔은 고 정몽헌 회장을 생각한다. 아주 특별한 기억이 있기 때
문이다. 2003년 7월 29일에서 8월2일까지 해방 이후 처음으로 남북교육교류
차 평양을 방문했다. 그 때 세계 각국에서 김일성주석과 김정일 국방위원장
에게 보내온 선물 백 수십만 점이 전시되어 있는 묘향산의 국제친선기념관을
방문 한 적이 있다. 그 많은 선물들 중에서 가장 인상적이었던 것은 고 정주
영 현대그룹 명예회장이 김정일 국방위원장에게 보낸 '금송아지'였다.

신계사 대웅전의 풍경

내 손바닥 크기의 금송아지는 꼬리
까지 선명했다. 금송아지를 보니 소떼
방북의 의미가 되살아오면서 고 정주
영 회장과 그의 대북 사업을 이어받은
정몽헌 회장이 생각났다.

그런데 평양에서 돌아와 하루를 휴
식하고 8월 4일(2003) 텔레비전을 켰
을 때 '정몽헌 투신자살'이라는 속보

신계사 앞에서 바라본 금강송과 집선연봉

를 접해야 했다. 나는 '때로는 평화를 돈으로 살 수도 있다'는 그의 말을 기억한다. 지금도 당시 특검에 의한 대북비밀송금의혹사건 수사는 참으로 안타까운 일이라고 생각한다. 대결국면의 특수적 관계에 있는 남북관계에서 모든 것을 합법적으로만 하기에는 현실적 한계가 있을 것이다. 발전된 외교관계일수록 다양한 채널을 통해 갈등을 해결한다고 하는데 남북은 더욱 필요한 일일지도 모른다.

대웅보전 앞에서 빼놓을 수 없는 것이 또 하나 있다. 북풍한설에 실리는 풍경소리를 들으며 바라보는 집선연봉의 장엄한 아름다움이다. 짙푸른 금강송 너머로 하얗게 빛나는 집선봉 줄기는 그 무엇과도 비교할 수 없다. 특히 눈 쌓인 연봉들이 만들어내는 깊은 계곡은 겨울 음영 속에서 하얀 핏줄기처럼 살아나고, 햇살마저 비껴가는 겨울 산의 침묵은 한순간에 나를 압도하여 가슴마저 떨리게 하였다. 추운 겨울이 지나고 봄에 다시 오니 장엄함은 신비함으로 바뀌었고 신계사 배 밭에는 배꽃이 만발하고, 쏟아지는 햇살 속에 푸른 소나무들은 진한 솔 향을 날리고 있다. 여름은 무성함으로, 가을은 단아함으로, 신계사는 자연미가 정신적 수양으로 살아오는 영적 명소다.

(3) 가보고 싶은 신계사 배 밭

신계사는 유명한 사찰이기도하지만 배 맛이 좋기로도 소문난 곳이라 하여 탐승시마다 그 맛이 궁금하였다. 배 밭은 신계사에서 구룡연으로 가는 길에 차창 밖으로 볼 수 있는데 '현지지도표식비'가 세워져 있다. 1947년 9월에 김일성 수령이 이곳을 다녀가면서 배 밭을 잘 가꾸어 탐승객들에게 맛 좋은 배를 공급하라는 교시가 있었다고 한다.

어느 여름 날 (2005.8.20.) 신계사에서 거의 반나절을 보낸 적이 있다. 세존봉 등반을 계획하였으나 전날 쏟아진 비로 곳곳에 등산로가 유실되어 오르지 못하고 신계사에서 머물렀기 때문이다. 신계사에는 도감 제정 스님 외에 남녘 조계종에서 파견한 주지 스님과 한 달간 봉사를 왔다는 불자 세 분이 있었다.

또한 염소와 강아지 한 마리도 새 식구가 되어 있다. 점심시간에는 아침에 등산용으로 준비해 간 점심을 제정 스님 및 불자들과 대웅전 뒤뜰에서 먹었다. 점심을 먹으면서 제정 스님께 신계사 배 밭을 가볼 수 있냐고 물었다. 금강산을 올 때마다 가보고 싶었고 신계사에서 4~5분 거리이니까 갈 수 있을 것이라고 생각했다. 그런데 안 된다고 한다. 정해진 탐승로 외에는 통제하고 있다는 제정스님의 말씀을 들으면서 곳곳에 설치된 연두색 울타리가 또 하나의 분단이라는 것을 새삼 느꼈다. 오늘 세존봉을 오르기 위해 일행을 기다리던 구룡폭포 앞 관폭정에서도 마찬가지였다.

나는 학수고대하던 세존봉 탐승을 못하게 된 것이 아쉬워 북측 안내 선생에게 세존봉으로 가는 길만이라도 알려 달라고 하였으나 그 대답조차 한참 만에 들을 수 있었다. 세존봉 탐승을 못하고 내려오는 길에 북측 선생을 다시 만났는데 "이런 걸음으로 세존봉에 어떻게 갑니까?"하였다. 나름대로의 정을 담은 말이었으나 이야기는 길게 이어지지 못했다. 구룡연 입구 주차장에서부터는 남과 북의 사람들이 서로 다른 차로 가기 때문이다. 신계사에서 점심을 먹는 동안에도 제정 스님은 수차례 일어서고 앉기를 반복하였다. 신계사를 들르는 남녘 탐승객들에게 남북공동복원의 신계사를 설명하기 위해서이다.

(4) 신계사를 스쳐간 사람과 '금강산도 식후경'

금강산에 불교가 들어온 것은 우리나라가 불교를 정식으로 받아들인 고구려 시대와 맥을 같이한다. 금강산의 봉우리와 지명, 기암괴석들 중에는 석가봉, 세존봉, 법기봉, 동자바위 등 불교와 연관된 이름들이 적지 않은데 이런 면에서도 알 수 있듯이 금강산은 불교의 성지라 할 만큼 불교가 융성하였다. 특히 사명당이 있던 유점사를 비롯하여 장안사, 표훈사, 신계사는 금강산 4대 사찰로 가장 먼저 지어졌다. 그러나 한국전쟁 중에 모두 폭격을 맞아 파손되고 옛터만 남아있다.

신계사는 신라 법흥왕 6년(519)에 보운스님이 창건하였다고 하는데 그 뒤 대부분의 건물은 조선시대 지어진 것이라고 한다. 탐승 길에 나서기 전 보았던 남효온의 『유금강산기』에 "신계사 터에 들어서니 신라 구왕이 창건한 것인데 승려 지료가 다시 지으려고 재목을 모으고 있다."라고 쓴 문장은 당시의 상황을 생중계로 보는 듯하다. 신계사는 역사속의 수많은 인물들이 스쳐간 곳이기도 하다. 특히 우리나라 독립전쟁의 효시로 일컬어지면서 독립투쟁사의 한 획을 그은 봉오동 전투의 홍범도 장군과 일제강점기 우리나라 최초의 판사였던 이찬형이 조선인에게 사형선고를 내릴 수밖에 없었던 자신의 처지에 회의를 느껴 법복을 벗어던지고 효봉스님이란 법명으로 정진했던 곳이다.

뿐만 아니라 남과 북에서 모두 사랑 받고 있는 율곡 이이 선생도 머물렀다고 하여 반가웠다. 해방 이후에는 김일성 주석의 교시로 특수박물관이 세워져 귀중한 우리 문화 유물들을 보존하였는데 한국전쟁 때 미군의 폭격으로 모두 파손되고 3층 석탑과 4개의 기둥석, 부도만이 남아 있다.

그러나 불교가 융성하면서 좋은 점만 있었던 것은 아니었나 보다. 사찰 인근에 살던 농민들은 농사가 잘되건 못되건 상관없이 일정량의 조세를 절에 바쳐야 했고, 나라에서 사찰에 지급되는 조세를 날라야 했으며, 각종 불교행사의 궂은 뒷일도 도맡아서 했으므로 일 년 내내 고달프기가 짝이 없었다. 그러다 보니 그토록 아름답다는 금강산은 구경해보지도 못한 채 '산이 어찌 다른데 있지 않고 우리 고장에 있어서 이 고생을 시키는가'라고 원망하며 금강산을 떠나는 백성들이 생겨나고, 배고픔을 면치 못한 사람들의 입에서는 '금강산도 식후경'이란 말이 생겨났다고 하니 아름다움의 이면에 드리워진 그림자가 더 추울 수 있다는 생각이 든다.

구룡연 탐승 길 초입

(1) 북측 해설원의 질문 앞에서

신계사 터를 지나 3분 정도 오르면 구룡연 입구 주차장이다. 여기서부터 구룡폭포까지 약 4km를 걸어서 탐승하게 된다. 모두 하차하여 북측 해설원[25]의 구룡연 탐승에 대한 설명을 듣는다. 그녀의 유창한 말솜씨와 재치가 사람들을 즐겁게 하는데 나무가 울창한 '수림대'를 지날 때는 심호흡을 하라는 말도 잊지 않는다. 일부 탐승객들은 설명을 듣기보다는 출발신호를 기다리는 달리기 선수들처럼 빨리 올라가고 싶어 한다. 그러나 설명을 듣고 가면 금강산도 아는 만큼 보이고 보이는 만큼 느껴진다.

북측 해설원 선생이 구룡폭포 설명에 앞서 물었다.

"우리나라 3대 폭포가 무엇입니까?"

---

25) 환경순찰원들이 해설도 겸한다. 초기에는 주로 감시자 역할을 하였으나 시간이 지나면서 안내자, 해설원으로 변화하였다.

"개성의 박연폭포, 금강산의 구룡폭포, 그리고 설악산의....?"라며 내가 머뭇거리자 해설원은 안타까웠는지 "설악산의 대승폭포입니다"라고 했다.

그런데 나에겐 대승폭포란 말이 귀에 익지 않아 "우리나라에서는 그렇게 말하지 않는 것 같은데..."라고 말도 채 못 끝냈는데 그녀는 "우리나라가 하나지 어디 또 있습니까?"하였다. 순간 나는 "맞다. 우리나라는 하나지" 라고 또 깨달았다. 평양을 갔을 때도 비슷한 일이 발생했는데 그때도 나에게 우리나라는 오직 남측뿐이었다. 그것은 나의 내면 깊이 자리한 무의식적인 반응이었다. 말로는 통일을 지향하며 하나 된 조국, 분단 없는 민족을 꿈꾸면서도 막상 어떤 상황에 맞닥뜨리면 무의식이 의식을 본능적으로 누르고 분단의 사고가 먼저 튀어 나오는 것이다. 나는 이것이 오랜 분단세월의 습관이라는 것을 잘 알고 있다.

탐승객들은 설명이 끝나자마자 달려 나가듯 하는데 금강산 탐승운영 팀보다는 앞서가지 말라고 한다. 그들의 역할은 탐승 길에서의 안전사고 예방과 정해진 규정에 따라 탐승을 잘 할 수 있도록 안내하는 것이다. 이 곳 주차장에서 사람들은 화장실을 가급적 다녀오려고 하는데 무료화장실이란 것도 한 몫 한다. 화장실은 용변을 본 후 물을 내리는 것이 아니고 자동으로 처리되고 있다. 그러니까 볼일을 보고 그냥 나오면 된다. 구룡연 탐승 길에는 돈을 내는 화장실이 두 곳 있는데 금강문으로 들기 전과 구룡폭포를 오르기 전에 있다. 금강산의 유료화장실에 대해서는 말들이 많았다. 자세한 이야기는 금강문을 들기 전 유료화장실이 나오면 조금 더 하고자 한다.

(2) 가까이 보는 북측의 역사 '현지지도사적비'

설명이 끝나고 주차장을 출발하여 1~2분 정도 가다보면 오른쪽으로 비석처럼 생긴 것이 세워져 있는데 '현지지도사적비'이다. 남측사람들에게는 공유

현지지도사적비

되지 않은 다른 기억과의 직면이지만 대부분의 관광객들은 그냥 지나친다. 북측에서는 3대 영웅들의 자취에 대하여 역사적으로 기념할만한 곳에 상징물을 세우고 있다. '손가락질을 해서는 안 된다'고 강조하던 바위 절벽에 새긴 자연글발들은 멀리 있지만 사적비는 가까이에 있다. 구룡연 탐승 초입에서 보게 되는 현지지도사적비는 김일성 주석의 부인 김정숙의 행적을 기리기 위하여 세워놓은 것임을 알 수 있다. 내용은 구룡연 길을 오르던 김정숙이 김일성 주석의 점심식사가 염려되어 모처럼 마련된 탐승 길도 뒤로 미루고 이곳에서 발길을 돌렸고 그 이후 금강산을 다시 찾지 못하였다는 내용을 담고 있다. 이것을 김일성 주석이 회고한 것이다.

금강산에서는 이처럼 사람들이 잘 볼 수 있는 곳에 기념비를 세워놓았는데 분단 이후 남측과 다른 북측역사의 일면이다. 금강산 탐승 길에는 분단의 산물과, 공통의 기억, 다름의 기억, 공존의 삶이 혼재되어 있다. 평화·공존을 위해 공통의 기억은 공유하고 다름은 인정하며 함께 하는 삶을 만들어가는 노력들이 필요하다고 본다.

(3) 목란다리 · 목란관 · 목란꽃

현지지도사적비를 지나면 신계천가에 세워진 다리 하나를 건너는데 목란다리다. 원래는 신계교로 줄다리(허궁다리)로 되었던 것을 1983년에 철제다리로 교체하면서 이름을 바꿨다고 한다. 붉은 색을 띤 목란다리는 신계천을 따라 자연경관과 매우 아름답게 어울린다. 그러고 보니 금강산에 있는 각종

목란다리·목란관

시설들은 자연환경과 참 잘 어울린다.

'목란'[26]은 북측의 국화다. 김일성이 항일 투쟁시기 이 꽃을 생각하며 조국을 그리었다는 유래를 간직하고 있는데 '인민의 슬기로운 기상을 담고 있다'며 '목란'이라 이름 지었고, 1991년 4월에는 "목란 꽃은 아름다울 뿐만 아니라 향기롭고 생활력이 있기 때문에 꽃 가운데서 왕"이라며 국화로 삼을 것을 교시하였다고 한다. 5~6월에 구룡연 탐승 길에서 하얀 목란 꽃을 볼 수 있는데 청초한 아름다움을 느낄 수 있다.

목란관은 북측이 운영하는 음식점으로 구룡연 구역의 편의시설로 지어진 곳이다. 그 옛날 연회장으로 사용되던 영화로움을 뒤로 한 채 지금은 분단일정에 맞추려고 빨리빨리를 연발하는 남녘 동포들을 맞느라 북녘 접대원 동무들은 눈 코 뜰 사이가 없다. 주 식단은 비빔밥, 콩비지, 냉면인데 정갈하고 담백하면서 맛이 있다. 특히 식사 전에 나오는 녹두지짐과 만두, 삼색 나물이 맛이 있다. 이 세 가지는 북측 식단의 특징이다.

목란관은 외벽의 소나무들을 베어내지 않고 건물을 지었으며, 식당 안에는 커다란 바위를 그대로 놔둔 채 구조물을 배열했다. 뿌리 깊은 나무와 자연 바위를 이용한 건축구조도 충분히 견고하고, 자연그대로의 지형을 살려가는 것이 자연보호라는 생각이 드는 곳이다.

---

26) 목란 : 함박꽃나무로 불리는 활엽 교목으로 목련과에 속한다. 6~9개의 흰색 꽃잎에 노란색의 암술, 보라색의 수술을 가진 직경 7~10㎝의 하얀 꽃이 핀다.

목란관 앞에는 북측의 화가들이 그린 그림을 판매한다. 인민화가, 공훈화가, 1급화가, 2급화가 등 여러 화가들의 그림이 있는데 북측에서 최고의 화가는 인민화가다. 북측의 예술가들은 월급을 받기 때문에 예술에만 전념할 수 있다고 하며 밑그림 없이도 척척 그려대는 손놀림 자체가 예술이다. 이곳에서 화가들의 그림을 살 수

목란꽃

있다. 북측의 예술에 대해서는 금강산 호텔의 벽화, 옥류관의 벽화, 금강산 온천장 2층, 삼일포 단풍관, 만물상 입구 등에서 감상할 수 있다. 또한 목란관 앞에서 점심시간에만 판매하는 꼬치구이와 막걸리는 인기가 좋아 발걸음이 보통 빠르지 않고는 먹을 수 없다. 특히 겨울 탐승 길에서 맛보는 꼬치구이에 새콤한 평양 좁쌀막걸리 한 잔은 하산 길 최고의 즐거움이다.

(4) 김일성 주석의 자취 '현지지도표식비'

목란관을 지나 2~3분 정도 숲길을 따라 오르면 '현지지도표식비'가 있다. 이 현지지도표식비는 1973년 8월 김일성 주석이 조국통일을 위한 역사적 위업 수행을 위한 강령적 교시를 내린 뜻깊은 곳이라 하여 성역화 되어 있다. 그 강령의 구체적 내용이 무엇인지는 알 수 없으나 역사적 배경으로 보아 1972년 남북대화의 물꼬를 튼 7.4남북공동성명과 관련성이 있는 것은 아닐까 한다. 사실 7.4남북공동성명 발표 당시 최초로 금강산 공동개발 제안이 있었다. 현지지도표식비 옆에는 마치 의자처럼 생긴 암석이 보호되고 있는데 김일성 주석이 앉았던 곳이란다. 겨울 탐승 길에 김일성 주석이 앉았던 곳이라

현지지도표식비

혹시 제지를 당할까봐 긴장을 하면서도 소위 '돌 의자'에 앉아 보았다. 알고 보니 탐승 초기에는 앉지 못하게 하였으나 지금은 완화되어 탐승객들이 앉았다 가도 된단다.

돌 의자 앞에서 가졌던 긴장된 마음조차 북측에 대한 나의 선입관인지도 모른다. 단지 분단 이후 서로의 체제와 이념이 다를 뿐 북측도 사람이 살고 있는 곳인데 말이다. 물론 완화된 것은 금강산 길에서 남과 북의 만남이 지속되면서 가져온 커다란 변화이다. 그러나 대부분의 사람들은 구룡연 오르기에 바쁜 듯 그냥 지나쳐 간다.

구룡연 탐승 길에서 만나는 '자연글발'과 '현지지도사적비', '현지지도표식비'는 사전교육에서 강조했듯이 함부로 손가락질을 해서는 안 되는 북측의 대표적인 상징물이고 그 이유 또한 상식적 범위에서 생각해볼 수 있다. 내가 소중하게 여기는 것에 대해 누군가 손가락질 하는 것이 싫듯 북측도 그들이 소중하게 생각하는 것에 대해 누군가 폄하하듯 한다면 싫을 것이다.

(5) 탐승 길에서 만나는 북녘 사람들

금강산에서 만나는 북측 사람들은 탐승 길에서의 환경순찰원이나 구급봉사대원, 이동 매대 봉사원 및 각 영업장에 근무하는 봉사원들을 만날 수 있다. 특히 환경순찰원이나 구급봉사대원들과는 멀리서 가까이서 동행을 한다. 탐승 초기에는 환경순찰원들이 주였으나 시간이 지나면서 영역이 확대되었다.

환경순찰원은 관광 초기 탐승객들의 흡연, 침 뱉기, 환경오염 위반 행위들을 통제 감시하여 위반 시 벌금 및 훈계, 지시하는 일을 하였으나 육로관광이 시작되고 시간이 흐르면서 안내 및 해설원으로 변화하였다. 2005년에는 구급 봉사대원과 탐승길 판매봉사원들이 함께하게 되었고 영업장으로는 북측이 운영하는 '금강원', '목란관', '옥류관' 탐승로의 북측 이동 매대를 비롯하여 북측 사람들이 봉사원으로 있는 금강산호텔, 외금강호텔, 금강산 횟집 등에서도 북측 사람들과 만날 수 있게 되었다.

이들에 대한 호칭을 보면 북측에서는 이동 매대(탐승 길 판매대)나 각 영업장에서 일하는 사람들을 '의례원' 또는 '접대원', '봉사원' 동무라 하고 환경순찰원(해설원)은 선생이라고 한다. 따라서 '의례원' '접대원' '봉사원' 또는 선생이라는 호칭으로 통칭해도 자연스러울 것으로 본다. 북측 사람들도 지금은 남측 탐승객들에게 보통 '선생'이라고 호칭한다.

환경순찰원들은 대부분이 20~40대로, 이동 매대의 봉사원들은 20~30대로 보인다. 환경순찰원들에게 금강산에 대하여 물어보면 많은 이야기를 해준다. 그들은 평양에서 왔다는 사람들이 많은데 역사, 어문학 등 전공도 다양했다. 그도 그럴 것이 분단 상황에서 남측 사람들을 최일선에서 만나는데 아무나 내보내겠는가. 탐승초기에는 북측 사람들과 대화하는 것을 금했으나 나중에는 대화를 해도 괜찮았다.

단, 상대방을 떠보는 말을 하거나 정치적인 이야기는 삼가는 것이 좋다. 남과 북은 체제가 다르고 정치적 입장이 극명하게 달라 서로간에 생각보다 훨씬 많은 조율이 필요하다. 섣부르게 자신의 논리를 전개하다가 북측 사람으로부터 이런 질문을 받으면 할 말이 막힐지도 모른다.

북쪽 인민의 질문에 대하여

박종화[27]

남쪽에서는 왜 그렇게

연방제[28] 통일방안을 반대합니까

연방제가 무엇이 문제입니까

남쪽 인민들은 연방제 통일방안의

구체적인 내용을 알고서 반대합니까

아니면 그저 우리 측이 주장하니까

내용과 상관없이

무조건 반대하는 겁니까

그렇다면

남쪽 인민 모두는 연합제[29]를 찬성합니까

연합제와 연방제의 공통점과 차이점에 대해서는

어떻게 생각한답니까

마구 쏟아지는 질문에

제대로 된 답변을

하나도 못하고 말았습니다

좀 더 솔직히 말하자면

나부터 잘 알아야겠다는 생각을 먼저 했습니다

    그렇다면 지금 금강산 길에서 서로에게 가장 먼저 필요한 것은 무엇일까. 나는 진정어린 마음이라고 생각한다.

하늘과 땅 사이에

김남주[30]

바람의 손이 구름의 장막을 헤치니
거기에 거기에 숨겨둔 별이 있고

시인의 칼이 허위의 장막을 헤치니
거기에 거기에 피묻은 진실이 있고

없어라 하늘과 땅 사이에
별보다 진실보다 아름다운 것은

이렇게 서로가 진정어린 마음을 갖추고 나면 자연스레 통일을 말할 수 있고, 통일의 마음은 남측이나 북측이나 협력을 통해 함께하는 공존의 길이어야 한다.

환경순찰원은 북측의 내각 산하 명승지종합개발지도국[31] 소속이다. 가끔 남측 관광객들이 그들에게 먹을 것을 주려고 하지만 그들은 사양한다.

그것은 근무 중에 당연한 일이다. 사진 촬영도 마찬가지다. 남측 관광객들은 북녘 사람과 기념으로 한 장 찍고 싶어 하지만 매일매일 수백 명의 남측 사람들이 너도 나도 요구를 한다면 그들은 공무를 수행할 수 없다. 그러나 시간이 지나면서 남측 탐승객들에게 농담도 걸어오고 사진촬영도 해주고 함께

---

27) 박종화(1963~   )시인, 작곡가, 민중음악가.
28) 연방제는 간략히 말하면 통일된 국가의 중앙정부가 군사권과 외교권을 행사하고, 지역정부는 내정에 관한 권한만 행사, 즉 1국가 2체제를 말한다.
29) 연합제는 통일이전 단계에서 남북 두 정부가 통일을 지향하며 서로 협력하는 제도적 장치를 말함. 2국가 2체제
30) 김남주(1946~1994), 시인, 한국민족문학을 대표하는 사람.
31) 2005년 5월까지는 명칭이 금강산국제관광총회사였다.

찍기도 하고 간식도 서로 나눠먹는 관계로 발전하였다. 커다란 변화이다.

첫 탐승 길에서 동행하던 환경순찰원 선생에게 남쪽 사람들에겐 금강산이 참으로 아름답고 북녘 땅이라 오고 싶어 하는 곳인데 북측에서는 금강산이 어떤 의미인지를 물었다. 물음에 대해 그는 우리 민족의 역사와 문화가 있고 세계적인 명산이라면서, 우리 민족의 천하명산 금강산을 잘 아끼고 보존하여 통일이 되면 남녘의 동포들에게 꼭 보여주어야 한다는 김일성 수령의 교시가 있었다고 말했다. 북측 사람들의 금강산을 보는 관점을 알 수 있는 것으로 이것은 금강산관광세칙에도 반영되어 있다. 실제로 금강산 탐승을 하다 보면 북측이 그동안 금강산의 나무 한 그루, 풀 한 포기, 돌멩이 하나도 잘 보존하여 왔다는 것이 느껴진다. 현장체험학습을 온 남측의 중고등학교 학생들이 가장 크게 느끼는 것도 바로 이점이다.

"물이 맑고, 물색이 정말 아름답고, 공기가 참 맑고 산이 아름다워요"라고.
금강산은 참으로 깨끗하게 보존되어 있다.

(6) 북녘 사람들을 좀 더 알아가려면

우리가 금강산에서 만나고 보는 일부가 조선민주주의인민공화국 즉 북측의 실체이고, 실체의 중심은 금강산의 탐승 길 바위에 새겨진 '주체사상 만세!'가 아닐까 한다. 그리고 그 관점에서 북측 사람을 보아야 한다는 생각인데 이 사상은 나름대로의 치밀한 구조를 가지고 있고 역사 속에서 일정한 발전경로를 거쳐 왔다고 본다. 주체사상은 '인간은 역사발전의 주인이며 인간의 본성은 자주적이며, 창조적이며 의식적 존재라는 것을 전제로 출발하는 것'이라고 그들은 말한다. 그러나 모든 사상이 그렇듯이 내적 모순이 존재할 것이다.

그렇다면 주체사상이 무엇인지 알아야 북측 사람들을 이해하고 비판적 관점을 가질 수 있는데 아직은 남과 북의 관계는 그러한 분위기를 만들지 못하였다. 따라서 '주체사상'이라는 용어자체를 말하는 것도 부담스러운 일이나, 분명한 것은 북측 사람들은 자신도 모르게 주체사상에 입각하여 자신들의 인간관, 역사관, 국가관, 세계관을 갖고 살고 있다는 것이다.

그러므로 주체사상의 관점으로 북녘 동포들의 삶을 생각해보는 것이 서로의 다름에 대한 인정과 존중의 출발점이 아닐까하는 생각도 든다. 북측 또한 남측을 볼 때 자본주의적 관점으로 보아야 한다. 그리고 보니 북측 사람들은 나를 어떠한 관점으로 볼지 궁금하다. 평양에서 만난 어느 북측 선생이 "남측도 북측도 미국과의 관계에서 '너무'라는 공통분모 때문에 모두 힘들지"라고 하였는데 그녀의 말은 '남측은 너무 미국에 예속되어 힘들고, 북측은 너무 예속되지 않아 힘들다'는 것이다. 뿌리 깊은 정치이념의 차이를 보여주고 있는데 어쩌면 이념은 길고 긴 평행선인지도 모른다.

이념에 대해 말하다 보니 1960년 10월 6일 탈고했지만 이념적인 금기 때문에 발표하지 못하고 사후(死後) 40년 만에 세상에 모습을 드러낸 김수영 유고시집의 '김일성만세'가 떠오른다. 예나 지금이나 남북문제의 핵심적 고뇌가 무엇인지가 잘 담겨있다고 본다.

앙지대와 회상대

(1) 글발 '志遠'

현지지도표식비를 지나 숲이 우거진 골짜기를 한참 오르다 보면 다리 하나를 만나는데 앙지다리 또는 회상다리라고 부른다.

앙지다리를 건넌 후 되돌아보면 바위벽에 '志遠(지원)'이라고 새겨진 붉은 글씨가 눈에 들어온다. '뜻은 원대해야 한다.'는 의미인데 유일하게 한자로 새겨져 있다. 이 글발의 주인공은 김일성 주석의 아버지 김형직으로 북측에서

자연글발 '지원'

는 1917년 비밀결사인 조선국민회의를 조직하고 항일투쟁에 앞장선 존경받는 독립운동가로 알려져 있다.

그의 사상은 한마디로 '志遠(지원)'에 압축되어 있는데 당대에 안 되면 대를 이어 투쟁하여 반드시 제국주의로부터 나라를 되찾고 진정한 자주독립을 이루어야 한다는 비장한 각오가 담겨있다고 한다. 북측에서는 이 말에 깊은 의미를 두고 있는 듯하다. 김형직은 조선독립을 보지 못한 채 세상을 떠나고 그의 아들 김일성이 그 뜻을 이어 받았다.

구룡연 탐승 길에서 볼 수 있는 '푸른 소나무 영원히 솟아 있으라'가 김형직을 기리는 글발이라고 북측환경순찰원이 설명한다. 오늘날 북측에서 중등교원을 양성하는 최고의 대학이 김형직사범대학이니 후대 교육을 책임지는 교육자들에 의해 그의 사상이 이어진다고 볼 수 있다.

(2) 앙지대와 회상대의 뜻

'지원' 글발을 뒤로 하고 3분 정도 더 올라가면 회상대이다. 우리 선조들이 부르던 옛 이름은 앙지대인데 우러러보아야 한다는 의미다. 사방이 산봉우리로 둘러싸여 한번쯤은 고개를 들어 하늘을 우러러보고 주변을 둘러보게 되는 곳이다. 이곳을 둘러싸고 있는 산봉우리들을 보면 올라가는 방향으로 왼쪽이 세존봉, 뒤 쪽이 관음연봉, 오른쪽이 옥녀봉이다.

앙지대에서 회상대로 바뀐 내력은 북측의 금강산 안내 자료에 의하면 1973년 8월에 구룡연을 오르던 김일성 주석이 이곳에 앉아 쉬면서 지난 날 어려웠

던 시절 혁명동지이자 생사고락을 함
께 했던 부인 김정숙의 고결한 충실
성을 뜨겁게 회고하였다 하여 이름이
바뀐 것이다.

김정숙은 항일무장투쟁시기 특히
고난의 행군시기부터 1957년 30대의
젊은 날에 세상을 떠나기까지 김일

앙지대 표식비

성 주석의 동지요, 반려자로 혁명1세대는 물론 북측의 인민들에게 어머니와
같이 존경받는 인물이다. 그녀는 여러 번 금강산에 왔으나 김일성 주석을 모
시느라 아름다운 금강산 경치를 한 번도 보지 못하였다고 한다. 그녀를 기리
는 장소가 금강산에는 여러 곳에 있는데 앞에서 보았던 현지지도사적비, 만
물상의 정성대, 삼일포의 단풍관과 충성각 등이 대표적이다.

(3) 앙지대 너럭바위에 새겨진 이름들

앙지대(회상대)에서는 남과 북의 공통의 기억을 찾을 수 있는데 앙지대 너
럭바위에 빼곡히 새겨진 옛 선조들의 자취들이다. 그 시기 우리 선조들은 지
면의 평평한 바위에 너도 나도 경쟁하듯 이름들을 새겨 놓았는데 깊은 계곡
바위절벽에 새기기에는 기계적 기술이 필요했을지도 모르겠다. 물론 구룡연
'미륵불'처럼 수직 바위절벽에 새긴 것도 있다. 앙지대 너럭바위에는 화가 단
원 김홍도의 아들 긍원(肯園)과 김홍도의 제자 김하종의 이름도 새겨져 있다.
김하종을 알게 된 것은 북측 안내 선생 때문이다. 어느 해 겨울에 우리를 안
내하던 북측 선생이 회상대 너럭바위에 새겨진 김하종이란 이름을 가리키며
유명한 분이라고 말하였는데 돌아와서 알아보니 조선시대 화가였다.

이곳을 담당하는 북측 해설원은 남측 탐승객들에게 회상대라 하지 않고 옛

이름 그대로 앙지대라고 설명한다. 그리고 주변의 기암괴석을 가리키며 코끼리, 자라, 도마뱀 등 세 마리의 동물을 찾아보라고 한다. 탐승객들은 해설원의 설명에 따라 이리저리 고개를 돌리는데 얼굴표정들이 모두 천진스런 어린아이들 같다.

앙지대 너럭바위의 선조들의 자취

앙지대는 2004년 10월 남측의 SBS 방송 취재팀이 계곡에서 등줄기에 얼룩무늬가 선명한 산천어를 수중촬영 한 곳이다. 사실 회상대를 보기 전에는 김일성 주석과 관련된 곳이라 하여 규모도 크고 시설도 잘해 놓았을 것이라고 생각했다. 그러나 막상 와보니 생각과는 많이 달랐다.

자연지형에 어울리게 단아한 표식비만 세워져 있다. 금강산 탐승 길에서는 북측 해설원이 설명을 해주는 곳이 몇 군데 있는데 탐승객들은 설명을 듣기보다는 사진 촬영 하느라 바쁘다. 이제 가면 언제 다시 오나 하는 생각이 앞서나 보다. 그러나 해설원의 설명을 잘 들으면 그곳에 대한 기억이 또렷해지고 금강산의 아름다움을 더욱 풍부히 느낄 수 있다.

나는 앙지대라는 이름보다는 회상대라는 이름이 더 마음에 든다. 왜냐하면 산행 길 너럭바위에 앉아 지난날을 회상해 보는 것은 마음을 비우는 일이기도 하려니와 산행을 인생길에 비유해 볼 때 힘든 것을 내려놓는 계기가 될 수도 있기 때문이다. 오늘 나도 회상대 너럭바위에 걸터앉았으니 빼곡히 새겨진 옛 선조들의 이름 사이에 '정인숙'이라 새겨 놓고 갈까?

(1) 절묘한 이름 금수다리 · 삼록수 · 만경다리

앙지대(회상대)를 떠나 몇 발자국 가지 않아 다리 하나가 있는데 아름다운 금수다리다. 그리고 보니 다리도 주변 경치에 따라 아름다움을 달리하고 있다. 이곳에서는 산을 오르는 것에만 신경 쓰지 말고 잠깐 멈춰 서서 하늘을 보라고 말하고 싶다. '이토록 아름다운 하늘을 본적이 있는가?'라고 묻고 싶을 만큼 깨끗한 푸른 하늘이다. 봄에는 철쭉이, 여름에는 절벽을 타고 내리는 계절폭포가, 가을에는 단풍이, 그리고 겨울에는 흰 눈 쌓인 골짜기로 바람이 지나는 흔적을 볼 수 있다.

계절을 마음속으로 그리면서 천천히 보는 마음의 여유가 필요한 곳이다.

만경다리

또한 빼어난 경치에 둘러싸인 금수다리 중간쯤에서 남서쪽으로 고개를 들면 저 멀리 금강산 최고봉 비로봉을 볼 수 있다.

환경순찰원 선생의 말에 의하면 구룡연 탐승 길에서는 유일하게 이곳에서만 비로봉이 보인다고 한다. 물론 날씨가 좋아야 하는데 날씨는 오로지 그날의 운수 소관이다. 언제 보아도 마음 설레는 비로봉은 정상에 조그마한 평지가 있어 누구든지 편안하게 품어 준다는데 그곳에 오르는 날을 그려본다. 금수다리를 건너면 금강산에서 유명한 샘물을 만나게 되는데 산삼 녹용이 녹아 있다는 '삼록수'다.

　삼록수 입구에 이르면 사슴과 산삼이 조각되어진 바위벽에 어김없이 '위대한 수령 김일성 동지께서는'으로 시작되는 삼록수 '현지지도표식주'가 있다. 윈도우 세대를 위한 그림 표시 같기도 하다. 삼록수를 먹으면 젊어진다고 하여 누구나 한 잔씩을 마시고 올라간다. 그런데 어느 해 겨울 탐승 시에는 꽁꽁 언 얼음위로 2m 가까이 눈이 쌓여 있었다.

　젊어진다는 삼록수를 먹을 수 없어 서운해 하자 환경순찰원 선생이 삼록수 앞 만경다리 얼음장 밑으로 흐르는 물을 한 병 떠다주면서 성분이 똑같다고 한다. 차디찬 겨울 금강산의 물맛은 일품이었다. 나는 물 한 병을 더 담아 가지고는 탐승 길을 재촉하였다.

　만 가지 경치가 어우러진 만경다리를 건너 조금 더 올라가면 탐승 길 가까이 바위벽에 '위대한 어머니의 사랑'이란 노래 말이 새겨져 있다. 1962년에 새겨진 이 노래는 김일성 주석의 어머니 강반석을 칭송하는 노래다. 강반석은 이름에서 짐작할 수 있듯이 기독교 집안에서 태어났고 북측에서는 조선의 어머니로 추앙 받고 있다. 금강문 들기 직전의 바위에 '수령님의 만수무강을 축원합니다.'라는 송가가 있는데 김일성 주석 탄생 60주년(1972)에 새겼다고 기록하고 있다.

　글발을 새기는 사업은 대부분 60년대에서 70년대 초에 걸쳐 행해졌다는데 이때는 북측의 경제가 제3세계의 모범이 될 정도였다. 북측도 이러한 시기가 있었던 것이다. 그리고 보니 구룡연 탐승 길에서는 소위 김일성 일가를 거의 다 접하며 왔다. 북측 역사를 조금은 들여다 본 셈이다.

(2) 화장실 이야기와 이동 매대

어느 덧 금강문이 가까워오고 있다. 이제는 목란관 주차장에서 하던 화장실 이야기를 하려고 한다. 탐승길 왼쪽으로 유료화장실에 대한 안내판이 있다. 화장실 사용료와 용변용 특수봉투를 판매한다는 안내이다. 봉투는 일본에서 6달러에 수입하여 4달러에 탐승객들에게 판매 한다는 내용인데 북측 사람들이 관리하고 있다. 처음에는 소변 2달러, 대변 4달러였다. 그런데 2005년 6월부터는 금강산 탐승 100만 명 돌파 기념으로 소변 1달러, 대변 2달러로 대폭 내렸고, 화장실이 자동 거품수세식 변기로 바뀌면서는 특수봉투 판매도 없어졌다.

바뀌기 전 2005년 봄 탐승 길에서 특수봉투가 궁금하여 화장실을 가본 적이 있다. 북측의 화장실관리원이 화장을 하다가 얼른 분첩을 감추고는 수줍어한다. 스무 살도 안 되어 보이는 여성 2명이 관리하고 있었다. 방해가 된듯하여 미안하기도 하였지만 화장실 봉투를 보고 싶다고 하였더니 망설이다가 보여주었다. 남쪽의 쓰레기봉투 100L 용보다 더 크고 두 겹으로 된 비닐봉투였는데 탐승객이 변을 보면 북측 노정관리원이 온정리로 가지고 내려가 처리한다고 한다. 상황을 알고 나니 겨울에는 오물을 가지고 미끄러운 산길을 내려오는 것이 참으로 어려운 일이란 생각이 들었다.

남녘에서 한때 금강산의 화장실 사용료가 너무 비싸다는 목소리가 있었다. 그런데 막상 와보니 수입가격보다 싸게 위생 봉투를 공급하고 있으려니와 용변을 일일이 손으로 운반 처리하고 있어 화장실 사용료를 단순히 싸고 비싸고의 논리로만 접근하는 것은 좀 고려해볼 문제라고 여겨진다. 철저한 환경관리는 물론 산행 길에서 내가 본 용변을 치워주는 사람들이 있기에 금강산이 이토록 아름답고 깨끗하게 보존되고 있다는 생각이다. 지금도 거품식 변기이기는 하나 오물처리는 손으로 하고 있다. 화장실 이야기를 하다 보니 벌써 금강문 입구가 가까워 졌다. 금강문 입구에서는 북측 봉사원들이 이동 매대를 차려놓고 과일을 비롯하여 북녘 특산품들을 판매하는데 특히 과일이 맛이 있다. 자연에서 잘 익은 과일이기 때문이다. 이렇게 이동 매대를 차리고 남측 사람들을 만나기까지 거의 5년이 걸렸다고 하는데 이것은 대단한 변화라고 한다.

남북 간에 신뢰가 쌓여가면서 변화된 첫 번째 일로 보아도 될 것이다. 2005년 8월 4박 5일 여름 탐승 길에서 맛본 복숭아의 맛은 일품이었다. 그 다음날 다시 구룡연을 탐승했는데 그날 매대에는 복숭아 대신 자두가 있었다. 자두를 사서 한 입 무는 순간 어찌나 새콤한지 저절로 한쪽 눈이 감겼다. 그런 나의 표정을 보자 북측 봉사원 동무는 매우 미안해하면서 단 맛의 자두를 골라주려고 애쓰는데 그 모습이 너무도 진지하여 오히려 내가 미안했다. 그래서 나는 매대에서 그들과 함께 자두를 팔았다.

"자연산 자두가 1달러에 네 개입니다. 네 개요."

물론 잘 팔렸다. 북녘 사람들을 대하다 보면 그들의 마음에서 진정성이 느껴질 때가 많다. 그것을 사람들은 순수하다고 표현하기도 한다. 그들의 친절은 넘치지도 모자라지도 않은데 앞으로도 얄팍한 상술에 물들지 않으면 좋겠다.

금강문을 지나야 금강산의 참맛

(1) 속도조절 하는 길 – 금강문 · 금문교 · 깔닥고개 · 백석담 · 옥류동

온정각을 출발하여 술기넘이 고개를 넘어 창터 솔밭, 신계사, 목란관, 현지지도사적비, 현지지도표식비를 보면서 앙지대에서 한숨 돌린 후 금수다리, 삼록수, 만경다리 건너 금강문의 입구에 이르는데 여기까지가 신계동이다.

금강문을 들기 직전에 1973년 김일성 주석의 금강문 교시를 새긴 금강산 현지지도표식비가 있다.

"이 금강문을 지나야 금강산 맛이 납니다"

아마도 금강문을 지나 옥류동에 이르면 이 말이 실감 날 것이다.

금강문표식비를 보고나면 바위에 새겨진 '금강문'이라는 붉은 글씨가 눈에 들어온다. 북측에는 여러 글씨체가 있다하여 '금강문'의 글씨체를 물어보니 북측 환경순찰원 선생들은 그것까지는 잘 모른다며 미안해하였다. 금강문 입구 바위에는 수많은 옛 사람들의 이름이 새겨져 있다. 겨울을 지나고 봄에 오니 눈 쌓인 날에는 볼 수 없었던 모습들이 너무나 새롭다. 입구 쪽으로 다가가니 '금강문 옥룡관'이라고 새겨져있다. 북측 선생에게 물으니 '옥류동 구룡연'으로 가는 길목이란 의미란다.

금강문은 거대한 바위가 굴러 내리다 서로 몸을 기댄 채 멈춰선 'ㅅ' 자형 틈새인데 들어가면 절묘하게도 골짜기 방향으로 'ㄱ' 자 모양으로 굽어있다. 이곳을 지날 때면 사람들은 기웃거리듯 눈으로 먼저 안을 살피고 들어가는데 구룡연 탐승 길의 꽃이라 할 수 있는 옥류동에 드는 것이다. 금강문을 나서자 골짜기가 넓어지고 신계천의 맑은 물은 초록의 영롱함을 더하고 있다. 출렁거리는 다리 금문교를 지난다. 이 다리는 끊어져 내린 사고 이후 지금은 고정다리로 교체되었는데 백발이 성성한 어느 탐승객이 눈물을 흘린 곳이란다.

금강문 입구

금강문 출구

구 금문교(겨울)

온정리가 고향인 그녀는 한국전쟁 전 만삭이 된 언니부부와 함께 옥류동으로 산책을 나왔는데 언니 부부가 너무 다정하게 손을 잡고 금문교를 건너는 모습이 샘이 나서 출렁다리를 흔들어댔다고 한다. 한국전쟁으로 그만 자매는 헤어졌고 수십 년의 세월이 흐른 후 노인이 되어 이곳을 다시 지나게 되니 언니 생각에 하염없이 울어 탐승객들도 함께 눈물을 흘렸다고 한다.

금문교를 지나면 가파른 오르막길이라 숨이 턱까지 차올라 속도를 조절하며 오르는데 이름값을 톡톡히 하고 있는 깔딱고개다. 깔딱고개를 오르다 한 구비를 돌면 유난히 흰색 바위들이 널려진 곳 백석담이 나온다. 이곳에서 세존봉 밑자락을 따라 한 모퉁이를 더 돌면 갑자기 골짜기가 탁 트이고 환하게 빛나는데 여기가 옥류동이다.

(2) 계곡미의 걸작 옥류동

세존봉과 옥녀봉이 둘러싸고 있는 옥류동은 '보고 느끼기나 할 것이지 형언하거나 본떠 낼 것은 못된다.'는 육당 최남선의 금강예찬이 가장 적절한 표현인 듯하다. 북측에서는 '수정 같은 맑은 물이 누운 폭포를 이루며 구슬처럼 흘러내린다고 하여 '옥류동'이라고 한다.'는 표식비를 세웠다.

이곳에서는 옛 선조들과 충분한 교감을 나눌 수 있다. 바위마

옥류담, 옥류폭포, 옥류다리, 천화대

다 빼곡하게 새겨진 이름자들로 발 디딜 틈이 없을 지경이니 이것만으로도 충분하다. 더구나 우리 선조들의 자취는 비가 오거나 겨울철에는 미끄럼을 방지해주기까지 한다.

환한 골짜기, 옥처럼 파란 맑은 물, 쏟아져 내리는 햇살, 푸른 하늘, 하늘을 배경삼은 세존봉 천화대, 물소리와 새소리, 골짜기를 지나는 바람소리, 자연의 상큼한 향기까지 아! ~ 나는 옥류동이 참으로 좋다.

옥류동에 들어서면 선녀들이 내려와 춤을 추었다는 옥류담의 무대바위가 보이는데 20~30명은 족히 앉고도 남는다. 여기서 수많은 시인묵객들이 옥류동을 노래하고 화폭에 담았다. 옥류동은 시와 그림, 문학의 배경이 되는 예술의 계곡이다. 그래서 그런지 무대바위에 서서 탐승 길 바위벽을 보면 금강산에서 유일하게 정치색을 띠지 않은 〈경치도 좋지만 살기도 좋네〉라는 글발이 있다.

'경치도 좋지만 살기도 좋아
금강산 골 안에 보물도 많네
비로봉 밑에선 산삼이 나고
옥류동 골 안에는 백도라질세
아 인민의 금강산
경치도 좋지만 살기도 좋네'

자연글발 '경치도 좋지만 살기도 좋아
공화국창건 20돌 기념. 1968. 9'

2005년 2월 문화방송에서 '남북 어린이 알아맞히기 경연대회'를 금강산에서 촬영하였는데 그중 한 문제의 정답이 '산삼'이었다. 그 문제를 위해 북측의 환경순찰원 선생이 부른 노래가 이 노래이다. 노래를 부른 홍영일 순찰원을 2005년 5월에 상팔담에서 만났는데 가을에 결혼을 한다고 하여 초대해달라고 하였더니 소식을 전할 길이 없다며 웃기만 했다. 그 순찰원 선생은 결혼을 하면서 직장을 다른 곳으로 옮겨 금강산 길에서는 다시 볼 수 없었다.

봄 탐승 길에 나는 옥류동 무대바위에 앉아 옛 선조들의 마음으로 계곡과 마주했다. 동행한 화가 임종길 선생도 무대바위에 앉아 옥류동을 화폭에 담았다. 물 흐르듯 움직이는 손놀림이 예술이었는데 환경순찰원 선생들도 임화백 곁에서 바라보며 감탄하였다. 그 때 나는 예술가들이 얼마나 행복한 사람들인지를 느꼈다. 그러면서 나에게는 도대체 어떤 재능 있는 것인지 알 수 없다며 중얼거리며 혼자 걸었다.

그런데 이토록 아름다운 옥류동에 대한 우리 선조들의 시문학작품은 그리 많지 않다. 옛날에는 내금강 탐승이 주를 이뤘기 때문이기도 하지만, 간혹 이곳을 찾은 문인들은 아름다움을 다 표현 할 수 없어 붓을 들고 앉아 있기만 했단다. 그러나 분단이후에는 외금강에 대한 시문학이 북측에서 많이 창작되었고 우리 선조들의 한시도 번역되었다.

또한 우국지사들이 찾기도 하였는데 그중에 최익현의 자취가 있다. 면암 최익현은 명성왕후 친족정권이 일본과의 통상을 논의하자 격렬한 위정척사운동을 벌여 조약체결의 불가함을 역설하다 흑산도로 유배를 갔는데 유배에서 풀리자 쇠약해진 몸으로 금강산에 들었다. 금강산은 암울했던 시대에 잠시나마 그의 울분을 달래주기에 충분했던 곳이었나 보다. 그는 금강산 가는 곳곳마다 감탄의 시어들을 쏟아내었으니 금강산의 위대함은 상처 입은 자들에게 위로가 되고 쓰러진 자를 다시 일으켜 세우는 모성의 힘이 있음이 분명하다.

옥류동

최익현,[32] 리용준, 오희복 역

방금 내린 비를 받아

늪이 불었네

바람이 안불어도

날씨 싸늘해

이내몸 신선세계

찾아들었나

생각하니 그림폭을

번져가는듯

그 누가 삐뚠 바위

먼저 오를까

아슬한 구름다리

보기조차 두렵네

온 나라가 이처럼

깨끗하건만

서울아 너만 어이

어지러우냐

　최익현은 금강산 유람을 마치고 한양으로 돌아가 일흔 넷에 흰 수염을 휘
날리며 전라도로 내려가 마지막 의병을 일으켰으나 싸움에 패해 대마도로 끌
려갔고 그곳에서 최후를 맞았다. 금강산은 이 곤고한 유학자에게 인생에서

---

32) 최익현(崔益鉉, 1833~1906), 호는 면암(勉庵), 1906년 의병을 일으킴.

가장 못 잊을 단 한 번의 호사가 아니었을까.

북측의 시인들도 금강산의 아름다움을 노래하고 있다.

금강의 아름다움은…

강명복[33]

천년을 눈비로 씻어내고

만년을 눈비에 다듬어져

네 모습 그리도 아름다우냐

철따라 펼쳐진 일만경치

그리도 황홀하여

네 이름 금강이냐

이 세상에 한번 태여나

못와 봄은 원이요

와보면 절승이라

사람마다 넋을 잃어

다시 다시 오고픈 곳

금강산아

그리워

내 한달음에 달려와

가까이 다가서니

넋을 잃은 내 마음 옮길 수 없구나

비로봉에 오르면
네 아름다움 다 안아볼까
만물상에 오르면
네 절경 다 바라볼까

아름다움에 아름다움
절승우에 절승
바라보는 모든 것 황홀하여
안아보는 모든 것 숭엄하여
일만경치 노래로 나를 세우네

(중략)
돌은 돌마다 옥이요
물은 물마다 구슬이라
아침에 보던 경치
저녁에 다시 보니
볼수록 새로워

내 한생을 여기 살아
오르고 내려도
네 아름다움
다는 볼 수 없는
아, 금강산 금강산아!

---

33) 북측 문인.

금강산의 집약된 아름다움에 대해서는 강소천의 시 '금강산 찾아가자 일만 이천 봉'을 빼놓을 수 없다. 간결하지만 금강산의 자연의 아름다움과 우리민족 천년의 이야기를 잘 담았다고 생각한다.

금강산 찾아가자 일만 이천 봉

강소천[34]

금강산 찾아가자 일만 이천 봉
볼수록 아름답고 신기하구나
철따라 고운 옷 갈아입는 산
이름도 아름다워 금강이라네
금강이라네

금강산 보고 싶다 다시 또 한 번
맑은 물 굽이쳐 폭포 이루고
갖가지 옛이야기 가득 지닌 산
이름도 찬란하여 금강이라네
금강이라네

금강산을 노래한 시심을 품고 옥류담을 지난다. 옥류담은 금강산에 가장 큰 담수인데 옥류폭포의 물을 받아들인다. 옥류폭포는 누운폭포라 불릴 정도로 물이 누운 채로 살살 흘러내리는데 담수는 어찌하여 이렇게 움푹 패여 깊이가 5~6m이고 넓이가 600㎡나 되었는지 참으로 묘한 일이다. 옥류담을 지

---

34) 강소천(1915~1963) 아동문학가.

나 옥류다리에 서니 옥류폭포와 옥류담이 한눈에 들어오면서 저 멀리 무대바위의 북측 환경순찰원들과 화가 임종길 선생의 어울림이 아름답다. 그러고 보니 아름다움을 볼 줄 아는 것이 나의 재능인가?

옥류동에서는 자연이 낳은 걸작들이 있다. 옥류폭포 쪽을 향하여 하늘을 보면 푸른 창공을 배경으로 하얗게 바위 꽃이 피어난다. 어찌나 아름다운지 빨려들 듯 넋을 놓고 보는데 누군가 물었다. "저 아름다운 바위가 뭐예요?" 나는 금강산 하면 만물상이라고 수없이 들어온지라 "만물상 아녜요?" 하였는데 나중에 알고 보니 세존봉 천화대였다.

아는 만큼 보인다고 하였는데 모르면서 만물상을 본 듯 대답하였다. 천화대는 말 그대로 하늘 꽃이 피어나는 곳이다. 백문불여일견(百聞不如一見)이라 하였으니 옥류동에 들어서면 세존봉 줄기의 자연의 걸작 천화대를 잊지 말고 감상하시길. 그 아름다움을 표현할 말이 나에겐 없다.

(3) 금강산 바위이름 변천사

금강산의 바위에는 전설과 일화를 담은 이름들이 많은데 바위이름도 시대를 반영하고 있다. 삼선암, 귀면암, 독선암 등 신선사상은 물론 도교적 의미의 이름도 있고 세존봉, 관음봉, 부처바위 등 불교적 이름도 있다. 금강산에 대한 우리 민족의 마음이 담긴듯하다.

이것은 조선시대 권근의 시에서도 드러나는데 그가 명나라에 갔을 때 황제 주원장의 요구에 따라 금강산에 관한 시를 그 자리에서 읊었다. 사실 권근은 금강산을 가보지 않았고 그 이후로도 가보지 못했다고 한다. 그러나 그의 시에는 당대의 조선인들이 느꼈던 금강산에 대한 자부심이 집약되어 있는데, 권근의 개인적 판단보다는 집단적 의식을 표현한 듯하다.

금강산

권근[35]

눈뭉치를 세웠는가
우뚝우뚝 만이천봉
바다구름 헤치고
흰 연꽃 피어나는 듯

신비로운 광채는
동해 우에 일어있고
맑고 맑은 기운은
온갖 조화 서렸네

울툭불툭 봉우리는
오솔길에 잇닿았고
그윽한 골짜기엔
신선자취 간직했네

금강산 찾아온 김에
상상봉 높이 올라
한 세상 굽어보며
이 가슴 활짝 펴리

---

35) 권근(權近, 1352~1409), 호는 양촌(陽村), 고려 말 조선초 학자.

권근의 시는 불교적, 유교적, 도교적 관점을 다 담아내고 있다. 지금은 탱크바위, 인민군 바위, 병사바위, 어뢰정바위 등 분단대립의 시대를 반영하듯 무기를 상징하는 바위이름들이 많다. 그리고 보니 금강산의 특징 중 하나가 바위이름의 변천사다. 삼선암, 오선암, 구선봉, 세존봉, 법기봉, 세지봉, 관음봉, 탱크바위, 병사바위, 어뢰정바위... 도교적, 불교적, 분단시대를 담고 있다.

　이제는 평화통일의 시대를 열어가고 있으니 그에 걸 맞는 바위형상들을 찾아볼까 한다.

삼선암　　　　　　　　　　　　　탱크바위(옥녀봉)

구룡연과 상팔담 가는 길

(1) 초록진주 빛 연주담

　옥류동을 지나면 연주담이다. 선녀가 옥류동에 진주 두 알을 흘리고 간 것이 골짜기에 떨어져 작은 구슬은 위쪽에 큰 구슬은 아래쪽의 담소로 변했다는 전설을 간직한 북측의 천연기념물이다. 명소에는 어김없이 설명표식비가 있다.

　겨울에 들렀을 때는 연주담이 눈 속에 파묻혀 어디인지 분간할 수가 없었다. 이쯤인가? 저쯤인가? 기웃거리다 겨우 설명표식비를 찾고 나서야 저기

쯤 이겠구나 짐작을 하였을 뿐이다. 그런데 봄에 와보니 햇살 담은 초록 물빛이 눈이 부시도록 아름다워 감탄사가 절로 나왔다. 더구나 담소 가운데는 푸르다 못해 검푸른 빛까지 감돌아 수심이 깊다는 것도 알 수 있는데 위쪽의 작은 담소는 길이 10m, 넓이 6m, 깊이 6m, 아래쪽의 담소는 길이 30m, 넓이 9m, 깊이 9m라고 한다. 연주폭포의 물을 담아내는 연주담은 폭포벽이 대패질을 한 듯 가지런하고 벽을 타고 내리는 물은 얇은 비단치마처럼 곱다.

그러던 것이 여름 날 쏟아지는 빗속을 헤치며 왔을 때는 요란하게 소용돌이쳐 근접하기에도 무서웠다. 비가 그친 다음날 궁금하여 다시 올라보니 연주담의 물색은 진초록의 눈망울로 나를 고상하게 바라보며 살며시 미소까지 보내고 있다. 자연의 조화에 전율하였고 감탄하였다. 김일성 주석은 연주담 앞에서 금강산의 물빛은 세계최고라고 하였다는데 연주담의 물빛은 맑고 고요하고 정말 아름답다.

(2) 나는 비봉과 춤추는 무봉·길 옆의 송가

연주담에서 5분 정도 오르면 비봉폭 휴식터가 있다. 이곳에서는 휘날리듯 내려오는 폭포가 눈에 들어온다. 사계절 중에서 여름날에 가장 환상적인 모습으로 탐승객들의 발걸음을 붙잡는 폭포에 반했던 기억이 생생하다.

이 폭포가 비봉폭포인데 봉황새가 긴 꼬리를 휘저으며 날아오르는 듯하다하여 붙여진 이름이고 금강산의 폭포들 중에서 가장 아름답기로 소문나 있다. 세존봉 줄기에서 샘솟듯 떨어지는 새하얀 물결이 바위벽을 타고 내려오다 바

비봉폭포

람을 만나면 하늘로 훨훨 날아오르는 비단폭 같다.

절벽(139m)위에서 떨어지는 물방울은 햇살에 부딪혀 진주구슬 같고 폭포의 물을 담아내는 봉황담은 천고의 모습 그대로 남녘 손님들을 맞이하는데 이러한 자연에 대한 느낌은 예나 지금이나 하나로 통하는 듯하다.

비봉폭 飛鳳瀑

최현구[36]

봉황이 날아간 뒤 산만 더 푸르고	鳳飛去後只山靑
물 울음소리에 속된 꿈에서 깨어난다	覺水鳴聲俗夢醒
골짝에 들어서니 단혈 깊이 빠진듯하고	入洞怡如丹穴邃
물보라와 수정 옥벽이 서로 시샘하며 다툰다	波光爭妬玉晶屛

평소에는 얌전한 비봉폭포가 비 쏟아지는 여름날에는 힘차게 비상한다. 여름 날 끝없이 쏟아져 내리는 하얀 물줄기를 바라보고 있노라면 내가 땅에 있는지 하늘에 있는지 모를 지경이다. 나는 구룡연 탐승 길에서 자연절경에 다섯 번 마음을 빼앗겼는데 보는 순간 너무 아름다워 가슴이 마구 뛰고 다리마저 떨렸던 순간들이다.

창터 솔밭의 금강송, 눈 덮인 겨울 신계사 대웅전 앞에서 바라본 집선연봉, 옥류동에서 본 세존봉 천화대, 비단결 같은 비봉폭포, 그리고 아득히 내려다 보던 수직절벽 상팔담이다. 비봉폭포는 금강산 4대 폭포중 하나라는데 금강산에서 가장 아름다운 폭포를 꼽으라면 나는 단연 비봉폭포다.

비봉폭포의 잔잔함을 뒤로하고 몇 걸음을 옮기기도 전에 요란한 물소리가 들린다. 바위에 폭포라는 표식이 없다면 폭포라고 보기 어려운 춤추는 봉황

---

36) 최현구(崔鉉九), 19세기 후반에 활동한 문인이라고만 알려짐.

무봉폭포다.

짧은 키에 물소리만 요란하다 싶었
는데 이름을 보고 다시 보니 정말 춤
을 추듯 물을 내리 쏟고 있다. 낭떠러
지에서 떨어진 물이 경사진 받침돌에
부딪쳐 몇 번 휘감아 도는 모습이 정
열적이란 느낌마저 든다. 한참 보고
있노라면 춤사위도 보통이 아니다. 그러나 겨울에 와서 보니 표식비는 눈으

얼어붙은 무봉폭포

로 머리띠를 두르고 꽁꽁 얼어붙어 너무나도 얌전히 봄을 기다리고 있었다.

무봉폭포를 뒤로하고 오르다 보면 오른쪽 바위벽에 붉은 색으로 '김일성장
군의 노래'가 새겨져있다. 1945년 10월에 새긴 것으로 보아 가장 오래된 글발
인 듯하다. 이 노래는 북측에서 최고의 혁명송가로 자리하고 있다.

남녘의 탐승객들은 대부분 바위에 무엇이 쓰여 있는지 별 관심을 보이지

자연글발 '김일성 장군의 노래(1945.10)'

않고 지난다. 사실 금강산을 탐승하
다 보면 곧잘 분단의 의미를 잊어버
린다. 그러나 정해진 시간 안에 온정
각에 도착해야 한다는 것이 생각날
때면 발걸음이 빨라지고 다시 분단
을 실감한다. 이렇게 분단 현실이 등
을 떠미는 금강산 탐승 길은 마음을
비우는 산행의 여유보다는 오히려
자연의 아름다움 앞에서 속도를 내
게 한다. 그럼에도 수많은 사람들이
금강산을 찾는 까닭은 무엇일까.

(3) 리듬 타는 무용교와 연담교

김일성 장군의 노래가 새겨진 바위를 지나 조금만 더 오르면 무용교를 건너게 된다. 무용교를 건널 때는 균형을 잡기 위해 자신도 모르게 양팔을 벌리게 되는데 그 모습이 마치 춤을 추는 것 같다하여 이름도 '무용교'이다. 다리 밑으로 흐르는 초록빛 물은 뛰어 들고 싶을 만큼 아름답고 맑다. 이제 구룡동에 든 것이다.

무용교를 건너 올라오다 뒤돌아보면 오른쪽 바위벽에 김일성 주석이 김정일 국방위원장을 은유하여 지었다는 시가 김주석의 친필로 새겨져 있다. 또한 상팔담으로 가는 방향의 골짜기로 가느다란 물줄기가 매우 아름답게 흐르는데 마치 은실 같다 하여 은사류라 한다. 이곳에 다리가 하나 있는데 구룡연의 마지막 다리 연담교다. 연담교를 건너지 않고 곧장 오르면 구룡폭포이고 연담교를 건너가면 상팔담이다. 어디를 갈 것인지는 개인에 따라 다르나 보통은 구룡폭포를 먼저 간다. 폭포를 향해 오르다 보면 마치 구슬로 문발을 쳐

상팔담 가는 길에서 내려다 본 무용교(사람들 앞 계단을 내려오면 연담교)

구룡폭포와 구룡연. 우측 바위벽에 새겨진 '彌勒佛'도 선명하다.

놓은 듯한 주렴폭포가 있다. 이곳에서는 정신을 똑바로 차리고 가야 한다. 경치에 취해 여기저기 두리번거리다 헛발을 디디면 골짜기로 떨어지기 쉽다. 나는 제자리에 서서 경치를 살핀 후 발걸음을 옮기곤 했다.

(4) 몇 겹 몇 생 금강의 물 구룡폭포

주렴폭포에서 150m 정도 오르면 구룡폭포인데 이 폭포 맞은편의 관폭정이 먼저 눈에 들어온다. 휴식터이자 폭포를 보는 곳이다. 관폭정유적비에는 "삼국시대 이전에 지어진 건물인데 일제 만행으로 없어졌던 것을 1961년에 복원하였다"고 안내하고 있다.

우리나라 3대 폭포 중 하나인 구룡폭포는 역시 여름이 제격이다. 특히 장맛비 내린 뒤 그 위용이 대단한데 마치 하늘의 은하수가 한꺼번에 내리 쏟아지듯 신비롭다. 사정없이 쏟아지는 폭포의 물방울이 온 골짜기를 안개처럼 뒤덮어 마음을 빼앗기다보면 어느 덧 온몸이 젖고 허공에 떠있는 듯 귀까지 먹먹해 온다. 구룡폭포는 폭포 벽 높이가 100m, 폭포높이 74m, 너비 4m라는데 웅장하면서도 아름답다. 더구나 떨어지는 폭포물이 만들어낸 구룡연은 수심이 13m나 된다하니 수천 년의 세월이 느껴진다. 그러나 나는 힘차게 쏟아지는 구룡폭포가 그 고요한 상팔담에서 내려온다는 사실이 더욱 놀랍다.

구룡폭포의 명성은 예로부터 많은 시인묵객들의 발길을 잡아끌었는데 가장 유명한 일화는 폭포를 보자마자 그만 구룡연에 뛰어든 조선시대 화가 최북(1720~1770)이 아닐까 한다. 북측에서 발행된 금강산 일화에 그는 평생소원이 금강산을 가보는 것이었

구룡폭포 앞 관폭정

지만 집이 가난하여 엄두를 못 내던 차에 그의 마음을 알아차린 친구들의 도움으로 금강산에 들게 되었다. 그런데 금강산의 절경은 그의 넋을 온통 빼앗아 붓을 쥔 채로 몇 시간씩 앉아 있기 일쑤였다.

특히 수직 절벽에 하얀 물보라를 일으키며 마치 아홉 마리 용이 일제히 몸을 틀듯 장쾌하게 쏟아져 내리는 구룡연 앞에 이르러서는 그만 정신마저 잃었다. 정신을 차리고서도 그는 무엇으로도 표현할 수 없는 자연의 아름다움에 가슴속의 격정이 솟구쳐 환희에 웃기도 하고 설움에 울기도 하였단다. 그러다 구차하게 사느니 차라리 이 아름다운 금강산에서 기쁨을 안고 세상을 하직하는 것이 낫다고 생각하여 그만 구룡연에 몸을 던졌다는 것이다. 마침 지나던 길손들이 그를 건져냈다니 천만 다행이다. 더구나 최북이 몸을 던진 구룡연은 옛날 유점사의 53불과 싸운 아홉 마리의 용이 살았다는 전설에 걸 맞게 검푸른 물이 소용돌이 칠때면 지금도 용들이 살아 움직이는 듯하여 가까이 가기도 겁난다. 이러한 모든 느낌을 말로 표현할 수 없는 나에게 조운의 시는 구룡폭포의 심연을 뚫고 지나는 듯하다.

구룡폭포

조운[37]

사람이 몇 생이나

닦아야 물이 되며

몇 겁이나 전화해야

금강에 물이 되나!

금강에 물이 되나!

---

37) 조운(1900〜?), 1948년 월북, 시인.

샘도 강도 바다도 말고

옥류(玉流) 수렴(水簾)

진주담(眞珠潭)과 만폭동(萬瀑洞) 다 고만 두고

구름 비 눈과 서리

비로봉 새벽안개

풀끝에 이슬 되어

구슬구슬 맺혔다가

연주팔담(連珠八潭) 함께 흘러

구룡연(九龍淵) 천척절애(千尺絶崖)에 한번 굴러 보느냐

(5) 수직벼랑에 새겨진 '彌勒佛'

구룡폭포 앞에 서면 생각이 깊어진다. 생각은 내리꽂듯 쏟아지는 폭포 수직절벽에 깊게 새겨진 '미륵불'에서 시작된다. 구룡연 절벽에 새겨진 최치원이나 송시열의 글이 사람들에게 자주 회자되지만 미륵불을 쓴 주인공 해강 김규진도 빼놓을 수 없다. 김규진은 조선 말기의 화가로서 마흔 넘은 나이에 나라가 망하고 제자였던 영친왕이 일본으로 끌려가자 그 때부터 화풍을 바꿔 절개와 지조를 상징하는 묵죽도(墨竹圖)에 전념하였다고 하니 그의 심정이 헤아려진다. 더구나 이 글씨를 새긴 것이 1920년 여름이니 그가 꿈꾼 미륵의 세상은 조국해방이었을 것이고 이곳을 찾는 모든 이들의 마음에도 그러한 꿈이 힘차게 살아나기를 원했는지도 모른다.

그래서 그런지 지금도 이 골짜기는 '조국'이라는 화두를 갖고 간다. 구룡연 골짜기의 바위벽에 김일성 주석이 김정일을 위해 쓴 송시의 내용도 대를 이어 갈 사회주의 조국을 은유하고 있다. 차이점이 있다면 '미륵불'은 일제강점기 조

국해방의 꿈이었고 송시는 분단 이후의 서로 다른 이념과 정치체제의 역사를 내포하고 있다는 것이다. 그러나 구룡폭포는 '하나'라는 배경을 일깨워주는 듯하다. 그러므로 나는 지금 구룡폭포 앞에서 '미륵불'과 '송시'를 떠나 한줄기의 폭포에 의미를 두고자 한다. 좌우 균형의 한복판에서 힘차게 내리쏟는 구룡폭포는 남북이 공동 번영하는 상생의 세상을 내포하고 있는 지도 모르겠다.

(6) '금강산의 퀸' 상팔담과 탱크바위

구룡폭포를 내려와 상팔담으로 향했다. 연담교에서 상팔담까지는 약 500m 라고 하니 거리로는 그리 멀지 않으나 상팔담 가는 길은 가파르고 힘들다. 옛날에 어떤 사람은 발과 손, 배, 엉덩이의 힘까지 동원하여 네발로 기고, 배로 밀고 엉덩이를 끌면서 힘들게 올라갔으나 그만 정상에 다다르자 힘이 다하여 엎드린 채로 쭉 뻗는 바람에 상팔담도 못보고 그냥 내려왔다고 한다. 물론 해

상팔담(봄)

방이후 북측에서는 누구나 쉽게 오르도록 14개의 철사다리와 돌계단을 만들어 길을 닦아 놓았다 하나 가파른 길은 처음부터 힘이 들어 땀이 비 오듯 쏟아졌다.

호흡을 조절하며 주변을 돌아보니 저 멀리 구룡폭포의 관폭정이 한 눈에 들어오는데 자연을 돋보이게 하면서도 자신을 드러내는 우리의 민족건축이 참으로 인상적이다. 또한 구룡연 골짜기를 내려다보니 계곡을 가로지르는 무용교가 한 줄기 선처럼 아름답다. 걸음이 느리다보니 오늘도 내 주변에는 아무도 없다.

혼자 바위에 걸터앉아 준비해 간 사과와 물을 먹었다. 남들은 이것은 등산길도 아니라고 하겠지만 나에게는 고난의 길이다. 비좁은 돌계단을 오르고 수직 사다리도 십 수개 오르고 산비탈을 돌고 돌아 드디어 상팔담에 올랐다. 그러나 내가 상상하던 상팔담은 눈앞에 없었다. "아~ 이게 뭐야?"하는 실망스러운 나의 표정을 보자 먼저 올라간 동료가 아래를 내려다보라고 한다.

나는 바위 난간 절벽의 끝자락까지 조심조심 다가가서는 수직절벽 아래를 내려다보았다. 그런데 이것이 웬일인가. 내가 사는 고층 아파트보다 더 아득한 천길 낭떠러지 절벽 밑에서 환하게 웃고 있는 맑은 초록 눈망울들! 상상을 초월한 아름다움에 나는 깜짝 놀라 가슴도 다리도 마구 떨렸다.

산자락을 휘감아 도는 쪽빛 물은 진주보다 더 고운 돌 연못에 잠겨있고, 소나무 사이로 살짝살짝 보이는 산허리를 벗하며 담소마다 넘치는 물을 구룡폭포로 내려 보내고 있는 것이다. 물줄기는 영롱하리만큼 깨끗하고 고요했다. 나는 상팔담과의 첫 만남을 잊지 못한다. 그 후 상팔담이 보고 싶어 계절마다 수차례 찾았는데 장맛비가 내린 어느 여름날에 와 보니 그 아름다웠던 상팔담은 소용돌이쳤고 물보라마저 거세어 온몸에 소름이 돋을 정도로 무서웠다. 어떠한 만류도 다 뿌리치고 오로지 구룡폭포로 내리꽂히며 지축을 흔들고 있는 것이다.

금강산에서 단숨에 나를 사로잡은 절경이 있다면 단연 상팔담이다. 봄은 봄대로 여름은 여름대로, 가을은 가을대로 겨울은 겨울대로 아름답지만 최고의 아름다움은 4월 말에서 5월 초이다. 내 생에 가장 아름다운 자연을 금강산 상팔담에서 보았다. 나에게 상팔담은 금강산의 퀸이다.

욕심을 내자면 조금 더 올라가 구룡대에서 한눈에 상팔담을 내려다보고 싶다. 그곳이 상팔담 최고의 전망대이고 카메라 앵글에도 한폭으로 잡히는 곳이란다. 그러나 지금은 올라갈 수 없다. 환경순찰원 선생의 말에 따르면 길이

좁아 많은 탐승객들을 소화하기에 안전 문제가 있단다.

상팔담에서는 세존봉의 위용과 세존봉으로 오르는 길을 한눈에 볼 수 있다. 말로 다 표현할 수 없는 구불구불한 탐승 길은 갈 때마다 끊임없이 나를 유혹한다. 뿐만 아니라 상팔담에서 만난 북측 청년이 기억에 남는다. 그는 집안 중의 한사람이 금강산 자연글발을 새기는 일에 참여한 것을 자랑스럽게 말하였다. 앞서 언급했던 남측의 모 방송사 남북어린이 알아맞히기 경연대회에서 노래로 문제를 내주었던 주인공이기도 하다. 나는 이 청년과 상팔담의 전설과 6.15남북공동선언에 관한 이야기, 그리고 내가 금강산을 왜 오는지에 대한 이야기도 나누었는데 마치 이웃집 청년과 대화를 나누고 있다는 느낌이 들었다.

상팔담을 등지고 서면 앞에 옥녀봉의 절경이 한눈에 안겨오는데 이곳에서는 탱크바위를 뚜렷이 볼 수 있다. 옥녀봉 능선에서 버티고 있는 바위 형상이 탱크 같다는 것인데 자세히 보니 내 눈에는 운동화 한 짝 같기도 하다. 그 절

자연글발 '금강산은 조선의 기상입니다'와 탱크바위(우측 능선 부위)

벽에 김정일의 어록을 새긴 거대한 글발이 눈에 들어온다.

"금강산은 조선의 기상입니다."

육당 최남선 또한 금강산을 조선의 기치가 서린 '조선심'의 발로라 하였다. 오늘날 '조선'의 뜻은 남과 북에서 받아들이는 해석의 차이가 있지만 금강산은 예나 지금이나 남과 북의 마음을 하나로 만드는 기상의 발로인 것만은 틀림없다는 생각이다.

수정봉(水晶峰)

수정봉 탐승

수정봉 초입은 금강송 숲

　개방된 외금강 탐승로 중에서 세존봉과 수정봉은 금강산을 탐승할 때마다 관심이 컸다. 그것은 해돋이는 수정봉이고 외금강의 전망은 세존봉이 최고라는 입소문도 한몫 하고 있지만 구룡연이나 만물상, 해금강, 삼일포처럼 올 때마다 갈 수 있는 곳이 아니기 때문이다. 세존봉과 수정봉은 탐승할 사람들을 사전에 조직해서 신청을 해야 갈 수 있다. 그런데 4박 5일(2005.8.18.~8.22.) 여름 탐승 길에서 수정봉을 오르게 되었다. 서울의 모 증권사 직원들이 세존봉을 등반하기 위해 왔는데 전날 내린 장맛비에 길이 무너지고 다리가 유실되는 바람에 세존봉 등반을 못하고 수정봉을 오르게 된 것이다.

　수정봉은 숙소인 금강산호텔 앞에서 올려다 보이는 바위산인데 온정각에서 보면 서북쪽 방향으로 하얀 수정처럼 빛난다. 온정각에서 출발한 버스는 금강산 호텔을 지나 만물상 가는 길로 접어들더니 초대소를 지나 소나무 숲길에서 멈추어 섰다. 어머나! 이 아름다운 소나무 숲길에서 멈추다니

온정각에서 바라본 수정봉(희게 보이는 봉우리)

이게 무슨 행운인가. 알고 보니 여기가 수정봉 탐승 초입이다. 만물상을 오를 때마다 내려서 걷고 싶었던 그 매혹적인 소나무 숲! 나는 이곳에 발을 딛고 있는 것이 수정봉 탐승보다 더 기뻤다.

수정봉 탐승은 남쪽 탐승객 35명과 북측 안내 선생 6명이 삼복더위를 뚫고 걸음을 내딛는 것으로 시작되었다. 그런데 항상 개방되는 탐승로가 아니어서 무성한 잡풀들이 옛길마저 덮어 버려 북측 안내 선생들이 풀숲을 헤치며 길을 만들어 나갔다. 한참을 오르다 일행 중 한명이 "옻나무다." 라고 소리를 질러 모두 화들짝 놀라며 피했다. 그 소리를 듣자 북측 안내 선생은 얼른 손에 들고 있던 나무 가지로 옻나무의 물기를 툭툭 치면서 "비온 뒤에는 옻이 오르지 않습니다."라며 염려 말라고 하였다. 순간 호들갑을 떤 것이 미안하여 잠시 침묵이 흘렀다. 북측 안내 선생들이 열심히 탐승로를 만들며 올라가는데 가만히 보니 지름길을 놔두고 자꾸 완만한 경사의 길을 찾는다.

남측 탐승객 한 사람이 "왜 지름길이 있는데 돌아갑니까?" 하자 북측 선생은 산행이 힘든 탐승객을 위하여 처음에는 이렇게 하는 것이 좋다고 하였다. 그 말을 들으니 다함께 갈수 있는 길을 만들어 가는 북측 선생의 따뜻한 배려가 느껴졌다. 어쩌면 사회주의가 추구하는 '하나는 전체를 위하여, 전체는 하나를 위하여'라는 구호가 생활습관처럼 몸에 배어서 인지도 모르겠다.

탐승 중에 북측 안내 선생중의 한 사람이 남측의 모 방송국에서 특집으로 제작하는 '금강산 사계'를 촬영할 때 안내를 했다면서 그때 많이 힘들었다고 하였다. 남측으로 돌아와 아름다운 금강산의 사계를 담은 그 특집 방송을 찾아서 보았다.

여름 손님 계절폭포와 세 사람

수정봉은 산책삼아 탐승하기에 좋은 길이다. 곳곳에 전설을 간직한 기암괴

여름 계절폭포

석들도 많고 계절 폭포도 아름답다. 수천 년 전부터 여름이면 찾아오는 계절폭포는 바위마다 제 나름의 물길을 만들어 태고의 신비를 드러낸다. 첫 번째로 만난 계절폭포는 바위벽을 타고 흐르는 물이 마치 새하얀 비단결 같다. 이곳 폭포에서 탐승객들은 맑은 물을 마음껏 마시고, 넓적한 바위에 두 다리를 쭉 펴고 잠깐 휴식을 취했다. 일어나 다시 한참을 오르니 이번에는 높은 바위벽에서 폭포가 쏟아져 내리고 있다.

야!~ 하고 탄성을 자아내자 북측 선생이 '3단 계절 폭포'인데 높이가 100m 정도라고 하였다. 계절폭포의 아름다움에 취한 탓인지 탐승객중 한 사람이 그만 발을 헛디뎌 삐는 바람에 산행이 어려워졌다. 그 탐승객은 3단 폭포 아래에서 북측 안내 선생 두 명과 함께 남게 되었고 나머지 일행은 산행을 시작하였다. 세 사람이 남게 된 것이다.

점점 산행 길이 가파르고 숨이 차오른다. 북측 안내 선생의 가쁜 숨소리도 들린다. 그는 산행을 힘들어 하는 나에게 오르막길마다 손을 내밀어 힘이 되어주었다. 수정봉의 여름 탐승 길은 이름 모를 야생화가 만발하고 사람의 손길이 닿지 않는 원시적 풍경이 가득하다. 또한 녹음 사이로 여기저기 건물들이 모습을 드러내고 있다. 건물 용도를 물어 보니 북측 선생이 대답을 하는 것도 있고 묻지 말라는 것도 있다.

수정봉 전망대와 주식이야기

전설의 기암괴석들을 지나니 하늘과 맞닿은 까마득한 바위절벽에서 쇠사슬이 내려와 있다. 쇠사슬을 잡고 오르기도 하고 깎아지른 바위벽에 마치 스테플러로 찍어놓은 듯한 철근 사다리 계단을 타기도 하면서 한발 한발 힘을 다하여 올라가니 먼저 간 일행들이 박수를 쳤다. 드디어 꼴찌 탐승객인 내가 수정문에 다다른 것이다. 수정문은 자연돌문이라기 보다는 인공적으로 만들어 세운 큰 대문 같은데 2~3m 두께에 높이와 너비가 10m 정도라고 한다.

수정문을 이리저리 살펴보는데 북측 선생이 나의 속마음을 알아차리고는 문 위쪽을 가리키며 "저것이 수정입니다."라고 말해주었지만 너무 높아 만져볼 수는 없었다.

수정문에서 한숨 돌리며 가지고 간 오이와 사과, 물, 초콜릿, 사탕 등을 나눠먹었다. 수정문을 들어서니 이제는 더 가파르고 좁은 바위벽이 기다리고 있다. 뚱뚱한 사람은 지나갈 수도 없는 바위 틈새를 비집고 오르니 둥글넓적한 바위가 나타났다. 이곳이 어여쁜 선녀들이 내려와 놀고 간다는 강선대이다. 그리고 보니 금강산 봉우리 마다 선녀들이 안 다녀 간 곳이 없는데 그들이 다녀간 곳은 하나같이 오르는데 힘이 들었다.

강선대에서 물 한 모금을 먹은 후 다시 쇠사슬을 잡고 힘껏 기어 오르니 매끈하면서도 넓적한 바위가 기다리고 있다.

수십 명은 앉을 수 있는 수정봉 전망대이다. 탁 트인 사방이 모두 절경이다. 저 멀리 고성항이 한 폭의 그림처럼 눈에 들어온다. 허리

수정봉 수정문

를 감도는 구름 아래로 보였다 안보였다 하는 수정봉 전망대에서 보는 금강산 경치는 묘하기 이를 데 없다. 온정령 길 한하계와 만상계를 만들어 내는 관음연봉이 한눈에 보이고 비로봉도 하얀 머리를 드러내고 있다. 수정봉 전망대의 바위는 안방처럼 넓적한데 오랜만에 정상에서의 시간이 여유롭다. 여유로움 속에서 남측 탐승객이 북측 안내 선생에게 주식과 관련하여 질문을 하였다.

그러자 북측 선생이 대답을 하고는 '선물시장', '스톡옵션' 등에 관하여 나름대로의 의견을 말하면서 모 그룹의 부도와 연결 짓기도 하였다. 남측 사람과 북측 사람이 주식을 주제로 이야기를 이어가는데 여기가 금강산인지 주식시장인지 알 수가 없을 정도까지 되었다.

시간 관계상 수정봉 정상에서 일어났다. 그러나 끝나지 않은 주식이야기는 남측의 증권사 지점장까지 관심을 갖고 열기를 더해 간다. '수정'과 '주식'과의 공통점은 '돈'이라는 생각에 수정봉의 절묘함이 있는 듯도 하고 아무래도 하산 길까지 주식이야기를 이어갈 듯하다.

툭 끊어진 금강산 도라지

내려오는 길은 훨씬 수월하지만 수직 계단은 두 다리 보다는 마음이 먼저 떨려오는 두려움이 있다. 더구나 날씨가 흐려지더니 빗방울마저 스쳐 사방의 경치는 신비롭지만 으스스한 느낌도 든다. 그러나 마음은 여유롭다. 수정봉 중턱쯤 내려오는데 도라지꽃이 눈에 띄었다. 그야말로 금강산 도라지이다. 도라지를 캐어 자연의 진한 향을 맡고 싶었다. 가까이 다가가 꽃잎을 만지는 순간 '환경보호'가 떠올랐으나 북측 안내 선생을 보자 '금강산 도라지를 갖고 싶다'는 말이 불쑥 나왔다. 욕심이 선한 본심을 이긴 것이다.

그는 가지고 가라고 하였다. 내가 양심에 걸려 만지작거리기만 하자 그는 "말씀드릴 때 가지고 가십시오" 하였다. 살며시 도라지를 잡아당기는데 그만

툭 끊어지고 말았다. 직경 2mm에 길이 4cm정도가 뽑혀 올라왔다. 새 하얀 도라지의 향이 코끝으로 가득 전해져 왔다. 내려오는 길에 여러 사람에게 '금강산 도라지'라며 향을 맡게 하였더니 모두가 '야!~ 향기가 대단하다'며 자연의 향이라고 좋아하였다. 계절폭포에 도착하여 도라지 뿌리를 물에 씻은 후 입에 넣고 천천히 씹었다. 금강산 도라지는 그 옛날 어린 시절 나의 어머니와 함께 캐던 그 도라지 향이었다.

지팡이와 스틱의 만남

계절폭포에서 다리를 다친 일행 3명이 기다리고 있었다. 함께 수정봉을 오르지 못했음을 참으로 아쉬워하였는데 그것은 북측 선생들도 마찬가지였나 보다. 다리를 다친 남측 손님도 함께 기다려준 북측 선생들도 수정봉은 처음이라는 것이다. 나는 다리를 다친 남측 사람과 북측 사람들이 3~4시간 동안 무슨 이야기를 주고받았을까 몹시 궁금하였으나 초면에 물어보기는 어려웠다. 내려오다 보니 어느덧 출발지점인 소나무 숲길이다.

수정봉 길은 왕복 4시간이면 충분하다. 그래서 우리 선조들은 아침 일찍 산책 겸 수정봉에 올라 해돋이를 보고 내려온다고 하였는데 지금은 사전 허락 없이는 올라갈 수 없는 지척의 봉우리일 뿐이다. 수정봉에 남북이 함께 올라 옛 사람들이 찬미했던 해돋이와 고성항의 아침을 볼 날을 기대해 본다.

솔숲에 도착하니 먼저 내려온 젊은 탐승객들이 소곤소곤 북측 선생에 대해 말을 하며 킥킥 웃고 있다. 내용인 즉 등산용 '스틱' 때문이다. 남녘 탐승객들은 흔히 스틱이라 하고 북측 선생들은 지팡이라 부르는 것이 화제가 된 것이다. 그런데 양손에 스틱을 짚은 탐승객을 보고 북측 안내 선생이 "왜 쌍지팡이를 들고 다닙니까?"라고 물었는데 그만 '쌍지팡이'란 말에 젊은 탐승객이 웃음이 터진 모양이다. 이렇게 남과 북은 어휘 사용의 차이로 웃음 또는 오해를 자아내는 일이 종종 있다. 오해라는 말이 나왔으니 한 가지 생각나는 이야기가 있다. 탐승 길에는 북측에서 운영하는 이동 매대가 있다. 음료, 다과, 과일, 북측의 특산품 등을 판매하는데 초기와는 달리 매대의 봉사원들이 남측 탐승객들이 지나가면 적극적으로 물건을 사라고 말한다.

이때 어느 탐승객이 달러가 없다고 하자 북측 봉사원은 여느 때처럼 '한화(한국 돈)'도 없냐고 물었다. 그런데 그만 발음상의 문제가 생긴 것이다. 남측 탐승객은 돈이 '하나도 없냐'로 들은지라 자기를 무시한다고 언성을 높였고 북측 봉사원은 이유도 모른 채 어쩔 줄 몰라 한 것이다.

"한화도 없습니까?"와 "하나도 없습니까?"

북측 말과 남측 말은 억양도 다르고 뜻도 다른 말도 있어 서로 못 알아들을 때가 있다. 그래서 남북 공동으로 '겨레말 큰 사전'편찬 사업이 진행되고 있다.

북측 안내 선생들과는 여기서 작별이다. 최선을 다해 안내를 하였고 넘치지도 모자라지도 않은 정중함이 인상적이었다. 언제나 그러하듯 북측 사람들과는 기약 없는 이별이다. 이름도 모르니 세월 지나 얼굴마저 잊혀지면 한 때 인연이었다는 생각만이 희미하게 남을 것이다. 그렇게 잊히기 전에 쌍지팡이를 짚고라도 그들과 함께 수정봉에서 해돋이를 보고 싶다.

세존봉(世尊峰)

세존봉 탐승

학수고대하던 세존봉 길! 일행 12명

세존봉은 온정리 온정각에서는 서남쪽으로 뾰족하게 보이는 봉우리지만 구룡연 가는 길에서는 근엄한 모습으로 새하얗게 빛난다. 세존봉 탐승은 오래도록 고대하였으나 30명 이상의 탐승 일행을 구성하지 못하여 기회를 만들지 못했다. 2005년 여름에 세존봉을 오르려고 만반의 준비를 하였는데 전날 내린 비로 구룡폭포 앞에서 그만 되돌아서야 했고 내려오는 내내 아쉬움을 떨쳐 버리지 못했다. 그도 그럴 것이 세존봉을 탐승 하려고 4박 5일 일정으로 금강산을 왔는데 수포로 돌아간 것이다. 그 후 2007년 7월 27일, 일행은 모두 9명뿐이었지만 현대아산의 배려로 세존봉을 탐승하게 되었다.

그런데 오늘은 동석동쪽으로 세존봉을 오른다. 보통은 구룡연의 관폭정 뒤 비사문을 통하여 탐승을 하는데 장맛비로 산행 길이 안전하지 못한 것이다. 그러나 속사정을 모르는 다른 탐승객들은 모두 '왜 하필 이 더운 여름에 세존봉을

세존봉 가는 길 초입

오르냐'며 의아해 한다. 우리일행은 구룡연으로 가는 버스를 타고 가다가 창터솔 밭 앞 동석동 입구의 신계천가에서 내렸다. 구룡연을 갈 때마다 차에서 내려 걷고 싶었던 미인송 숲길에 내려선 것이다. 출발부터 기분이 좋다.

신계천 다리를 건너니 우리와 동행할 북측 안내 선생 셋이 기다리고 있다. 오늘은 금강산 탐승객들이 매우 많아 남측의 안내조장들이 모두 일반 탐승로에 투입되어 세존봉 팀은 남측 안내원 없이 북측 사람들하고만 올라가게 된 것이다. 그중의 한 사람은 구급봉사대원이고 다른 남녀 두 사람은 환경순찰원이다. 구급봉사대원은 평양에서 파견되었다는데 그의 배낭은 20L인 나의 배낭보다 20배는 더 커 보였다. 무엇을 이렇게 많이 넣었냐고 묻자 응급구조 장비와 우리 일행 도시락이라고 했다. 그런데도 오히려 나를 보자 염려가 되었는지 올라갈 수 있냐고 물었다.

기대만큼이나 힘찬 출발로 탐승은 시작되었다. 하지만 얼마 못가 나는 선두에서 멀어지기 시작했다. 더 뒤질세라 땀을 비 오듯 쏟으며 부지런히 걸었다. 한적한 숲길사이로 인민군도 보이고 청아한 새소리도 들린다. 가끔은 북측 안내원들이 뒤돌아보곤 한다. 한 시간 정도를 걸어가니 저 멀리 앞서간 일행들이 쉬고 있는 모습이 보였다. 맑은 물이 졸졸 흐르는 계곡 물가였다. 물도 먹고 준비해 간 사탕도 나누어 먹으면서 잠시 숨을 돌렸다.

함께 오르던 북측 여성 안내원이 사랑니 때문에 얼굴이 붓고 몹시 아프다고 하였다. 가지고 간 약도 없는지라 수지침 요법을 적용하였다. 사탕껍질에서 은박지를 분리하여 녹두알 크기로 꼭꼭 뭉쳐 그녀의 중지 손가락 첫 마디의 치통에 해당하는 상응점에 붙여주고 세 시간 정도 규칙적으로 눌러 자극을 주라고 하였다. 그리고는 다시 탐승 길을 재촉하였다.

하늘은 푸르고 물은 맑아 신선놀음이 따로 없는듯했다. 언덕길을 오르니 아름드리 소나무들이 군락을 이루어 천년 고목의 수림 속을 거니는 것 같았다. 더욱 장관인 것은 소나무 줄기 사이사이로 드러나는 집선봉의 새하얀 줄기다. 백도라지 꽃이 만발한 것 같기도 하고 지금 막 세수를 한 어린아이의 뽀얀 얼굴 같기도 하다. 그러나 내 위치가 어디쯤인지는 분간이 어렵다.

사실 금강산에 올 때마다 우리 선조들이 남긴 금강산 탐승기를 보면서 경치를 익혔는데 세존봉에 대한 선조들의 탐승기는 거의 없는지라 낯설기만 하다. 따라서 이곳에서는 나의 발자취가 곧 세존봉 탐승기인데 7월 삼복더위에 세존봉을 오르는 나의 체력은 경치 하나하나에 신경을 쓸 여력이 없다.

천혜의 비경 동석동, 승려들이 통제한 이유

또 다시 일행들과 멀어져 혼자 걷는 사색의 길이 되었다. 너무 고요하다 보니 갑자기 동물들이 뛰어 나올 것만 같아 무서움마저 느껴진다. 그래도 꾹 참고 가야만 하는 운명임을 충분히 알고 있다. 여기는 북측 땅이고 연락할 통신수단도 없어 내가 지금 이곳에 멈춰선들 별 소용이 없는 것이다. 목소리가 크지 않은 내가 소리쳐 보았자 나의 외침은 숲속의 물소리와 새소리에 묻힐 것이 뻔하고 나의 성격을 잘 아는 일행들은 내가 천천히 자연을 음미하며 잘 오고 있다고 생각할 것이다. 그러니 부지런히 걸을 수밖에 없다.

흙 내음이 좋고 심신 산골에 쭉쭉 뻗은 금강송이 아주 마음에 든다. 싱싱한 자연을 간직한 이 길을 나는 '청년길'이라 이름 지었다. 모든 것이 푸르고 생동감이 넘쳐 삼림욕이 저절로 되는데 그것도 금강산의 정기를 듬뿍 받는 삼림욕이니 세존봉에 드는 자만이 누릴 수 있는 특권이 아니겠는가. 한 참을 걸어 다시 일행들이 쉬는 곳에 도착하였다. 말로만 듣던 1급수 금강산 샘물의 수원지 동석동이다.

동/ 석/ 동/

맑은 샘물과 한 장의 너럭바위가 만들어 낸 동석동의 절경에 온 마음을 빼

동석동

앗겄다. 수백 명 정도는 앉을 수 있는 너럭바위는 하얗게 빛나고, 넓고, 단아하고, 깨끗하고, 고요한 분위기까지 내 취향에 딱 맞는 곳이다. 드넓은 너럭바위 백석 위로 흐르는 맑은 물, 녹음 짙은 나무들, 머리위로 새하얗게 빛나는 집선연봉, 새 파란 창공, 꽃비처럼 쏟아지는 영롱한 햇살, 채하봉의 여름 녹음, 심산이 만들어 내는 깊은 계곡, 새소리, 물소리... 아! 모든 것이 견딜 수 없는 아름다움이다.

이제야 이곳을 세상에 드러나지 않게 하려던 그 옛날 신계사 승려들의 마음을 알겠다. 옛날 신계사 승려들은 이곳을 사람들이 오르지 못하도록 통제하였다는데 그것은 이곳의 아름다움이 소문나면 신계사에 더 많은 사람들이 오게 될 것이고 그러면 승려들이 감당해내기가 어렵기 때문이란다.

신계사 스님들 덕분에 오늘날 동석동은 태고의 신비를 그대로 간직하고 있는 것이 아닐까 한다. 이곳에 대한 선조들의 시문학이나 그림이 많지 않은 것도 이런 이유와 무관하지 않을 것이다. 골짜기의 유래를 만든 동석은 집채만한 둥근 바위를 일컬음인데 이 바위 한쪽 끝에 받침돌을 놓고 지렛대삼아 흔들면 바위가 움직인단다. 그러나 우리 일행은 그 누구도 실험하려 들지 않았다. 동석이 있는 너럭바위가 영춘대라는데 금강산에서 봄이 가장 먼저 오는 곳이란다. 동석동은 정중동의 분위기를 갖추고 있다.

나는 동석동 너럭바위에 가만히 누워 뚝뚝 흐르는 고독을 느꼈다. 붙잡을 수 없는 아름다움은 나에게는 고독이었고 벌써부터 또 언제 이곳을 와보나 하는 비감에 젖었기 때문이다. 그러나 곧 일어나야만 했다. 일어나 앉으니 허리가 아프다던 동료 현원일은 계곡물에 온 몸을 맡기 듯 엎드려 물맛을 음미하고 있고, 북측 안내 선생들은 더운지 상의 단추 한두 개씩을 풀고는 물가 바위에 생불처럼 앉아 우리들을 바라보고 있다. 일행들은 모두 새로운 기운들이 넘치는지 마냥 행복해 하였다. 이곳을 떠나기 아쉬워하는 우리를 보고 북측 안내 선생들은 가을이 더 아름다우니 꼭 다시 오라며 길을 재촉해야 함을 미안해하였다. 동석동은 시 한 수가 절로 나오는 곳이다.

아는 만큼 보인다는 명제의 유효성

동석동을 떠나 다시 걸었다. 한참을 가노라니 집채만 한 바위가 동굴모양을 하고 있는데 동굴 입구의 상층 바위가 마치 지붕의 처마 같다. 비오는 날에 몸을 피하기 딱 좋다는 생각이 들었는데 누군가 벌써 나뭇가지에 불을 지폈던 흔적이 보였다. 아마 오래전에 누군가 다녀간 듯하다.

북측 안내 선생은 이곳이 반달굴이라 하면서 뒤를 돌아보라고 하였다. 그랬더니 세존봉 줄기에 바위하나가 돋보이는데 영락없는 배모양이다. 갑자기 일행들은 저 배바위가 영화 '황진이'에서 여 주인공이 춤을 추었던 바위라며 화젯거리를 만났다는 듯 이야기들을 쏟아내기 시작한다. 북측 안내원도 "영화내용이 어떠냐, 보았느냐, 금강산이 많이 나왔느냐"라며 관심을 보였다. 영화를 본 동료들의 영화평과 줄거리가 한참동안 오고 갔다.

산길이 점점 가파르고 나의 다리는 무거워져 오는데 오히려 눈은 점점 맑아져 멀어지는 집선봉과 다가오는 채하봉 사이를 연실 두리번거리고 있다. 탐승 길에서는 끊임없이 꽃들이 이름을 불러주기를 바라듯 얼굴을 내밀고 있으나 꽃을 벗삼기에는 초행길이 벅차다. 금강초롱, 오리 방울꽃. 나리꽃, 금강국수나무, 산더덕, 소나무, 참나무, 단풍나무, 버섯, 고사리......이렇게 풍

173

배바위

부한 금강산의 식생대 앞에서 이름 모를 꽃들을 대하자니 답답하였다. 그간 금강산 봉우리들만 익혀왔지 그 봉우리들의 특징을 만들어내는 작은 생명들을 간과한 것이다. 아는 만큼 보이고 보이는 만큼 느낀다는 명제가 정수리를 친다. 그러나 금강산에 서식하는 1종 1속 금강초롱[38]과 금강국수나무[39]만이라도 알고 가면 좋을 듯하다.

세존봉은 세존봉과 집선봉, 채하봉 계곡을 따라 계속 올라가는 탐승 길이다. 특히 오른쪽으로 거대하게 펼쳐지는 연봉들이 많은데 나는 우뚝 솟은 봉우리가 보일 때마다 전문산악인 구급봉사대원에게 물었다.

'저것이 세존봉입니까?'

그의 대답이 웃음과 함께 온다.

'아닙니다'

이러한 질의응답은 산모퉁이를 돌때마다 수차례나 계속되었다.

한참을 오르니 선하계곡과 세채계곡의 물이 합쳐지는 합수목이란다. 선하계는 집선봉과 채하봉사이를 포괄하는 말이고 세채계는 합수목의 오른쪽 세채계곡을 따라 가다 세존봉으로 오르는 길로서 본격적인 세존봉 등산로라고 할 수 있다.

---

38) 금강초롱은 도라지과의 여러해살이풀로서 주 분포지는 내금강의 금강군 내강리이다. 만폭동굴안과 묘길상 부근, 비로봉으로 가는 골짜기에서 많이 볼 수 있다. 금강초롱은 1909년 발견되어 알려졌고 줄기 높이는 15~70cm이며 잎의 길이는 5~10cm정도 되는데 7~8월경 줄기 끝에 푸른 가지색의 초롱모양 꽃이 핀다. 북측의 천연기념물이다

39) 금강국수나무는 조팝나무과의 넓은 잎떨기 나무로써 주 분포지는 역시 내금강의 금강군 내강리이다. 금강국수나무는 1917년에 발견되었고, 줄기 높이는 70cm 안팎이고 잎 몸은 긴 둥근 모양인데 길이는 2~3cm이고 밑은 쐐기모양이며 끝은 세 갈래로 얕게 갈라져 있다. 7월경 연분홍색의 작은 꽃이 모여피고 열매는 8월경에 익는다. 북측의 천연기념물이다.

북측 사람과의 팽팽한 협상

나는 북측 안내 선생에게 세존봉이 얼마나 더 가야 되냐고 물었다. 아무래도 나의 걸음으로는 오늘 제시간에 내려오는 것이 어려울듯하여 걱정이 앞섰기 때문이다. 그랬더니 아직 반도 못 왔다고 한다. 그 말이 얼마나 아득하게 느껴지던지 기운이 쭉 빠졌다. 그래서 나를 제외한 일행들만 올라갔다 내려오면 좋겠다는 의견을 내었다. 나는 내 힘껏 가는 데까지 가다가 내려오려고 했던 것이다. 그러나 북측 안내 선생의 대답은 다함께 올라가던지 아니면 다함께 내려가던지 둘 중에 하나만 된다고 하였다. 말로만 듣던 남과 북의 팽팽한 협상이 시작 된 것이다. 그러나 내가 일행의 속도를 맞추는 것은 불가능하고, 그렇다고 일행들이 나의 속도에 맞추다가는 정해진 시간 안에 내려오는 것도 어렵다고 판단되었다. 어쩌면 북측 선생은 '전체는 하나를 위하여'를 강조하고 나는 '하나는 전체를 위하여'를 강조하는 논리를 펴고 있는지도 모른다. 팽팽한 의견은 제자리만 맴돌 뿐 좁혀지지 않았다.

시간은 자꾸 가고 해결책은 없고 나는 초강수 의견을 냈다. '나의 속도에 맞춰 전체가 정상까지 올라가되 정해진 하산 시간을 3시간 연장하자'고 했다. 그러니까 4시까지 내려와야 하는 것을 최대 7시까지 연장하자는 것이다. 나의 얼굴을 가만히 보던 북측 안내 선생은 말로는 대답하지 않았지만 우리 일행에게 나의 속도에 맞춰 올라가라는 것으로 보아 협상은 일단락 된듯하다. 금강산 탐승 길에서 탐승여정을 놓고 북측 사람들과 협상을 한 것은 아마도 우리가 처음이 아닐까?

하늘과 맞닿은 수직사다리와 북녘 동포들

이제부터는 내가 선봉이다. 선봉에 서니 나의 부담은 배가 되고 일행들은 경치를 천천히 보는 여유가 생겼다. 다만 전날 술을 즐겼던 동료 오승환만이

굽이굽이 끝도 없는 산길을 가면서 힘이 드는지 "나를 죽여라, 죽여"하면서도 열심히 올라간다. 1,160m의 세존봉은 가도 가도 끝이 없었지만 중간 중간 긴 호흡을 하고 돌아보는 골짜기의 절경은 감탄이 저절로 나온다. 그러나 나의 속도에 맞추기는 우리 일행보다 북측 안내 선생들이 더 힘든가 보다. 더구나 무거운 배낭을 짊어지고 오르는 구급봉사대원은 더 그러할 것이다.

한참을 오르니 마지막 계곡물이라며 목을 축이라고 한다. 그 말에 아예 두 다리 쭉 뻗고 물을 실컷 마셨다. 한 호흡 돌리고 다시 한 참을 오르니 오른쪽으로 거대한 기암괴석이 하늘을 찌른다.

"여기가 세존봉입니까?"

"아닙니다."

"………?"

"………"

" 정선생, 조금 빠르게 올라갑시다."

" 그러니까 나 혼자 천천히 오르겠다고 했잖아요."

"………"

일행 모두는 굽이굽이 산모퉁이를 돌고 돌면서 계곡의 깊이를 재고 봉우리를 올려보고 내려보면서 탐승 길을 따라 피어나는 식생대를 관찰하며 삼복더위를 뚫고 올라간다. 그러나 감탄소리는 끊이지 않는다. 점점 길이 가파르고 골짜기도 깊어지니 정상이 가까웠음을 느낌으로도 알겠다.

"여기가 세존봉입니까?"

"거의 다 왔습니다."

"정선생, 속도를 좀 더 냅시다."

"거의 다 왔으면 먼저들 올라가십시오."

산행에서 거의 다 왔다는 말은 언제나 희망이다.

정말 세존봉을 코앞에 두어서인지 내가 뒤쳐져도 이제는 북측 선생들이 빨리 가자고 채근하지 않는다. 있는 힘을 다하여 나는 세존봉의 턱밑이라는 잘루목에 도착하였다. 물론 꼴찌이다. 세찬바람이 먼저 얼굴로 달려든다. 매우 시원하였다. 잘루목에 이르니 구급봉사대원과 일행들은 벌써 정상으로 오르고 북측 안내 선생들만 나를 기다린 듯 앉아있다. 그들은 나에게 물었다.

"세존봉 정상에 올라갈 겁니까?"

"예, 올라 갈 겁니다."

나의 대답에 북측 동무는 말없이 웃고만 있다.

대답을 하고나서 정상으로 오르는 길을 바라보는 순간 어머나! 아찔하였다.

정상은 보이지 않고 철제 사다리만이 수직으로 하늘 끝까지 닿아있는 것이었다. 풀 한포기 없는 바위 절벽에 150여 미터 높이로 설치된 철제 사다리 330 계단! 이것을 북측에서는 안전사다리라고 부른다. 이야기로만 듣던 바로 그 철제사다리이다. 전날(2007.7.26.) 저녁 외금강 호텔 현대아산 박순복 지배인님께 인사를 드리러 갔다. 수년간의 금강산을 오가면서 정이 든 분이다.

그분은 아주 반가이 맞아 주시며 우리 일행 모두에게 차 한 잔씩을 대접해 주었다. 그러면서 그동안의 금강산의 변화는 물론 세존봉에 관한 이야기도 해주었다.

세존봉을 오르게 되면 정상에 설치된 안전계단(안전사다리)을 오르게 될 터인데 그것을 설치하기까지 북녘 동포들 800명이 동원되고 희생자도 있었으니 그들의 마음과 땀과 희생을 생각하며 오르라고 하였다. 또한 계단을 오르면서 북녘 동포들에게 정말 고마움을 느끼게 될 것이라고도 했다.

그런데 막상 와보니 세찬 바람의 길목에서 이 사다리를 놓았을 북녘 동포들의 고생이 어떠했을지 말로는 다 표현할 수 없다는 것을 알았다. 순간 가슴이 짠해오고 참으로 고마웠다.

세존봉 철사다리

정인숙

삼백 서른 계단
철 사다리 백오십 미터
세찬 바람 가르며
땅과 하늘을 잇듯
수직으로 솟았다.

걸음걸음
한 손 한 손
딛고 잡는
순간마다

오금은 저리고
정신은 아찔아찔

이 다리를 놓은 이들은
어떠하였으랴
두려움 삼키며
오직 오른다
세존봉으로
공존의 삶을 위한
그날을 염원하며

세존봉 철사다리

세존봉에서의 생각

비록 꼴찌이고 일행이 아무도 보이지 않지만 수직 안전사다리에 발을 내디뎠다. 세찬바람에 사다리도 흔들리고 나도 흔들렸다. 몹시 무서웠다. 더구나 쌔앵~ 쌩, 귓전을 때리는 바람소리는 누군가를 부르는 귀신울음소리 같다. 사다리의 중간쯤에서 후회가 되었다. 잠깐 오를까 말까를 놓고 나 자신과 협상을 시작하였다. 그러나 나의 발은 협상 중에도 계속 계단을 오르고 있다.

결론은 난 듯하다. 오직 전진이다. 사다리의 난간을 잡은 나의 두 팔은 100% 긴장되어있고 다리 정강이는 계속 계단 모서리에 부딪쳐 눈물이 핑 돌 정도의 아픔을 더하고 있다. 안전사다리를 만든 북녘 동포들의 수고로움도 잊지 않았다. 아득한 시간이 지나가고 드디어 사다리를 다 올랐다. 뒤돌아보고 싶었지만 엄두도 내지 못했다. 그런데 계단을 다 올랐다고 하여 안심할 일이 아니었다. 수직 절벽이 또 기다리고 있는 것이다. 아~!

마음을 가다듬고 신중하게 다시 오르기 시작했다. 절벽을 한참 헤매다 보니 절벽 끝 평지가 눈에 들어온다. 세찬 바람을 헤치고 그곳에 우뚝 섰다. 이 광경을 보고 저 멀리 정상에서 일행들이 깜짝 놀라는 듯하였다. 나는 성큼성큼 그들을 향해 걸었고 시간은 오후 1시 30분을 지나고 있다. 전망대까지 가는 길도 아슬아슬하기는 마찬가지였다. 가서 들어보니 아무도 내가 올라올 것이라고는 생각도 못하였다고 한다. 구급봉사대원인 북측 청년은 먼저 올라간 동료들의 사진을 열심히 찍어주고 있다. 일행들은 점심도 잊은 채 이곳저곳을 살피며 탄성을 자아내는가 하면 바위에 꼼짝 않고 앉아 한곳을 응시하며 침묵으로 일관하는 동료도 있다.

아~! 세존봉이다.

청명한 날씨의 세존봉에서 조망한 외금강은 맥동치는 핏줄기처럼 선명한 골짜기를 만들며 연봉을 이어가고, 산줄기는 새 하얀 연꽃처럼 눈부시도록 아름다웠다. 황홀하였다.

동료 현원일이 옛 선조들과 소통하며 느낌을 말하고 있다.

"아찔하고 벅차오르는 감격이 전율로 전해져 온다.
천상의 모습이 이런 형상일까?
철사다리는 연옥(煉獄)이었던가?
글로 표현하고 그림으로 묘사할 수 없는(書不盡畵不得) 일대장관
생애 최고의 거대한 볼거리에 눈이 멀고 혀(舌)가 굳어져 입술 말(言)을 잃고,
'히 힉!' 환희의 순간에 단말마(斷末魔)의 괴성만이 흘러나온다.
목구멍에서 맴도는 말!
아! 금/강/산!"

세존봉 전망대 올라서니 내가 지금까지 보아오던 외금강과는 아주 다른 낯선 세계였다. 그동안 내 틀 속에서 놀던 외금강의 모습을 훌쩍 뛰어넘고 있는 것이다. 나는 금강산의 최고봉 비로봉부터 찾았다. 그러나 코앞에 있는 비로봉은 구름 사이에서 끝내 얼굴을 드러내지 않았다. 다시 시야를 옮겨 발아래로 까마득히 펼쳐지는 외금강 연봉들을 거리를 재가며 꼼꼼히 조망해 본다.

세존봉 정상에서

그동안 아래에서만 올려다보던 비로봉, 관음연봉, 상등봉, 옥녀봉, 집선연봉, 채하봉, 세존봉 줄기들과 대등하게 마주

서니 전혀 다른 모습이다. 나는 상대를 볼 때는 깊고 넓고 대등한 마음으로 보아야 포괄적으로 볼 수 있다는 것을 대자연에서 깨닫고 있다.

이제야 세찬 바람을 견뎌내고 우뚝 서서 우리들을 맞는 세존봉의 뜻을 알 듯 하다. 오늘 남북 사람들이 자연스럽게 함께 오른 것처럼 이제는 남과 북이 모든 차이를 넘어, 다름을 넘어, 더 높이 더 크게 비상하라는 뜻이 아닐까.

손목시계를 보는 오직 한 사람과 늦은 점심

마음을 가다듬고 보니 낯선 풍경들이 이제는 익숙한 풍경이 되어 한눈에 들어온다. 발걸음을 옮길 때마다 장전항과 고성평야, 온정리, 집선봉, 채하봉, 옥녀봉 줄기, 관음연봉, 오봉산 줄기, 저 아래 상팔담을 끼고 있는 봉우리까지 모두 보인다.

그런데 이 상황에서 시계를 자꾸 들여다보는 이는 오직 한 사람 평양 청년뿐이다. 그는 서산으로 방향을 잡은 해를 바라보며 우리가 하산하기를 애타게 기다리고 있다. 이제는 세존봉을 내려가야 할 듯하다. 외금강의 모든 봉우리들을 다시 한 번 휘 돌아보며 발걸음을 옮겼다. 다시 그 긴장되는 길을 내려갈 일이 꿈만 같다.

전망대를 내려와 다시 수직 철제사다리 앞에 섰다. 이제는 사다리가 까마득히 땅 끝과 닿아있다. 심호흡을 하고 마음을 다진 후 뒤돌아선 자세로 계단에 발을 디뎠다. 아래를 보는 것이 두려워 뒷걸음으로 내려오는 것이다. 다시 두 팔에 힘이 들어가고 어김없이 다리 정강이는 계단모서리에 부딪쳐 피멍이 드는 것처럼 아프다. 십리 길처럼 느껴지는 계단을 숨죽이며 내려오니 먼저 내려온 동료들이 점심을 따뜻하게 덥히고 있고 북측 사람들은 따로 점심을 먹으려고 자리를 떠나고 없다. 같이 먹으면 좋으련만 아직은 그렇게 하면 안 되는지 식사 때는 이별이다. 준비해온 점심은 카레밥과 짜장밥이다. 점심을 먹으면서 나는 무거운 배낭을 끝까지 지고 다닌 북측 청년이 마음에 걸렸다.

산행에서 서로 힘든 것은 나눠야 되는데 그는 구급장비와 우리일행이 먹을 점심을 혼자 짊어지고 다닌 것이다. 이것은 우리들 각자가 그에게 진 빚 같아 모두 미안하게 생각하였다. 바람찬 세존봉의 길목에서의 점심은 꿈만 같다. 그러나 아쉬운 것은 구름 뒤로 숨어버린 비로봉이 잘루목을 떠나는 순간까지도 얼굴을 드러내지 않았다는 것이다.

그리고 보니 조선시대 화가 겸재 정선이 비로봉을 그리려고 사흘을 기다렸건만 머리를 내밀지 않아 먹물을 묽게 하여 엷은 구름이 달을 가린 듯 비로봉을 그려야 했던 이유를 오늘서야 알겠다. 모습을 드러내지 않는 비로봉을 끝내 구름으로 마무리 할 수밖에 없었던 것이다. 금강산 일만이천봉의 방향을 이끌고, 동해바다 어부들의 생명을 살리는 배바위가 있다는 비로봉 정상에서의 승경은 꿈속에서도 상상할 수 없다하니 '비로봉' 소리만 들어도 가슴이 설렌다. 점심을 먹고 나니 2시 40분이 지나는지라 부지런히 하산준비를 하였다.

순광에 드러나는 절경과 평양 청년의 고백

하산 길에서도 내가 선봉에 섰다. 내려오는 길은 더욱 멋이 있다. 아침에 오를 때는 역광이라 골짜기가 어두운 편이었으나 지금은 서쪽에서 비쳐드는 순광에 채하봉 집선봉의 주름진 골간들이 마치 사람의 온몸을 휘도는 핏줄기 같고, 태고의 모습까지 구석구석 드러내고 있다. 와! 신선세계가 따로 없는 절경이다. '직접 보는 것이 소문보다 못하다.'는 것이 대체로 이름난 경치에 대한 소회라면 금강산은 반대로 소문보다 수백 배 아름답다. 그러기에 육당은 '금강예찬'에서 백문불여일견(百聞不如一見)이라는 격언이 실감나는 곳이 금강산이라고 하였다.

채하폭포

여름날 채하봉의 녹음 속에서 하얗게 쏟아져 내리는 폭포가 있는데 채하폭포일 것이다. 폭포는 무성한 녹색 상의에 새하얀 폭포 치마를 두르고 여름을 만끽하고 있다. 사실 금강산의 여름은 채하봉이라기에 눈길이 더 자주 머물곤 한다. 그러나 멀리서 채하봉의 자태와 골짜기의 음영만을 살필 뿐이니 어찌 채하봉의 여름을 깊이 느낄 수 있겠는가. 내려오는 길이 나에게는 훨씬 수월하였다. 내려오는 길에도 역시 합수목에서 모두 물 한 모금씩을 마셨는데 잠시 논쟁이 시작되었다. 아까 본 것이 채하폭포냐 계절폭포냐가 주제였다. 탐승 길이 마치 토론장처럼 서로가 본 것을 주장한다. 결론은 명쾌하게 났다. 채하봉에 있으니 채하폭포다.

잠시 쉬어 호흡을 조절하는 시간임에도 먹을 것은 물밖에 없다. 세존봉에 오를 때도 간식을 충분히 준비하지 못하여 초콜릿과 사탕, 골짜기의 물만을 먹었다. 그런데 내려 올 때는 그마저도 다 떨어져 골짜기의 금강수만을 실컷 먹고 있다. 그런고로 기대하던 세존봉 등산길이 오늘 나에게는 거의 극기 훈련이나 다름없었다. 기운이 떨어질 무렵 동석동에 다다랐다. 물부터 먹고 기운을 차린 후에 물속에 손을 담갔다. 손이 시렸다. 북측 안내원 선생들의 얼굴이 빨갛게 익었고 구급봉사대원 청년 또한 지쳐 보인다. 북측 선생들은 이 물이 식수원임을 강조하였다. 우리는 깨끗이 사용해야 된다는 그들의 말뜻을 알아들었다. 휴식을 취하는데 구급봉사대원 청년이 말한다.

2년여 동안 일주일에 세 번 세존봉을 안내하는데 오늘처럼 산행을 힘들게 한 적이 없고 등산 팀이 이렇게 소수인적도 없었고 또한 세존봉을 이렇게 힘들게 오르는 사람도 처음 보았다고 말이다. 너무나도 힘이 들었다는 솔직한 고백이었다. 또한 우리가 점심을 늦게 먹어 자신은 세존봉 정상에서 배가 많이 고픈 탓에 속이 쓰리고 아프기까지 하였다고 했다. 그것도 모르고 우리들은 절경에 취해 밥을 먹는 것도 잊은 채 더 있다가 가자고 졸라 댄 것이다.

그도 그럴 것이 우리들은 어쩌면 오늘이 일생에서 세존봉을 보는 마지막 기회일지도 모른다는 생각들을 하면서 산에 올랐기에 점심이고 뭐고 다 잊은 것이다. 이러한 생각의 근원은 분단에 있고 그것을 부인할 사람은 없다. 통일이 되어 왕래가 자유롭다면 아무 때나 와도 되지만 아직까지는 사전 허락을 받아야 하는 분단시대 세존봉이다.

나의 무릎 관절과 오작교 신계다리

나 또한 너무나도 힘든 하루였다. 그러나 내가 끝까지 세존봉에 오른 이유는 금강산을 통해 우리 민족 공통의 기억들을 되살려 소통거리를 만들어가고 싶어서다. 곳곳에 도사린 분단의 그늘을 거둬내고, 곳곳에 스며든 분단비극의 눈물을 웃음으로 바꿔내서 남과 북이 자유롭게 왕래하기를 원하기 때문이다.

동석동에서 일어나 하산 길을 서둘렀다. 무전기 너머로 우리가 어디까지 내려왔는가를 묻는 소리가 미안하리만큼 빈번하다. 아쉽지만 속력을 내어 솔숲을 달려 내려간다. 얼마나 빨리 내려왔는지 내려오는 길은 2시간 정도 밖에 걸리지 않았다. 그렇게 빨리 내려왔으니 나의 무릎 관절이 어찌됐겠는가.

빨리 통일이 되어야지 이러한 분단일정으로 두 번만 더 세존봉에 올랐다가는 나의 무릎이 온전하지 않을 것이다. 그러나 세존봉 등산길은 보통 왕복 6시간이면 충분한 거리이며 험하지 않고 지루하지 않아 누구든 쉽게 오를 수 있는 최적의 등산로라고 한다. 그러나 오늘은 나 때문에 8시간 30분이 걸렸다.

그러나 나는 자신 있게 말한다.

'힘들어도 꼭 한번 올라보시라'

저 멀리 신계천이 보인다. 북측 선생들과는 신계다리 건너서 작별을 하게 되니 신계다리가 견우와 직녀가 만났다가 헤어지는 오작교가 되는 셈이다.
버스를 기다리는 동안 나는 북측 안내 선생에게 물었다.

"성이나 알고 헤어집시다. 성씨가 뭡니까?"

그는 웃으며 말 한다.

"리요"

여성 안내 선생에게도 말을 건넸다.

"내 이름을 잊지 말아요"

여성 동무가 말한다.

"제 이를 안 아프게 해주신 분인데 일생을 통해 어떻게 잊습니까?"

"참 이 아픈 것 어떤가요?"

"다 나았습니다. 정말 다 나았습니다."

평양에서 왔다는 구급봉사대원은 성씨가 최씨인데 다음 주에는 휴가를 받아 평양을 간다고 하였다. 그런데 오늘따라 북측동무들이 타고 갈 버스가 오지 않아 그들도 우리와 같은 버스를 탔다. 버스에서의 분위기는 매일 보는 이웃들처럼 웃음이 끊이지 않았다. 통일은 이렇게 남과 북이 자주만나서 소통하는 일이다. 온정리에서 북측 안내 선생들이 먼저 내렸는데 여성동무가 머리위로 두 손을 올려 커다란 하트모양을 만들며 작별 인사를 하였고 우리는 온정각으로 향했다.

세존봉 탐승!

모든 것이 꿈만 같다. 세존봉에서 새하얗게 피어나던 외금강의 연봉들도 모두 꿈만 같다.

아~ 이 꿈은 금강산의 최고봉 비로봉에 오르는 날 비로소 깨어날 것이다.

만물상(萬物相)

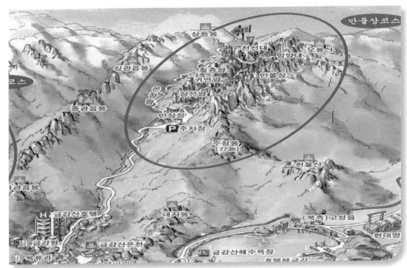

만물상 탐승로

만물상 탐승

우리 선조들이 본 만물상

　우리 선조들이 남긴 탐승기『금강승람』의 만물상 풍경이다.

　"온정리 서쪽 만물상연맥과 관음과의 사이 계곡을 한하계라 한다. 기이한 봉우리와 수려한 준령을 좌우에 용립하여 깊은 계곡의 길이가 800m로서 행로의 왼쪽 계곡물을 사이로 관음봉의 이어지는 시내에는 은양석, 관음폭들의 승지가 있다. 짙은 안개에 걸린 관음폭을 길가에서 바라보면 한폭의 수채화처럼 아름답다. 금강산과 함께 이름 높은 만물상은 온정리로부터 400m여의 거리에서부터 전개되니, 우주만물의 모형과 같고, 축도와 같다. 사람들이 이름지어 부르는 모든 물체를 그 곳에서 발견할 수 있다는 것에 만물상의 신비한 묘미가 있다. 만물상은 구만물상, 신만물상, 오만물상 세 곳이 있으니, 한하계에서 들어가다가 봉우리 하나를 돌아 철난간에 붙어서 삼선암에 오른다. 삼선암은 검을 세운듯한 준초의 세 거봉이 정립(鼎立)한 것이요, 봉의 머리에 귀신 얼굴같은 괴이한 바위 하나가 있으니 이를 귀면암(鬼面巖)이라 한다. 그리고 오봉산, 세지봉등과 연결되어 멀리 바라보이는 것이 구만물상(舊萬物相)의 절경이다.

이로부터 계곡사이의 석첩(石疊)을 올라가 맞닿는 곳이 오만물상(奧萬物相)이다. 오만물상 가는 길에서 왼쪽으로 꺾어지면 신만물상(新萬物相)에 이른다. 신만물상은 구만물상으로부터 약 910m 정도이니 오르는 길이 더욱 험하여 한됫박 땀을 흘리는 노고를 맛보게 된다. 천녀봉(天女峯) 꼭대기에서 '금강제일관(金剛第一關)'이라 하는 돌문을 들어서면 하나의 바위가 있는데 속칭 천선대라 하는 신금강이다.

바위 옆에 겨우 발을 붙이고 발아래를 굽어보면 천길 암봉이 찌를 듯 솟은 그 장관은 결코 말로 형언할 수 없는 정도이다. 그 남쪽에 천녀(天女)가 목욕하고 화장하던 곳이라는 물웅덩이가 세 개 있는데 사철 푸른 물이 마르지 않고 차 있는 것이 기적에 가깝다. 석문을 내려 왼쪽으로 꺾어 600여m 거리에 있는 우의봉(羽衣峯)의 안부(鞍部)를 넘어 오만물상(奧萬物相)에 이르는 것이다. 이 길은 한층 더 험준하다."

전설 · 일화 가득한 구불구불 굽이 길

금강산 하면 만물상이라고 하니 만물상을 가는 날의 아침은 유난히 기대가 크다. '아는 만큼 보이고 보이는 만큼 느낀다.'하여 금강산에 관한 자료들을 보고 탐승 길에 올랐으니 선조들의 자취를 따라가 볼까 한다. 우리민족의 기상으로도 비유되는 하늘을 찌를 듯한 만물상의 화강암 바위들이 때로는 온갖 물형의 고뇌어린 창작품 같기도 하다. 만물상은 흔히 외금강의 얼굴이라고 한다. 성평등의 시대에 적절하지는 않지만 남성미에 비유되는 조건들을 만물상이 다 갖추고 있기 때문이란다.

온정리에서 만물상 초입 만상정까지는 10km 정도다. 온정각에서 출발한 버스는 금강산호텔 앞을 지나 온정령(857m) 굽이 길로 접어든다. 탐승 길 안내조장의 설명을 열심히 메모하려니 눈앞의 풍경들을 놓쳐 만물상 탐승은 먼저 눈으로 익히기로 하였다. 만물상 탐승 길에도 분단현실과 남북공통의 기억, 북측의 역사, 남북 공존의 삶들이 혼재해 있다. 가는 길에 북녘 주민들이 살고 있는 집과 사람들이 보이고 온천장도 보인다. 온천을 지나 조금 더 가면 탐승 길 왼편 소나무 사이로 건물 하나가 보이는데 금강산 제1초대소이다.

이곳은 '소떼 방북'으로 상징되는 고 정주영 현대그룹 명예회장이 머물렀다 하니 눈길이 더 갔다. 사실 나는 초대소라는 말도 생소했지만 초대소 건물의 이미지도 궁금했다. 와서 보니 금강산 자연경관에 숨은 듯 지어진 단아하고 아담한 건물이다. 나는 고위층들이 머무는 곳은 크고 화려할 것이라는 생각이 먼저 드는데 이 또한 편견인 듯하다. 소나무 사이로 잠시 시야에 들어왔다가 사라지는 제1초대소를 지나 오른편을 보면 제2초대소가 보이는데 평양모란봉교예단 단원들의 숙소라고 한다.

작은 다리를 건너자 온정령 굽이 길은 울창한 소나무 숲으로 바뀌는데 하늘로 쭉쭉 뻗은 붉은 줄기의 금강송이 온통 마음을 앗아간다. 참으로 아름다운 소나무 숲길이다. 이런 길은 걸어가면 환상적일 텐데 아직은 허용되지 않고 차창을 통한 사진 촬영도 금지하고 있다. 사진 촬영을 하면 필름이 압수되고 반성문도 쓰고 벌금도 낸다는 말들이 회자되는 것이 금강산 탐승 길의 또 따른 모습이기도 하다. 금강산은 민족 공통의 기억을 내포한 상징과는 달리 '하지 말라'는 규정이 참으로 많다. 물론 제한규정의 근원은 남북분단인데 확연히 드러나진 않지만 때로는 긴장감이 높아질 때도 있다. 이러한 제약들이 우리들의 감성마저 통제하는 듯해 슬프기도 하다. 그러나 이렇게 푸르고 아름다운 금강송을 한꺼번에 보는 것은 흔치 않은 일이기에 이 소나무 숲에서는 저절로 감탄이 나왔다.

'아!~ 매혹적인 소나무 숲! 내려서 걷겠다고 떼를 써볼까?'하는 생각은 간절했지만 입이 떨어지지 않았다.

길 왼쪽으로 흐르는 맑은 물 골짜기가 차디찬 안개가 덮는다는 한하계이다. 앞서 언급했듯이 이 물줄기가 온정천으로 흘러드는데 물이 어찌나 차가운지 이 물이 유입되는 논에서는 벼들이 자라지 않아 온정리 주변에는 논농사보다는 밭농사가 발달되었다고 한다. 온정천은 온정령과 만물상구역, 수정봉의 물줄기들이 모두 합쳐져서 만들어 내는 물길인데 오르막길에 이 물길을 따라 왼쪽으로 이어지는 산줄기가 관음연봉이다.

관음연봉은 상중하로 나누어 봉우리 이름을 갖고 있으며 바위산 골짜기마다 노장바위, 곰바위, 문주담, 관음폭포, 육화암, 육화폭포, 장수바위 등... 주저리주저리 전설을 안고 따라온다. 이에 질세라 오른쪽의 수정봉과 문주봉(897m), 세지봉(1,025m) 줄기도 동자바위, 촛대바위, 망아지바위, 말바위 등의 전설을 담고 함께 달린다.

더구나 5~6월에는 바람결에 실린 목란꽃 향기가 골짜기를 가득 채워 한하계의 매력을 더하고 있다. 한하계의 아름다운 금강송 사이로 어김없이 북측의 글발 〈김일성 장군의 노래〉, 〈지원〉, 〈남산의 푸른소나무〉, 〈조선의 소나무〉가 바위에 새겨져 있다. 끊임없이 만나는 북측의 역사이다. 글발에 대한 설명을 듣는 것도 남북 사람들 간 소통의 소재가 될 수 있다고 생각된다.

처음 탐승 길에서는 안내 조장의 설명에 따라 차창 밖의 왼쪽 오른쪽으로 부지런히 목을 길게 빼 보았자 전설의 주인공들을 만나기는 어렵다. 옛 우리 선조들의 탐승기에는 육화암을 기점으로 한하계와 만상계를 나누고 있지만 막상 탐승 길에서는 거기가 거기 인듯하여 옛 선조들과 교감을 나누는 일은 쉽지 않다. 더구나 여름 녹음 속에서는 전설의 형상을 포착하는 것이 행운이 란 생각마저 든다. 금강산은 수많은 전설, 일화, 시, 문학, 그림 등을 통하여 우리의 역사문화 속에 살아있다. 물론 언젠가는 분단의 벽을 넘어 우리들이 다녀간 것도 금강산은 전설처럼 기억할 것이다.

만물상을 향하는 온정령 고개의 관광버스 행렬은 장관이다. 꼬리에 꼬리를 물고 'ㄹ'자 모양의 고갯길을 굽이굽이 돌아 올라가는데 한참을 가다보면 올라가는 건지 내려가는 건지 헷갈린다. 이 구불구불한 길이 온정령 106굽이 도로인데 만물상 초입 만상정(600m)까지는 77굽이다.

북측에서 '영웅의 고개'로 부르는 온정령 고갯길은 한국전쟁의 가슴 저린 아픔과 더불어 선조들과 소통하고 싶은 아련한 그리움이 함께한다. 일제강점기 일본사람들은 이곳에 산간우회도로를 건설하려다가 산이 매우 험난하여 포기하였다는데 한국전쟁 때 북녘 인민들은 전략물자 보급을 위해 칼바람 에 이는 겨울 혹한을 뚫고 두 달 만에 60여리 길, 즉 24km의 자동차 길을 건설하였다고 한다.

사상과 이념을 떠나 절박한 조국의 운명 앞에서 처절했던 그들의 삶이 우리 민족의 이름으로 가슴 저리게 다가온다. 또한 이 고개를 넘으면 우리나라 옛 시인묵객들의 필 끝을 통해 예술로 끊임없이 피어나던 내금강 길이다. 나는 온정령을 오를 때마다 이 두 가지를 떠올리며 만물상에 나의 꿈의 형상을 만들어 가고 있다.

쉬어가는 길목 만상정

만상정 긴의자(가운데 필자)

만상정 주차장에서 버스를 내리면 사람들은 대부분 화장실부터 찾는데 만물상 오를 준비를 단단히 하는 것이다. 만상정은 외금강과 내금강을 연결하는 온정령 고개와 온정리, 만물상, 상등봉(1,277m)으로 갈라지는 사거리이다. 이곳에는 샘물인 만상천도 있고 일제강점기에는 찻집이 있었다는 기록으로 보아 만물상을 오르내릴 때 탐승객들이 쉬어가는 길목이었나 보다. 만상정에서도 북측 해설원 선생의 설명을 듣게 되는데 해설원은 거의 여성들이다. 해설원의 설명을 통해서 금강산의 전설과 일화, 아름다운 경치도 익히지만 북측 현대사의 단면들도 느낄 수 있어 여러 가지 생각을 해보게 된다.

우리 옛 선조들은 금강산을 어떻게 보았는가.

분단 이후 금강산은 북측에 어떤 의미인가.

남쪽 사람들은 금강산을 왜 오고 싶어 하는가.

금강산에서 느끼는 남과 북의 공통의 기억은 무엇인가.

남북분단 시대에 금강산은 어떤 역할을 하고 있는가.

내가 금강산에 온 이유는 무엇인가.

금강산을 평화·통일·공존의 지대로 만들어 가려면

어떠한 마음가짐이 기본이 되어야 하는가.

만상정 이동 매대에도 금강산에서 채취한 고사리, 도라지, 도토리가루, 참깨, 계절 과일이 주를 이룬다. 특히 자연의 햇빛과 바람으로 익은 과일의 향과 맛은 아주 달콤하다. 물론 매대에는 금강산 샘물과 단물(사이다, 쥬스)도

만물상 초입 그림 매대

빠지지 않는다.

금강산을 수차례 오다 보니 북측 환경 순찰원들이 낯이 익다. 어제 구룡연 길에서 보았던 순찰원의 얼굴도 보이는데 이름이 생각나지 않았다. 사람은 이름을 불러줄 때 더 가까워 질 수 있고 때로는 정중해지기도 하는데 다시 물어 보기도 뭐 해 머뭇거리고 있자, 그 사람이 먼저 다가와 인사를 하며 "제 이름을 기억하십니까?"라고 물었다. 깜짝 놀라 얼떨결에 안다고 하였으나 함께 간 동료의 귀띔으로 겨우 그 순찰원선생의 이름을 기억해냈다. 나의 기억력은 북측에서 말하는 생물학적 뇌수의 문제인가 보다.

만물상 초입의 바위벽에도 글발 〈수령님이 계시어 행복 합니다〉가 새겨져 있지만 금강산의 일부처럼 그냥 스쳐지나간다. 만물상을 본격적으로 오르기 전 김일성 주석이 앉았던 만상정의 긴 의자에 앉아보았다. 긴 의자에는 〈위대한 수령 김일성 동지께서 사용하신 긴 의자. 1973. 8. 18.〉라는 표식이 있다. 의자에 앉아 잠시 만물상 초입의 경관을 살펴보는 여유를 가졌다. 만상정표식비 뒤의 높은 벼랑 사이가 만물상으로 드는 입구인데 이곳에서도 북측 화가들의 그림을 판매한다. 옥류민예사 소속의 화가들 이름과 판매 가격이 표시되어 있는데 옥류민예사는 북측에서 조선화를 비롯하여, 수예, 서예, 유화, 민예품을 전문으로 창작하고 판매하는 유명한 곳으로 남측 사람들이 평양을 방문할 때 견학하기도 한다.

궁금했던 삼선암 · 습경대 · 귀면암

만상정표식비 뒤로 우뚝 솟은 바위 벼랑사이를 지나 조금 오르면 거대한 바위 군상을 시작으로 만물의 형상들이 나타나기 시작한다. 만물상은 바위산이라 해도 과언이 아닌데 더구나 깎아지른 바위들이 저마다의 형상대로 전설과 사연을 지닌 채 탐승객들의 발걸음을 붙잡는다. 사실 나는 만물상의 얼굴격인 삼선암과 귀면암이 매우 궁금하였다. 옛 선조들의 그림 속에도 살아 있고 문학 속에서도 빠지지 않는 주인공들로 특히 험상궂다는 귀면암이 궁금하였다. 두리번두리번 경치를 살피며 올라가는데 거대한 몸집의 바위들이 나란히 하늘을 가릴 듯이 딱 버티고 서있는 것이 마치 아무도 들어오지 못하게 하는 경계의 벽 같다. 이 바위가 삼선암으로 만물상의 시작인 셈이다.

삼선암은 진중해 보이기는 하지만 신선 셋이 바둑을 두었다는 전설과 결부시키기에는 너무도 육중하다. 그러나 주변경관이 수려하고 우리 선조들의 신선사상이 스민듯하여 다시 한 번 보고 지나게 된다. 삼선암을 지나 다리를 건너면 마당 같은 평지가 있어 습경대에도 오르고 북측의 이동 매대도 이용할 수 있다. 습경대는 분단이전 우리 선조들이 부르던 이름으로 왼쪽의 가파른 계단으로 오르는데 말 그대로 경치를 연습 삼아 익히는 곳이다.

북측에서는 '정성대'라고도 하는데 김일성 주석이 1947년 만물상을 오르던 날 아내 김정숙은 김주석의 점심을 짓기 위해 만물상 구경도 접고 온정리로 내려간 그녀의 정성스런 마음을 기리기 위해 붙여진 이름이라고 한다. 습경대도 정성대도 이름에 담긴 뜻을 알고 나니 모두 의미가 있다.

습경대에서는 만물상의 얼굴 귀면암을 잘 볼 수 있다. 귀신의 얼굴을 닮았

삼선암

귀면암

다하여 험상궂은 모습을 연상하였는데 막상 보니 험상궂기 보다는 진달래 등 계절에 맞는 꽃과 나뭇잎 왕관을 쓰고 소나무 옷을 입은 예쁜 모습이다. 아마도 선조들이 말하는 전설속의 험상궂은 귀면암을 만나려면 으스름한 달밤이거나 몹시 흐린 날 검은 구름이 몰려올 때에 보아야 할듯하다. 귀면암은 전설의 주인공인지라 누구나 궁금해 하면서 찾으니 만물상의 명물은 명물이다.

분단현실! 북측 사람과의 날 선 신경전

습경대에 올라 눈으로 주위를 한 바퀴 돌아보면 서남쪽으로 보이는 것이 상등봉이고 내금강으로 넘어가는 온정령 길도 왼쪽 숲 사이로 언뜻 언뜻 드러난다. 동북쪽으로는 천선대의 배경이 되는 오봉산과 세지봉 줄기가 보이고 천선계 골짜기를 따라 올라가는 구불구불한 고갯길과 만물상의 물형들도 원근을 재가며 눈에 들어온다. 이곳에 오르니 어느 가을 북측 환경순찰원과 신경전을 벌이던 일이 생각난다. 여러 번 금강산에 들었지만 올 때 마다 시간제한의 일정 때문에 금강산의 모습을 꼼꼼히 살펴볼 여유가 없었다.

그래서 나는 한 번은 천선대까지, 그 다음 번 탐승 시에는 망양대까지, 이렇게 탐승 길을 나누어 오르곤 하였다. 그날도 습경대에서 충분히 경치를 익히면서 사진을 촬영하려고 망양대를 포기하고 천선대만 보고 내려와 이곳에 올랐다. 습경대에서 여기저기 경치를 익히며 사진을 찍고 맨 나중에 내려오는데 삼선암 앞의 이동 매대도 철수하고 관계 직원들도 모두 내려가고 있는 중이었다. 그런데 맨 나중에 내려오는 내가 문제가 된 것이다.

갑자기 비상사태 분위기로 변하였다. 북측 환경순찰원이 '나보고 어디 갔다 왔느냐, 내려가서 무얼 했느냐'며 조사를 하겠다고 강경한 태도로 물었다. 나는 습경대에서 경치를 살피고 바람이 세차서 바위 뒤에 몸을 기대고 사진을 찍었다고 하였더니 나의 목걸이 관광증으로 신분을 확인한 후 '왜 선생이 거짓말을 하냐?'고 했다. 나는 이 말에 몹시 화가 났다. 그래서 '내가 선생이기 때문에 거짓말을 하지 않는다'라며 강하게 맞섰다. 이어서 '바위 절벽아래 민가도 없을 뿐만 아니라 나 혼자 남게 되어 못 내려갔으면 당신들이 관광객에 대한 책임을 다 하지 않은 것이므로 그 책임을 묻겠다, 같이 한 장씩 사유서를 쓰자'고 하였다. 한참 후에 환경순찰원들이 무엇인가를 상의하더니 그 순찰원 선생이 나에게 와서는 그냥 내려가라고 하였다. 나는 몹시 떨리고 무서운 한편 속상하기도 했다.

금강산의 정해진 탐승 길 조건이 어디를 내려가서 누구를 만날만 한 민가도 없고, 천 길 낭떠러지 아래까지 수 분 동안에 내려갔다 올라 올 수 있는 곳도 아니기 때문이다. 습경대에 바람이 몹시 세차 바위틈에 나의 작은 몸을 고정하고 사진을 찍었는데 북측 순찰원들이 미처 보지 못한 것이다. 더구나 계단 끝 난간을 잡고 탐승객들이 다 내려왔는지 눈으로만 확인하였기에 바위 뒤에 있던 나를 발견하지 못하고 그냥 철수를 시작한 것이라 생각되었다.

그날 저녁 잠자리에 들어 하루를 돌이켜 보니 북측 사람과 신경전을 벌인 것이 마음에 걸렸고, 칠흑 같은 밤길에 온정리까지 13km를 혼자서 내려와야 했을 수도 있다는 생각에 새삼 무서움이 밀려왔다. 이러한 불신어린 말다툼의 근원이 모두 남북분단에서 오는 것임을 알면서도 나는 각을 세웠다. 이럴 때는 그 사람과 술잔이라도 기울이며 이야기를 나누면 마음이 편할 텐데 언제쯤 그럴 수 있을까? 사실 금강산 탐승 길은 항상 쫓기는 산행이다. 출경을 하지 않는 날에도 정해진 시간에 맞춰 모두 온정리로 내려와야만 한다.

여러 번 오다 보니 이러한 일정이 참으로 불편했다. 나이든 사람이나 걸음이 느린 사람, 또는 천천히 경치를 즐기는 사람들은 중간에서 되돌아 와야만 하는 것이다. 큰마음 먹고 금강산 탐승 길에 나선 사람들에게 이것은 너무나도 아쉬운 일정이다. 그래서 적어도 출경하지 않는 날은 원하는 사람에 한해서 해지기 전까지 내려올 수 있도록 시간을 주는 것도 괜찮을 듯하다. 지금처럼 이렇게 쫓기는 일정을 나는 '분단 일정'이라 부르고 있다. 산의 매력은 산을 찾는 사람들에게 여유를 갖게 하는 것일진대 금강산 탐승 일정은 항상 마음이 더 바쁘고, 발걸음 또한 서둘러야 해서 늘 아쉽다.

시루떡 같은 칠층암과 고독한 절부암

삼선암을 뒤로하고 조금 가파른 골짜기의 길을 따라 오르는데 여기를 천선계라고 한다. 골이 깊은 천선계는 바람도 세차 나무 가지들이 바람 길 따라 가지런히 누웠다. 천선계를 따라 오르면 오른쪽이 세지봉 줄기로 깎아지른 검은 바위 절벽에 만물의 형상들이 즐비하다. 특히 여름철 비가 많이 오는 계절엔 기암괴석 사이로 계절 폭포가 만들어져 가히 환상적인 광경을 보여준다. 조금 더 오르면 왼쪽으로 우뚝 솟은 바위가 보이는데 일곱 개의 바위층이 선명한 칠층암이다. 칠층암의 모습은 그곳을 지나 오르다가 뒤 돌아보면 더욱 잘 보인다. 자연 줄무늬가 암벽의 층을 뚜렷이 구분지어 주는 것이 마치 사람이 벽돌을 쌓아 놓은 듯 보이기도 하고 대형 시루떡 같기도 하다.

만물상 길은 온갖 기암괴석들이 빚어내는 창작품들을 감상하는 것이 핵심

칠층암

이므로 천천히 올라가야 제 맛이다. 칠층암을 지나면서 반대편의 바위 절벽을 보면 수직으로 깎아지른 듯한 새까만 바위 절벽 중턱에 마치 도끼로 내려친 듯 움푹 패인 기암괴석이 눈길을 끈다. 한 노총각 나무꾼이 사랑하는 선녀를 만나지 못하자 가슴 절절한 마음을 달랠 길 없어 그만 도끼로 바위를 내리쳤다는 전설이 골짜기에 맴도는 절부암이다.

다만 탐승 길 보수 공사 후 누군가가 콘크리트 길 위에 써놓은 '통일'이란 두 글자가 절부암의 고독을 위로해 주는 듯하다. 절부암을 지나면 매우 가파른 탐승 길이 시작된다.

갈림길과 금강독수리

만물상을 오를 때는 자주 지나온 길을 돌아보게 된다. 돌아보면 끊임없이 올라오는 형형색색 탐승객들의 옷차림도 장관이지만 내가 지나온 골짜기의 여운이 벌써 추억처럼 저 멀리 아련하다. 만물상은 낙엽이 물든 가을이 아름답다고 하지만 여름날 녹음 속에서 빛나는 흑백의 거대한 바위 형상들은 우리 민족이 만들어낸 '금강산 자연문명'이라 부르고 싶을 만큼 아름답다. 뿐만 아니라 봄에는 모든 봉우리들이 새순처럼 자라나는 느낌이 신선하고 겨울에는 살을 에는 바람 속에서도 장엄한 백색의 침묵이 일품이다.

절부암을 지나 가파른 길을 한참 더 오르면 첫 번째 갈림길에 이른다. 왼쪽으로 가면 탐승 길이 열린 후 윤활유 전망대라 이름 붙여진 곳이고 오른쪽으로 가면 천선대와 망양대의 갈림길인 안심대이다. 망양대만을 탐승하려면 오른쪽으로 가면 된다. 사실 남녘 탐승객들의 관광이 시작되기 전까지 우리 옛 선조들이나 북측 인민들의 금강산 탐승로는 안심대를 지나 망장천에서 샘물 한 잔 마시고, 하늘문으로 들어가 천선대를 보고, 다시 하늘문으로 내려와 안심대에서 한숨을 돌리는 여정이었다.

즉 만상정-안심대-망장천-하늘문-천선대-하늘문-망장천-안심대-만상정이 주 탐승로였다. 그러나 지금의 금강산 탐승 길은 옛길과는

금강독수리(필자 생각)

반대이다. 첫 번째 갈림길에서 왼쪽으로 돌아 윤활유 전망대에 들렀다가, 땅문을 통하여 천선대에 오르고, 하늘 문을 통해 망장천으로 내려와 샘물을 한모금 마시고, 안심대에서 망양대로 가서 망양대를 돌아보고, 만상정으로 내려오는 노정이다. 망양대의 탐승기록은 많지 않다. 아마도 바람이 세차고 가파른 길이기 때문이거나 근래에 탐승로가 만들어 진 것이 아닐까 짐작된다.

물론 두 곳을 다 갈 수 있으니 좋기는 하지만 지금의 분단일정으로는 발걸음의 속도만 가속 시킬 뿐이다. 그래서 뜻을 가지고 금강산에 왔건만 힘에 겨운 사람들은 포기를 하고 중간에서 모두 하산하게 된다. 탐승길 중간 중간 주저앉아 천선대를 바라보는 그들의 시선은 낙엽 지는 가을처럼 쓸쓸해 보인다. 물론 시간이 길어지면 점심을 해결해야 하는 문제도 있을 수 있는데 도시락으로 대체하거나 개인 상황에 맞기면 될 듯하다. 그 대신 자기 쓰레기 되가져오기를 철저히 하면 된다.

첫 번째 갈림길에서 왼쪽으로 조금만 오르면 잠시 쉬어가는 윤활유 전망대다. 이곳에서도 돌아온 길을 더듬어 보는 즐거움이 있다. 온정령 고개 좌우에서 온정천, 한하계를 만들어 내는 관음연봉과 세지봉의 만물들이 한눈에 들어오는데 세지봉 줄기에 있는 자연 작품들 중에서 가장 마음에 드는 형상을 하나찾아보는 것도 재미있다. 나는 앉아 있는 독수리 형상을 인상 깊게 보았다.

독수리는 좌우 날개를 접고 평온하게 앉아있는데 금강산에서는 모두 평화로워진다는 상징처럼 보인다. 그러고 보니 온정리 초입에서 보았던 매바위도 날개를 접고 앉아 있는 형상이다. 매와 독수리는 맹금류인데 금강산에서는 모두 날개를 접고 평온하게 쉬고 있다. 나는 이들을 '금강매', '금강독수리' 바위라고 부른다.

또한 아는 만큼 보인다고 하나 무수히 다가오는 금강산 봉우리에 대해 서로 묻고 답해도 누가 맞고 틀리는지 확인 할 수 없으니 모두 정답이다. 나는 탐승 시마다 어김없이 내금강으로 접어드는 106굽이 온정령 고개 마루를 기웃거린다. 통일의 염원이기도 하고 내금강의 비로봉에서 하루 밤을 머물 수 있는 날을 고대하기 때문이다.

자! 이제는 호흡을 가다듬고 보는 것만으로도 아득한 땅 문으로 들어간다.

땅문 지나 하늘 가까운 천선대

한 봉 두 봉 세 네 봉	一峰二峰三四峰
다섯 여섯 일곱 여덟 봉우리....	五峰六峰七八峰
잠깐 사이 천만봉이 갑자기 펼쳐지네	須臾更作千萬峰
구만리 장천에 봉우리들 뿐이로다!	九萬長天都是峰

와~ 금강산에 대한 김병연의 시는 참으로 절묘하다. 나는 금강산을 노래한 김병연의 표현에 절로 감탄이 나온다. 만물상 천선대에 오르는 길에도 몇 번이고 되 뇌이며 '딱 맞구나! 딱 맞아'하며 올라가게 된다.

땅문을 드는 길은 가파르기 짝이 없다.

땅문 가는 길

수직에 가까운 계단을 오르며 잠깐 뒤를 돌아보니 까마득한 골짜기에 그만 다리마저 후들후들 떨리는데 세찬 바람은 사정없이 모자까지 앗아가려 한다. 저런! 앞 사람의 모자가 바람에 휙 날아갔다. 모자도 옷자락도 단단히 동여매는 것이 필수이다. 그러나 계속 올라오는 수많은 탐승객들로 인하여 자동적으로 밀려올라갈 수밖에 없는 좁은 계단

천선대 오르는 길

에서 난간을 꼭 잡은 두 손의 긴장은 모자와 옷에까지 신경을 쓸 여유가 없다. 올라가기에만 정신을 쏟던 나는 그만 깜짝 놀라 떨어질 뻔 했다. 앞에 가던 탐승객이 너무 금강산이 아름다운 나머지 야 ~ 호! 소리를 질렀는데 하필이면 나의 귀청에 대고 소리를 질렀기 때문이다.

순간 그 사람에게 "깜짝 놀랐잖아요"라고 한 마디 했다. 나의 고막에 대고 소리를 질러 놀라기도 했지만 산란기의 동물들에게는 인간의 기쁜 환호도 공포라고 사전교육을 받았기 때문이다. 참! 산에 가서 함부로 소리를 지르면 동물들이 긴장하여 사나워지고 산란을 못한다고 한다. 하기야 무엇인가가 우리 집 대문 앞에서 갑자기 큰 소리를 낸다면 나도 무서워서 덜덜 떨며 밖으로 나오지 못할 것이다.

다리도 아프고 숨도 차지만 이 계단에서는 쉬지 않고 천선대까지 올라가야 한다. 좁은 절벽을 따라 겨우 설치된 계단이라 쉴만한 곳이 없기 때문이다. 그래도 가끔은 돌아온 길을 뒤돌아보며 감탄하였다. 지나온 길들이 이어져 전체를 만들어 가는 것이 인생길처럼 보이기도 하고 산줄기가 주는 원경들도 기억 저편의 수묵화처럼 아름답다. 중단 없이 올라가노라니 이율곡의 시가 떠오른다.

일만 개의 형상이 각각 다른 자태이라	萬相各異態
심껏 즐기려니 발이 떨어지질 않는구나	貪翫忘移足
도중에 그만둘 수 없으니	不可廢半途
가장 높은 곳까지 올라가 보자	我欲窮其高

조화미의 극치 만물상 파노라마

천선대에 오르니 지금까지 올라오면서 부분적으로만 보던 만물상과는 사뭇 다르다. 하얗게 빛나는 기암괴석들과 금강산의 봉우리들이 그야말로 만봉을 이루며 달려든다. 신만물상, 진만물상이라 불리는 정경이 한눈에 펼쳐지는 것이다. 옛 선조들이 느꼈던 기치창검 같은 민족의 기상도 전해진다. 선조들과의 교감이 시작 된 것이고 이러한 교감이 우리 민족의 공통의 역사이고 남북 소통으로 이어질 것이다.

조선중엽의 실학자 박세당은 이곳의 풍광을 "1만송이 연꽃이 피어 이슬에 씻은 얼굴을 드러낸 것 같고 1천 자루 창을 꽂아 서리어린 날 끈을 세운 것 같다."고 하였는데 만물상의 새하얀 바위들이 날카로우면서도 피어나는 꽃처럼 아름답기 때문일 것이다.

아~ 기세 당찬 외금강의 상징인 만물상!

이 광경을 글로 담아내기는 어렵지만 느낌으로는 충분하다. 천선대에서 바라본 만물상의 위용은 힘차고 서릿발처럼 날카로우면서도 평지처럼 편안해 보이기도 하지만 전체적인 느낌은 참으로 조화롭다는 것이다. 우주 대자연의 이치와 진리는 어울림과 조화의 묘에 있음을 깨닫게 해준다. 조화로움 속에는 천선대의 바람도 빼놓을 수 없다.

뻘뻘 흘린 땀방울을 단숨에 씻어내는 시원한 바람은 새파란 하늘만큼이나 상쾌하다. 만물상에 반사되는 햇살 또한 눈이 부시도록 아름다우며 천 길 고도의 낭떠러지가 만들어내는 수직 절벽도 절경이다. 뿐만 아니라 내가 올라온 탐승 길은 옛길처럼 저 멀리 아득하고 눈앞에 펼쳐지는 만봉들의 음영이 태곳적 신비를 드러내고 있다. 그리고 보니 만물상의 모든 형상들은 자신은 물론 상대의 아름다움도 돋보이게 하는 최고의 미를 드러내고 있다.

천선대 정상에는 7~8명 정도가 설수 있는 평지가 있는데 중간 중간 기둥처럼 서있는 바위가 있어 천만 다행이다. 세찬 바람에 밀려 몸이 기우뚱하고 날아 갈듯 하면 얼른 바위기둥을 부둥켜안으면 되기 때문이다. 그 세찬 바람 속에서도 북측 해설원이 설명을 한다. 천선대는 천연기념물 216호이고 북쪽 으로는 오봉산(1,500m)줄기, 남서쪽의 상등봉, 옥녀봉, 동남쪽으로 세지봉 (1,025m) 등을 가리키며 금강산의 봉우리들을 그림을 그리듯 설명한다. 천녀 화장호의 전설도, 저 멀리 하얗게 빛나는 금강산의 최고봉 비로봉도 빼놓지 않는다. 이어서 "위대한 수령님께서는 만물상의 봉우리들은 얼마나 날카로운 지 서리어린 총창을 비껴든 것 같다고 하시며 만물상의 모든 형상들은 그 어 떤 풍파도 전쟁의 참화도 물리치고 나갈 우리 인민의 기상을 보여주는 것 같 다고 교시하시었습니다."라는 분단현대사가 옛 전설 위에 겹쳐진다.

그러나 천선대에서 만물상과 마주한 나의 생각은 만물상의 물형들이 만들 어내는 거대한 조화미가 참으로 걸작이란 생각이다. 이것이 만물상을 보면서 사람들이 너도 나도 탄성을 지르는 이유일 것이다. 온갖 비바람과 풍상을 서 로 기대고 견뎌내면서 다듬고 다듬어 빚어낸 조화미의 극치이다. 그러나 대 자연이 만들어내는 어울림의 미학은 기치창검 총창에 비유되던 민족기상을 넘어 이제는 공동번영의 미래로 나가라고 말하는 듯하다.

천선대에서 발길을 옮기려니 106굽이 온정령 고개를 넘어 내금강의 바람이 불어온다. 저 고개를 넘으면 내금강 길이라 하니 저절로 고개가 기웃거려 진 다. 세존봉, 집선봉, 옥녀봉, 상등봉, 관음연봉, 세지봉, 우의봉, 무애봉, 천 진봉, 천주봉, 천녀봉, ..., 아! 저기 비로봉.... 천선대에서 끊어진 남북의 백 두대간의 봉우리들을 오늘 하루 동안 다 익히기도 불러보기도 어렵다. 통일 이 되면 이곳에 텐트를 치고 만봉의 이름들을 불러보면서 북녘 동포들과 밤 새워 이야기를 나누고 싶다.

천선대의 세찬 바람에 어느덧 흐르던 땀이 식어 추워지기 시작했다. 어김

없이 천선대 표식비가 정상에서 빛나고 사람들은 그 앞에서 기념사진을 찍느라 길게 순서를 기다린다. 나는 하산하려고 하늘 문을 향했는데 하늘 문으로 가는 길은 가파르고 매우 좁아 걷는 것도 아슬아슬하다. 더구나 천 길 낭떠러지라 다리도 떨리고 어지럽기까지 하다.

하늘문 수직사다리 앞

하늘문 아래 수직 사다리 그리고 묘한 망장천

하늘문은 금강산에서 가장 높은 자연 돌문이라는데 커다란 바위 중간이 뚫린 것이 마치 문짝 없는 대문 틀 같다. 하늘문 벽에 최치원이 썼다는 '금강제일관'은 수차례 갔지만 찾지 못했다.

탐승객들에게 밀려 내려오다 보니 찾을 여유도 없고 그렇다고 비켜서서 찾을 만한 공간도 없으니 아직 최치원과는 인연이 아닌가보다. 어느덧 하늘문이 가까워오는데 하늘문 저편으로 새하얀 바위 꽃이 눈에 확 들어온다. 오묘하기 짝이 없다는 오만물상이 벌써 눈인사를 하고 있는 것이다. 드디어 하늘문 앞에 섰다. 그런데 어머나! 세상에~

천상의 계단은 90도 수직 사다리이다. 이런 사다리가 네 곳이나 된다고 하니 마른침이 꿀꺽 넘어간다. 외길이라 뒤돌아서 두 손으로 난간을 꼭 잡고 한발 한발 내려오고 나니 팔다리의 힘이 쭉 빠져 망장천 샘물 앞에서 30분 정도를 쉬었다.

망장천! 이 높은 곳까지 찾아온 길손을 위하여 생명수처럼 사시사철 흐른다는 샘물이고 김일성 주석의 자취도 스민 곳이라 잘 보존되고 있다. 그런데 맛좋고 젊어지는다는 망장천의 물은 한 방울 한 방울 흘러내려 인

만상정 표식비와 망장천

내심을 필요로 하였다. 3분정도 받아야 한 모금 될까 말까한데 3분을 넘기면 기다리는 사람들의 따가운 눈초리가 느껴진다. 예로부터 이 물을 먹으면 지팡이도 잊고 갈 만큼 젊어지고 기운이 난다기에 한 잔을 먹을까 했는데 한 잔은커녕 한 모금 먹기도 어려웠다. 기대가 크면 실망도 큰 법, 참으로 묘한 망장천이다. 벌써 준비해 간 물도 다 먹었는데 천상과 가깝다는 천선대는 아무래도 인간이 살기에는 힘든 곳인가 보다. 이제는 망양대로 갈까 한다.

망양대는 외금강 종합 전망대

망장천에서 내려오다 보면 갈림길이 있다. 망양대로 가는 길과 만상정으로 내려가는 길이다. 힘든 사람들은 만상정으로 그냥 내려가면 되고 이왕 온 김에 힘들어도 망양대를 보고 가야겠다고 생각하는 사람들은 망양대로 가면 된다. 망양대는 드넓게 펼쳐진 동해의 전망뿐 아니라 금강산의 깊이도 느낄 수 있는 외금강 최고의 전망대다. 망양대 가는 길은 바람이 몹시 세차 모자 끈을 꼭 동여매고 가야 한다. 가는 도중 유료 화장실이 있는데 화장실입구에는 북측의 관리원 두 사람이 서 있다.

초기에는 나무 그늘도 변변치 않은 산 중턱에서 하루 종일 서있는 그들이 가끔은 마음에 걸렸으나 이제는 안심대 근처로 옮겼다. 화장실을 지나 비탈길을 오르면 한숨 돌릴 수 있는 공간인 후고대에서 물 한 모금을 마시면서 천선대와 천선계, 세지봉 줄기에 펼쳐진 만물상 물형들을 여유롭게 볼 수 있다. 이곳에서는 천선대 꼭대기에 형형색색 옷차림을 한 탐승객들이 조그마한 인형들처럼 보이는 것이 퍽 인상적이다.

이곳을 지나면 수직계단이 기다리고 있다. 수직계단을 올라 오른쪽으로 올라가면 망양대 전망대로 가는 길이다. 이른 봄 이곳을 탐승 할 때 아직 녹지 않은 눈을 뭉쳐 얼음과자를 만들어 먹었는데 오도독오도독 입안에서 부서지

망양대에서 바라본 천선대 정상(뒤 배경이 오봉산)

는 얼음과자가 담백하고 시원하였다. 맛있다고 한마디 하자 탐승객들이 너도나도 자연 얼음과자라며 한주먹씩 뭉쳐 먹었다. 전망대 오르는 길은 천 길 낭떠러지의 가파른 길이다. 이곳 비탈길에서 북측 안내원들이 손을 내밀어 주곤 하는데 그들의 따뜻한 마음도 전해져온다.

사람에 대한 사랑이고 동포에 대한 사랑이기에 지금도 문득 그들이 생각난다. 전망대는 제1전망대, 제2전망대, 제3전망대로 구분하는데 방향에 따라 달리 보이는 금강산 봉우리들의 자태를 볼 수 있다. 제1전망대에서 아래를 내려다보면 무서움에 다리가 몹시 떨려온다. 더구나 벼랑 끝에서 부는 바람은 사람마저 골짜기로 날려버릴 듯 세차다. 천선대, 세지계, 온정령 고개, 금강산의 봉우리들이 장엄하게 눈에 들어온다.

특히 상등봉과 천선대 중간쯤의 온정령 고개 마루가 가장 잘 보이는 곳이기도 하다. 천천히 이름을 살피며 볼 수 있는 여유는 없지만 사방이 탁 트인 풍광이 시원하다. 제2전망대에서는 동해바다가 한눈에 들어온다. 아늑하게 자리 잡은 고성항의 어촌마을도 보이고 남북공동사업인 고성항의 야채재배 단지도 보인다. 제3전망대는 동해바다와 계곡의 경치를 볼 수 있는 곳이다. 여름날 망양대에 서면 눈앞에 온통 녹음만이 펼쳐져 마음마저 녹색이 된다. 이러한 망양대의 전망을 보면서 나는 금강산이 이 땅의 초록 심장 같다는 생각을 하였다. 심장이 인간 마음의 중심이듯 금강산은 우리 민족의 마음을 하나로 잇는 백두대간의 중심이기 때문이다.

만물상 하산 길 · 생강꽃 향기 · 관음폭포

　금강산 탐승 길은 봄, 여름, 가을, 겨울 모두 나름대로 힘이 든다. 특히 여름날의 탐승은 더위 때문에 조그마한 배낭도 벗어 놓고 싶을 정도로 짐이 된다. 힘들어 하는 나를 보고 북측 환경순찰원 선생들이 배낭을 들어주기도 하고 어떤 때는 내가 배낭을 들어 달라고도 한다. 물론 금강산을 수차례 탐승하다 보니 북측 사람들과 안면이 있어 자연스럽게 이야기하기가 수월해졌기 때문이다. 그들은 하나같이 친절하고 성실하였으나 그들과의 이야기는 정해진 틀을 크게 벗어나지 못한다. 대화의 틀을 누가 정해놓은 것은 아니지만 남북의 사람들은 저절로 자기 검열을 하게 된다.

　산행을 마치고 내려올 때는 부지런히 달려 내려가지 않아도 된다. 올라 올 때는 버스가 정해져있지만 내려갈 때는 내려오는 순서대로 차를 타면 되므로 조금은 여유가 있다. 물론 탐승초기와는 다른 변화이다. 그렇다고 마냥 있을 수는 없으니 정해진 시간은 지켜야 한다. 마음의 여유를 갖다보니 금강산의 나무와 꽃에 대해 관심을 가졌던 어느 봄날 탐승 길이 생각난다. 함께 온 동료가 꽃과 나무에 대해 자꾸 물었지만 나는 별로 아는 것이 없어서 '무명꽃' '예쁜꽃' 이라 이름 지으며 올라갔다.

만물상 하산 길

　봄의 기운에 막 움트는 여린 잎이나 꽃망울만을 보고는 이름을 알기가 어려웠는데 내려오는 길에 환경순찰원 선생이 무엇인가를 손끝으로 비며 코끝에 대주었다. 상큼한 생강 향이 났다. 돌아보니 산기슭 여기저기에서 생강나무들이 노란 꽃망울을 내밀고 있다. 그 사람은 조선문학을 전공했다고 하였는데 금강산의 봄이 북녘 동포의 손끝에서 생강꽃 향기로 피어나는 듯 했다. 생강나무는 금강산 해발 300m~800m지역에 분포한다고 하는데 남부와 북부계통의 식물들이 교체되는 지역의 특징이라고 한다.

습경대(정성대)를 지나고 만상정이 보이면 언제나 마음이 편해지는데 다 내려왔다는 표식과도 같다. 만물상 길에서 항상 아쉬운 것은 온정천을 따라 천천히 걸어내려 갈수 없다는 것이다. 특히 더운 여름에는 한하계를 걸어 내려가야 탐승의 맛이 날 것 같은데 아직은 버스를 타야만 한다. 가끔은 깨끗한 숲속 길을 버스로 달려야 하는 현실이 안타깝다. 온정령 굽이 길을 따라 기암절벽 사이로 관음폭포도 보고 한하계도 보고, 금강송도 보면서 두런두런 자연과 이야기 하며 내려갈 날을 그려볼 뿐이다.

참! 어느 가을날 관음폭포를 잠깐 동안 가까이서 본 적이 있다. 불행 끝에 온 행운이라고나 할까 습경대에서 마지막으로 내려와 북측 사람과 신경전을 벌이던 날이다. 만상정에 도착해보니 마지막 관광버스는 이미 떠나고 탐승 운영팀의 버스와 한 대의 자가용이 있었다. 하산 길에 그 자가용 손님이 관음폭포를 보고 싶다고 하였는지 폭포 앞에서 차량이 멈춰 섰고 내가 탄 버스도 멈춰 섰다. 그때 하차하여 관음 폭포를 보았는데 눈부신 가을 햇살 사이로 관음폭포의 물줄기가 하얗게 쏟아져 내렸다. 사시사철 물줄기가 끊이지 않는다는 관음폭포는 쪼개진 바위틈으로 물줄기가 끊임없이 흘렀다. 그 후 관음폭포를 지날 때마다 지난날의 추억이 떠올랐다.

만물상 탐승을 마쳤다. 만물상은 온갖 물형들이 자신의 모습을 드러내지만 모두가 아름답게 조화를 이루는 공존의 의미를 깨닫게 한다. 마치 가을 산의 단풍이 아름다운 이유와 같다. 형형색색의 단풍이 아름다운 이유는 그들이 함께 만들어내는 조화미이고, 그 조화미의 근원은 자신의 그늘 속으로 다른 생명들을 끌어 들이지 않고 모두 아름다울 수 있도록 공존의 틀을 만들어 가는 넉넉한 자연의 마음이라는 생각이 들었다.

삼일포(三日浦) · 해금강(海金剛)

삼일포 탐승로

삼일포 탐승

삼일포로 향하는 길

해금강은 크게는 삼일포, 해금강, 총석정구역으로 나누는데 아직은 총석정 (통천군) 구역은 개방되지 않았다. 사실 금강산 호텔이나 옥류관의 벽화에 세 찬 파도가 밀려와 부서지는 총석정의 풍경은 참으로 아름답고 우리 선조들의 문학 속에도 빠지지 않는다.

그 옛날 송나라 시인은 '고려국에 태어나 한번만이라도 금강산을 보았으면 (願生高麗國 一見金剛山)'이라고 읊었다는데 나는 이 땅에 태어났어도 갈 수 없으니 인간들이 만드는 역사는 복잡하기만 하다.

삼일포를 가는 날은 마음까지 평온해지는 듯하다. 예로부터 관동팔경의 하나로 알려진 삼일포는 맑고 잔잔한 호수가 아름답기로 명성이 높다.

온정리에서 12km 정도인 삼일포를 향해 버스는 움직인다. 삼일포 가는 길은 탁 트인 들판이다. 여름날의 삼일포 길에는 북녘 인민들이 논밭에서 일을 하고 아이들은 흐르는 강물에서 깔깔거리며 물놀이를 하고, 들녘 여기저기에서는 누렁 소들이 한가로이 풀을 뜯고 있다. 사람들은 소를 보자 '저것이 정주영 회장이 가져 간 소가 아니냐?'라며 반가워하기도 한다.

일부 탐승객들은 소가 살이 쪘나 안 쪘나를 살피면서 북녘의 어려운 경제 논리를 소에다가도 도입시키기도 한다. 가끔은 금강산 탐승 길에서 북녘의 경제적 어려움에 지나치게 관심을 보이는 사람들을 볼 수 있다. 예를 들면 지나는 길에 마을이 보이면 굴뚝에 연기가 나는가 안 나는가, 집이 너무 허름하다, 사람들의 옷차림이 어쩌고저쩌고 등 등... 그럴 때마다 상대를 경제적 잣대로 먼저 평가하는 것이 아닌가 하여 안타깝기도 하다.

시속 60km의 버스는 봉화리 마을 어귀로 들어선다. 봉화체신분소를 중심으로 왼편으로 주제화가 보이는데 주제화는 게시판처럼 세워놓은 대형그림을 말한다. 대부분의 주제화 내용은 북측의 3대 영웅들의 모습을 담고 있는데 봉화리를 지나는 오른편에 있는 주제화는 민족옷을 입은 소녀가 선물상자를 들고 '할머니'라고 부르며 '하루속히 끝장내자 분렬의 비극을'이라고 쓴 것을 보니 이산가족 상봉모임을 생각하며 설치한 것으로 보인다.

봉화리 주제화도 이동 중인 차량에서는 사진 촬영이 금지되어 있다. 이러한 규정을 무시하고 사진을 몰래 촬영하다가 걸린 사람들을 2~3차례 보았는데 어김없이 몇 호 차량 몇 번째 앉은 사람인지를 정확히 찾아낸다. 계속 촬영을 하는 것을 발견하면 차량을 세우기도 하는데 남녘 탐승객들은 이럴 때마다 긴장하면서도 소곤거린다. '정말 귀신이다. 귀신이야' 라고. 그러나 대부분의 사람들은 '촬영하지 말라는 것을 왜 촬영하느냐'는 분위기이다. 서로의 약속은 지켜야 하고 약속을 지키는 일은 신뢰의 기본이라는 생각 때문일 것이다.

봉화리 풍경과 역지사지

주제화를 뒤로하고 우편업무를 하는 봉화리 봉화체신분소를 지난다. 봉화체신분소를 지나면 넓은 운동장 뒤로 봉화리 소학교와 중학교가 보인다. 운동장에서 아이들이 철봉을 하거나 공차는 것을 볼 수 있고, 즐거워하는 아이들의 해맑은 동심도 전해져 온다. 일부 탐승객들은 녹슨 철봉과 퇴색된 교사(校舍)를 보고 남녘의 50년대 60년대와 같다며 북의 경제난에 대하여 피상적으로 말하기도 하는데 우리가 한번쯤은 생각해볼 것이 있다.

북측은 지금 가난한 국가로 전락했지만 1970년대 초까지는 공업화를 이룬 제3세계 모범국가였다. 50년대 말에 무상교육을 시작하여, 1970년대에 중학교(남측의 고등학교)까지 전국적으로 실시하였다. 뿐만 아니라 무상의료를 실시했다. 지금도 금강산관광지구 운영규정 제40조에는 북측 종업원들의 사회문화 시책으로 무료교육, 무상치료, 사회보험, 사회보장을 명시하고 있다. 다시 말하면 60년대 70년대 초까지만 해도 북측 경제가 지금처럼 악화되지 않았다는 것인데 이는 탈북한 사람들의 증언을 통하여서도 알 수 있다.

그러나 1970년대 세계적인 오일쇼크로 어려움을 겪던 북측의 경제는 대내외적 어려움을 극복하지 못하고 하강국면으로 접어들기 시작했다. 더구나 중국, 소련(러시아), 동유럽 등 사회주의 국가들의 체제전환과 엎친 데 덮친 격으로 1990년대에는 연속된 홍수, 가뭄 등의 자연재해로 최악의 경제난에 직면했다. 북측 경제난은 북미관계, 더 넓게는 미국, 중국, 러시아, 일본, 남과 북 사이의 이해관계와도 연결되어있다.

이러한 복합적인 문제들이 북미간의 첨예한 외교문제로 표출되고 미국의 강력한 대북봉쇄정책과 북측의 핵개발 문제로 집약되고 있는 것이다. 그러나 문제의 근본적 원인은 남북분단이다. 종전이 아닌 정전상태에서 남과 북은 안보 불안과 두려움이 경제와 외교에는 물론 국민의 일상적인 삶에까지 영향을 미치고 있다. 통일을 지향하는 과정에서 우리의 분단 역사를 객관적이고 균형적인 시각으로 바라 볼 수 있으면 좋겠다. 이러한 국내외적 정치상황 여건을 간과한 채 북측의 정치체제, 경제정책의 한계와 오류만을 지적하는 것은 단편적인 판단이 아닐까 한다.

1994년 김일성 주석 사망 후 남측의 일부 전문가들은 3년 이내에 북측이 망할 것이라고 호언장담하였으나 아직도 북은 망하지 않고 있다. 이것은 우리가 해방 이후 지금까지 뿌리 깊은 북미간의 군사 외교적 관계의 깊이를 제대로 인식하지 않고서는 북측 문제의 본질과 핵심을 이해하는데 한계가 있다는 반증이다. 이러한 북측의 현실에 대해 사람들의 견해 차이는 있을 수 있지만 최소한 평화·통일·공존을 지향하는 과정에서 당리당략이나 진영논리를 넘어 국익을 위해 깊은 성찰이 필요하다고 본다.

나는 금강산 길에서 정치적인 문제로 깊이 들어가고 싶지는 않으나 극명한 정치이념논리로 분단 상황이 만들어졌으니 정치적 측면을 배제할 수 없음도 현실이다. 다만 북측이 처한 상황 앞에서 한번쯤은 입장을 바꿔 생각해 보기를 바랄 뿐이다. 그런데 2018년 6월 12일 북미 간 사상 최초의 정상회담이 이루어졌다. 싱가포르에서 도널드 트럼프 미국 대통령과 김정은 북측 국무위원장이 정상회담을 통하여 완전한 비핵화, 평화체제 보장, 북미 관계 정상화 추진, 6·25 전쟁 전사자 유해송환 등 4개 항에 합의하였다. 핵심은 미국의 요구인 북측의 완전한 비핵화와 북측의 요구인 평화제제 보장이다. 이 문제를 좀 더 구체적 실천으로 발전시키고자 2019년 2월 27일~28일까지 베트남 하노이에서 2차 북미정상 회담이 개최되었으나 결실은 맺지 못했다.

봉화리 소학교와 중학교를 지나면 구읍리 마을인데 꽤 넓은 평야지대이지만 저지대라 태풍피해를 많이 입는다고 한다. 이곳을 지나 조금 더 가면 배 밭이 보이는데 여기가 삼일포와 해금강의 갈림길이다. 직진하면 해금강이고 배 밭이 있는 길로 가면 우리 옛 선조들에게 많은 사랑을 받은 삼일포다.

연화대 그리고 단풍관의 사나운 개

버스에서 내려 왼쪽으로 가면 연화대이고 오른쪽으로 가면 장군대 방향인데 어느 곳으로 가든 목적지는 삼일포 호수다. 옛날 우리 선조들은 오른쪽으로 올랐으나 지금은 반대로 왼쪽 길을 따라 간다. 옛 선조들이 탐승하던 길과는 반대로 가는 이유가 궁금하기도 한데 아마도 탐승일정의 편리성을 고려한 듯하다. 왼쪽으로 올라가는 삼일포는 완만한 경사의 소나무 숲길이다.

삼일포는 잔잔한 호수만큼이나 가는 길 또한 평온하고 아름답다. 서쪽을 보면 외금강의 봉우리들이 한 폭의 병풍처럼 펼쳐지는데 금강산 최고봉인 비로봉도 하얗게 빛나고 있다. 오른쪽으로 '애국렬사묘'라는 공동묘지가 있는데 신경을 안 쓰면 지나치기 쉽다. 한국전쟁 때 남쪽의 '노근리' 사건처럼 미군들에게 집단 학살을 당한 민간인들의 무덤이며, 이들이 처형된 바위를 '피바위'라 부르고 있다. 삼일포는 초입부터 전쟁의 상흔이 배어있다.[40]

동남쪽으로는 한국전쟁 때 피아간 가장 치열하게 전투가 벌어졌다는 월비산과 351고지가 보이고 초입에서 본 구선봉도 보인다.

---

40) 한국전쟁 당시 1952년 동부전선 최고의 격전지가 바로 금강산 일대의 월비산 전투와 351고지 전투이다. 남측은 월비산, 351고지를 얻으면 금강산은 물론 원산까지 진출할 수 있는 교두보를 얻게 되는 것이므로 막강한 화력지원 속에 전투에 임했고, 북측은 같은 이유로 3만여 명의 막대한 인명 피해 속에서도 지켜내야만 했다.

351고지 전투는 그 치열함으로 산봉우리의 해발고도마저 낮아졌다하니 관동팔경 삼일포는 아름다운 전설만큼이나 심연의 아픔도 간직한 곳이다. 나지막한 산길을 따라 오르면 1964년에 지어진 연화대가 있다. 우리의 고유한 건축양식으로 단청무늬가 고운 아담한 정각인데 보통 탐승 일정에서는 연화대를 오르지 않지만 나는 어느 겨울 탐승 길에 오를 기회가 있었다. 연화대에서 바라본 삼일포는 '고요한 평화' 그 자체였다. 남측의 고성통일전망대에서 바라보던 국지봉을 비롯한 서른여섯 개의 산봉우리가 감싸고 있다는 삼일호가 한눈에 들어오고 저 멀리 해금강의 전경도 품속으로 안겨온다. 삼일포 호수를 가장 아름답게 느낄 수 있는 명당 중의 명당이다.

그러기에 하루 놀러 왔다가 삼일을 머물렀다는 옛 전설을 안고 있지 않은가. 그러나 정작 연꽃을 닮았다는 연화대는 삼일포에서 배를 타고 올려다보아야 제 맛이라는데 지금은 그렇게 할 수 없으니 연화대가 외로워 보인다. 연화대에서 10분 정도 비탈길을 내려가면 삼일포 호숫가에 울긋불긋 한 단풍이 조각된 아담한 흰색 건물이 있다. '단풍관'이라 하는데 김일성 주석의 부인 김정숙을 기념하여 세웠다고 한다.

1988년 남측에서는 서울올림픽대회를 개최하였고, 북측은 1989년 임수경 방북사건으로 알려진 세계청년축전을 개최하였다. 단풍관은 그때 지어진 건물로서 당시 세계청년축전 참가자들이 이곳을 다녀갔다고 한다. 단풍관 뒤편으로는 북측 관리원이 거처하는 집이 있는데 이 집에서 키우는 개에게 물릴 뻔 한 일이 있다.

단풍관 뒤편 화장실을 가는데 그만 관리인 집에 묶여 있던 개의 목줄이

단풍관

풀리면서 달려드는 바람에 비명을 지르고 말았다. 그 소리에 화들짝 놀란 관리인이 달려 나왔기에 망정이지 하마터면 개에 물려 죽을 뻔하였다. 그런데 개는 주인말도 잘 듣지 않았다. 개를 붙잡느라 쩔쩔매던 관리인은 '이제 개가 주인말도 듣지 않는다'며 연실 개에게 푸념하였는데 속상해 하는 그의 표정에 그만 웃음이 터져 나왔다. 단풍관은 지금은 북측에서 식당 겸 매대로 사용하고 있다.

이곳 노점 매대에서 한숨 돌릴 겸 한잔 먹는 좁쌀 막걸리와 더덕 안주는 맛과 향이 그만이다. 소고기 꼬치구이도 인기가 많아서 줄을 서야 하는데 그래도 기다렸다가 먹었다. 정말 맛있다. 2층 매대(상점)에서는 옥류민예사[41] 소속의 화가들의 작품을 판매한다. 삼일포의 풍경을 배경으로 북녘의 음식과 예술품들을 감상하는 여유가 있어 좋다.

삼일포 호숫가도 거닐었다. 거닐었다기보다는 호숫가를 지나 다음 탐승지로 가는 것이다. 겨울 탐승 때는 얼어붙은 삼일호를 거닐기도 했는데 북측 구급봉사대원들이 스키 장비까지 갖추고 탐승객들의 안전을 살폈다. 금강산 탐승구역에는 평양에서 파견된 12명의 구급봉사대원들이 봉사한다고 한다.

옛날 우리의 선조들은 나룻배를 타고 노를 저으며 삼일포에서 풍류를 즐겼다는데 지금은 부지런한 발걸음만을 재촉한다. 봉우리 한 굽이를 돌아 철제 다리를 건너가다 보면 호수가의 바위에 새겨진 글발들이 눈에 들어온다. 탐승객들은 '김일성 동지 만세!'라는 큰 글씨 앞에서 '만세'를 하는 자세로 사진을 찍기도 한다. 이럴 때면 남측 사람들은 그 글발에 대해 어떻게 생각하는지 궁금하기도 하고 북측 환경순찰원들이 남측 탐승객들의 그런 모습들을 어떻게 생각할지 궁금하기도 하다.

---

41) 옥류민예사 : 북측의 평양시 통일거리에 자리 잡고 있는 옥류민예사는 국가기관으로 미술품을 전문으로 취급한다. 평양을 방문하는 해외동포와 외국인들에게 인기 있는 곳이다. 조선화(동양화), 유화, 수예, 서예, 인형을 비롯한 민예품(民藝品)을 전문으로 창작하고 판매한다.

어느덧 옛날 선착장이었던 삼일포 나루터에 다다르니 가을날 나룻배로 삼일호를 유람한 고려 말 문인 김구용[42]의 시 한수가 생각난다.

삼일포 三日浦

김구용[42]

수심정은 고요하여 세상만물을 모두 비추고 구름사이로 신선을 부르는 듯 하고
난간에 기대어 저무는 해 바라보다 돌아갈 길 잊었노라
서른여섯봉우리에 가을비 개니 한 곳 한 곳 선경으로 선명하게 드러난다
해는 기울건만 가벼이 노를 돌리 수 없어 바람 부는 소나무 강안에서
달 밝기를 기다리노라

水心亭靜世精微 彷彿雲間喚羽衣
賴有使君心似月 倚欄終日瞻忘歸
三十六峰秋雨晴 一區仙境十分淸
日斜未用輕回棹 楓岸松汀待月明

지금은 나룻배로 건널 수 없으니 호숫가를 잠시 거닐었던 것만으로도 위안을 삼는다. 언젠가는 나룻배를 타고 옛 선조들이 느꼈던 사선정, 단서암, 와우도, 마르지 않는 샘 몽천까지 '심산 속의 호수'를 느끼고 싶다.

공통의 기억 봉래대와 북측 해설원의 노래

나루터를 지나 가파른 돌계단을 오르면 봉래대이다. 봉래대로 오르는 길에

---

42) 김구용(金九容,1338~1384), 호는 경지(敬之), 고려 말에 활동한 문인.

멀리서 보았던 글발들을 가까이서 볼 수 있다.

　'세상에 부럼 없어라'라는 자연글발은 조선소년단 창립25돌을 기념하여 1971년에 새겼음을 알 수 있는데 이 노래는 '혁명학원'아이들이 부르던 노래라고 한다. 혁명학원은 항일혁명 유자녀, 사회주의 혁명과정에서의 희생자 유자녀, 전사자 유자녀, 고아 등을 국가차원에서 보호하고 양육하는 것을 목적으로 설립한 교육기관이다. 양육과 교육을 국가가 전적으로 책임지며 북측 체제에 필요한 핵심간부로 키워진다.

　봉래대 오르는 길에 양사언이 살았다는 봉래굴을 들여다보았다. 봉래 양사언은 우리가 비무장 지대 초입에서도 만났듯이 조선시대 서예가이자 문인이다. 가파른 바위벽에 사람 하나 살 정도의 공간인데 그의 필체가 바위에 희미하게 남아있다. "아무리 금강산이 좋기로서니 저런 곳에서 어떻게 살았을까요?" 함께 간 동료가 질문했으나 나도 같은 생각이라 대답하지 않았다.

　봉래굴을 떠받치고 있는 넓적한 바위가 봉래대이다. 몇 십 명이 앉을 수 있는 공간이고 삼일포를 한눈에 전망하기 좋은 곳이다. 이곳에서 북측 해설원 선생이 삼일포에 대한 설명을 한다. 경순왕의 이야기가 담긴 삼일포의 전설과 솔 섬 와우도, 신라 화랑들의 자취, 신선사상을 내포한 사선정, 단서암 등…. 삼일포의 전설을 통하여 우리 선조들과 남북 사람들이 만나고 있다.

북측해설원의 노래

　봉래대에서는 설명을 마친 북측 해설원이 남측 손님들에게 노래 한 곡을 불러줬다. 봉래대가 무대가 되고 탐승객이 관객이다. 금강산 해설원 선생의 노래 솜씨 또한 인상적이다. 그러나 남북이 함께 부를 노래가 거의 없는듯하다. 박종화의 시가 이러한 상황을 잘 담고 있다. 이제는 남북이 함께 부르는 노래가 많아졌으면 좋겠다.

부를 노래가 없다

박종화[43]

여러 번 만나도 기억에 없는 이 있고

한 번을 만나도 심장에 남는 이 있네

아 그런 사람 나는 못 잊어

평양에 와서 가장 많이 듣는 북쪽의 노래 가사 중 일부이다

요즘 한창 유행인가 보다

그런데 나는 부를 노래가 없다

20년을 노래하고 노래를 만들며 살았건만

평양에 와서 부를 노래가 없다

녹음기와 자동반복 기능처럼 반복해서 불렀던

우리의 소원은 통일도 이젠 싫고

남쪽과 북쪽 양쪽의 입맛을 맞추어 부를 노래가 없다

여행길에 버스 안에서

차창 밖을 쳐다보며 나도 모르게

사랑은 아무나 하나

어느 누가 쉽다고 했나를 흥얼거려나 볼 뿐

나는 여전히 부를 노래가 없다

남측 사람들은 '그리운 금강산'을 떠올리기도 하겠지만 그 노래는 남과 북이 함께 좋아할 만한 노래가 아니었다고 한다. 2003년 문화일보에 따르면 이노래는 반공을 국시로 내세운 박정희 정부에 의해 임명된 문교부(교육부)장관의 청탁에 의해 1962년 6.25 기념식에서 부르기 위해 만들어진 곡이란다. 하지만 역사의 흐름 속에서 남북관계가 냉전의 분위기를 벗어나면서 작사자 한상억 선생은 가사 일부를 수정했는데 수정된 '그리운 금강산'은 1985년 남북예술단 교환 방문 평양공연 시 소프라노 이규도(李揆道)의 노래로 평양의 하늘에 울려 퍼졌다.

♬ 그리운 금강산[44]

누구의 주제런가 맑고 고운 산
그리운 만 이 천 봉 말은 없어도
이제야 자유만민 옷깃 여미며
그 이름 다시 부를 우리 금강산

수수만년 아름다운 산 못가본지 몇 몇 해
오늘에야 찾을 날 왔나
금강산은 부른다.

비로봉 그 봉우리 예대로인가
흰 구름 솔바람도 무심히 가나

---

43) 박종화(1963~)시인, 작곡가, 민중음악가.
44) ( )안은 밑줄 친 부분의 원래 가사이다. 못가본지(더럽힌지), 예대로인가 (짓밟힌 자리), 슬픔(원한).

발 아래 산해만리 보이지 마라

우리 다 맺힌 슬픔 풀릴 때까지

비극의 피바위와 다름의 기억 장군대

봉래대에서 내려오는 길에는 커다란
바위 하나가 마치 지나가는 사람들의 앞
을 가로막듯 서있다. 그런데 이 바위에는
남측에서 천만관객을 동원했던 영화 실
미도를 통해 우리에게도 많이 알려진 '적
기가'의 노랫말이 새겨져있다. 노랫말을

애국렬사묘

읽다보면 비장하고 처절했던 영화의 장면들이 스쳐 지나간다. 이 바위가 '피
바위'이고 이곳에서 학살당한 민간인들의 묘가 '애국렬사묘'다.

바위 이름에서도 느낄 수 있듯 한국전쟁 중 미군들에 의해 민간인이 학살
된 슬픈 역사가 담겨 있다. 남측 탐승객들은 무심코 지날 수 있는 바위이지만
북측 인민들에게는 처절한 역사의 현장으로 기억되는 곳이다. 냉전의 산물은
이 땅에서 너무나 처절하였고 소모적이며, 희생자는 언제나 이름 없는 백성
들이었음이 가슴 저리다.

피바위를 지나자 또 하나의 봉우리가 눈에 들어오고 출렁다리가 놓여있다.
이제는 익숙해 질만도 한데 이 다리를 건널 때면 무서워서 발걸음부터 빨라진
다. 다리 밑으로 흐르는 물살은 무척이나 맑아 깊이가 보이는 듯하다. 출렁다
리를 건너 올라가면 장군대이다. 봉래대가 옛 전설을 안고 있다면 장군대는
북측의 현대사를 안고 있다. 장군대는 김일성 주석이 다녀간 후로 붙여진 이
름이며, 충성각은 김일성 주석에 대한 충성의 맹세를 다진 부인 김정숙의 뜻
을 기리기 위하여 세워진 사적지이다.

잔잔한 호수를 향해 김정숙이 쏘았다는 세발의 총성 이야기는 분단전후의 삼일포를 단적으로 대조시키고 있다. 사선정, 단서암, 와우도를 노젓던 풍류를 뒤로한 채 자주, 자립, 자위, 주체의 글발로 둘러싸여진 삼일포는 휴양하면서도 사상적 교양을 높이는 혁명적 교양장소로서의 역사를 쓰고 있는 것이다. 북측 사람들은 그것을 외세로 인한 식민지 압박과 해방, 전쟁, 분단으로 이어지는 역사의 질곡을 벗어나려는 의지라고 표현한다. 그렇지만 나는 금강산에서 우리 옛 선조들의 발자취를 통해 남북 공통의 기억을 더 많이 끌어내고 싶다. 금강산은 '아름답다'는 우리 민족의 공통의 기억을 상징처럼 품고 있는 산이기 때문이다.

외금강에서 가장 긴 내용이 새겨진 충성각 현지지도사적지 앞에서 잠시 내용을 보고 발길을 돌리면 작은 소나무 숲길 사이로 탐승객들이 타고 갈 버스가 보인다. 삼일포는 남북 이산가족 상봉행사 때 가족나들이를 하는 곳이기도 하다. 또한 기약 없는 약속을 한 후 북녘의 가족들이 버스에 몸을 싣고 바람처럼 가버리는 이별의 길이기도 하다. 이토록 가슴 아픈 역사의 비극을 끝내기 위해 온정리 초입에 금강산 이산가족면회소가 건설되고 있다. 하루라도 빨리 그 곳에서 상시적인 이산가족 면회가 이루어지길 바란다.

2. 해금강 탐승

해금강 안내도

쌀과 삼아제 사과

해금강은 온정각에서 출발하여 봉화리, 구읍리를 지나 배 밭이 보이면 그 대로 직진하는 길이다. 가는 길에는 참대가 울창한 참대사업소와 오른쪽으로 두 물줄기가 하나로 합쳐져 흐르는 후천강, 고성평야가 보이는 삼일포리, 삼일포소학교와 중학교를 볼 수 있다. 이곳 인민들의 주된 생업은 쌀농사이다.

해금강 지역에서는 남북농업협력 사업이 진행되고 있다.[45] 송원석의 연구에 의하면 사업에는 남측의 전문가들만 뿐만 아니라 북측의 금강산국제관광총회사(2005년 5월부터 명승지종합개발지도국으로 개칭), 고성군 농업경영

---

45) 금강산 국제관광 특구 내에서 여러 가지 남북협력 사업 중 삼일포 인근에서 통일농수산사업단이 삼일포협동농장 영농협력 사업을 하고 있다. 삼일포협동농장 공동영농사업은 남북의 재배 기술자들이 함께 작업하고 그 성과를 공유하는 시범재배 형식을 띠다가 일반 재배를 넓히는 방식으로 진행되고 있다. 이 사업 속에는 벼농사 및 밭농사의 생산성 증대를 위해 종자, 비료, 토양개량제, 농기계 등과 같은 영농자재의 제공과 더불어 공동으로 시범재배도 병행하고 있다.

위원회, 삼일포협동농장 등의 일꾼들이 참여하고 있다. 이들은 만남이 빈번해 지면서 이심전심으로 목표와 지향에 대한 공감대가 형성되고 이 사업을 제대로 해 보자는 생각이 깊이 자리 잡게 되었다고 한다.

그래서 삼일포에서 해금강에 이르는 시범영농단지 내의 일부에 남쪽 방식과 북쪽 방식으로 벼 시험재배를 하였는데 남쪽 방식이 수확량이 더 많아 이제는 남쪽 방식으로 농사를 짓는다고 한다. 사실 북쪽은 산악지대가 많아 남쪽에 비해 논농사가 절대적으로 부족하다. 이러한 열악한 자연조건과 자연재해, 국내외 사정에 의해 북측은 식량난을 겪고 있다. 또 하나 해금강 가는 길에서는 삼아제과수원을 볼 수 있다. 이곳에서는 '삼아제'라는 사과가 생산된다. 삼일포-현대아산-제천에서 한 글자씩을 따온 것이다.

남측 제천의 사과묘목을 삼일포로 옮겨와 과수원을 조성하였는데 사과 맛이 좋아 인기가 높단다. 운이 좋으면 가을 탐승 길에는 삼아제 사과를 맛 볼 수도 있다. 나는 금강산을 갈 때마다 북측 환경순찰원 선생들에게 '삼아제' 사과를 남겨놓으라는 말을 건네곤 한다. 사과를 함께 나누어 먹는 날이야 기약할 수 없지만 그들은 사과를 보면서 한번쯤은 나를 기억할지도 모르겠다.

참! 이곳에서 보이는 철길이 놓인 다리가 앞서 언급했던 동해선이다.

우리말의 위력 '섯!' 그리고 소원 비는 해금강

삼일포리를 지나 해송 숲과 강물을 건너면 북측의 민통선이다. 민통선 초소 앞에서 버스가 정차하는데 우리말의 위력을 볼 수 있다.

'섯!'

이 한 글자로 모두를 서게 한다.

---

46) 유휘문(柳徽文, 1773~1827). 호는 호고와(好古窩) 조선 후기 학자.

초소를 지나 비포장 길을 따라 조금만 가면 솔숲사이로 바다가 보이고 만이천봉이 달려오다 바다에 잠긴 해금강이 있다. 해금강하면 해만물상이라는 해상의 아름다움도 있지만 북쪽으로는 국도와 총석정, 남으로는 화진포에 이르는 해안이 아름다운, 즉 관동팔경이 모두 모여 있는 곳이다.

해금강 海金剛

유휘문[46]

신비한 산기운은 바다 밖으로 이어져　오래전 사람들 말하던 봉래가 예로다
누가 알리오, 보일 듯 말 듯 먼 곳에서　만이천봉 한줄기가 달려온 것을

別有神山海外開　先天人設是蓬萊
誰知隱見相須處　萬二千峰一脈來

우리가 탐승하는 해금강은 해금강리 앞에서 시작하여 화진포에 이르는 바다를 말한다. 그러니까 우리가 금강통문을 열고 들어오다가 본 구선봉과 감호도 해금강구역이다. 해금강에 서면 산에서 본 금강산의 기암괴석들을 옮겨다 놓은 듯 바다 위로 솟아 오른 해만물상이 절경을 이루고 있는데 온갖 물형의 기암괴석들은 저마다의 이름을 갖고 있다.

하지만 배를 타지 않고는 제대로 볼 수 없다. 사실 우리 선조들은 배를 타고 유람하면서 배고프면 내려서 미역, 전복을 따서 국을 끓여 먹고 사공에게 몸을 맡긴 채로 흘러가다가 다시 절경을 만나면 화폭에 담으며 이 땅에 태어난 행복감을 만끽하였음을 탐승기를 통해 전하고 있다. 그러나 남북분단은 우리 민족에게 이러한 모든 여유와 정취, 풍류를 앗아갔고 절경의 해안가는 접근금지구역이 되었다.

해금강 저 멀리 흐리게 보이는 봉우리가 남측

나는 이곳에서 해안절경보다는 통일에 대한 인식변화를 읽고 있다.

이곳이 특별한 것은 2km남짓한 동해바다를 사이에 두고 남녘의 고성통일전망대에서는 해금강이 보이고, 해금강에서는 남녘의 통일전망대가 빤히 보인다는 것이다. 이곳에서 탐승객들은 손에 잡힐 듯이 한 눈에 들어오는 남과 북의 연결점을 통해 이상을 꿈꾸기도 하고 인식에 변화도 느낄 것이다. 그래서인지 소원을 비는 탐승객들의 모습을 많이 볼 수 있다.

가슴속에 품은 그들의 사연이야 알 수 없지만 해금강은 간절한 소망의 바다임이 틀림없다. 또 한류와 난류가 만나는 곳이라 다양한 어족들이 이미 바다 속에서 통일 세상을 만드는 곳이다. 해당화도 피고진다. 우리나라에서 가장 큰 해당화 군락이 금강산 초입 구선봉에서부터 원산의 명사십리까지 이어진다고 하니 해금강에 핀 해당화가 더 반갑다.

남북협력의 바다 동해

남과 북의 강원도는 크게 진척되지는 않았지만 동해에서의 공동어로를 논의 하고 있다한다. 동해의 경우 신한일어업협정, 한중어업협정으로 어장이 축소되다 보니 결국은 블라디보스톡 근해의 러시아 어장에 입어료를 주고 고기잡이에 나서고 있는 실정이다. 북측의 동해 수역에서는 수백 척의 중국 어선이 조업을 벌이고 있는데, 특히 중국 어선들은 서해에서도 꽃게잡이 철이 되면 조업어선의 수가 수백 척으로 늘어나 남북 모두에게 피해를 준다.

남과 북이 공동대응 방안을 강구하지 않으면 피해뿐만 아니라 마구잡이 포획에 어족자원도 고갈 될 것이다. 특히 바다위의 보이지 않는 경계선 때문에

해금강 해돋이

중국 등 제3국 어선의 횡포를 당할 수밖에 없는 상황이고 보면 남과 북의 수산협력은 더욱 절실한 문제다. 물론 서해바다에서의 협력은 6.15남북공동선언으로 2007년 7월에 남과 북의 공동이익을 위해 협력하기로 합의하였고, 2018년 4.27판문점선언과 9.19남북공동선언을 통해 보다 현실적으로 구체화되었다. 해금강에서 남과 북을 한눈에 보면서 동해에서의 남북협력이야말로 천혜의 자원을 지키면서도 남북 공존의 삶을 찾는 방법이라는 생각이 들었다.

해금강에서의 또 하나의 명물은 동해의 해돋이다. 해금강의 해돋이는 모든 것이 함축되어 있다. 2006.1.1일 해금강에서 해돋이를 맞이했다. 구름층이 두꺼워 솟아오르는 해는 보이지 않았다. 그러나 사람들은 해돋이 예정시간에서 한 시간이나 훨씬 지났건만 움직이지도 않고 동해바다를 바라보며 손에 든 촛불이 다 타들어 가도록 빌었다. 시간은 흘러 8시 30분이 넘었다. 그때서야 구름위로 해가 솟았다. 수백 명의 탐승객들은 환호하였다.

탐승객들이 무엇을 위해 그토록 해돋이를 기다렸는지는 말하지 않아도 알 수 있었다. 신새벽부터 함께 한 북측 사람들도 아마 똑 같은 마음이었을 것이다. 해는 어김없이 떠오르고 남과 북을 비추고 있다. 사사로이 비추는 법이 없는 태양처럼 통일은 남북 모두에게 고루 비추는 밝은 햇살이기를 바란다.

내금강(內金綱)

내금강 안내도(현대아산 자료)

1. 내금강 탐승

금강산의 작은 변화들

　2007년 7월 27일 수년간 고대하던 내금강 탐승을 하게 되었다. 이번에도 숙소는 금강산 호텔이다. 금강산에 올 때마다 이곳에서 묵고 있는데 2004년 리모델링 후 첫 손님으로 남북교육자통일대회에 참가하는 남측 교육자들을 맞아주어 그때부터 인연이 되었다. 5년간 호텔을 이용하다보니 남북을 떠나 많은 사람들과 안면을 익히게 되었고 서로 변화하는 과정도 보고 느꼈다. 요즈음엔 호텔 도어맨이 웃으며 달려와 가방을 들어준다.

초기 주제화

처음에는 호텔에 근무하는 북측 사람들의 경직된 태도에 말 건네기도 어색하였다. 나중에 알고 보니 북측 사람들이 서비스가 무엇인지를 처음 경험해보기 때문이라고 하였다. 시간이 지나면서 반가운 인사도 나누고 안부도 물으면서 무거운 가방도 들어 준다. 무엇보다 가장 큰 변화는 남측 사람들과 북측사람들 간 언행이 자연스러워지고 있다는 것이다.

2006년 1월 이후 1년 반 만에 다시 오니 금강산 탐승구역 시설들 곳곳에 변화가 많았다. 농협도 들어서고, 온정각 휴게소의 면세

바뀐 주제화

점은 동편 온정각으로 이전하였으며, 온정각 옆에 있던 북측포장마차 온정봉사소는 옥류관 가는 길로 옮겼고, 개축 중이던 김정숙 휴양소는 외금강호텔로 개관하였다. 뿐만 아니라 온정각에서 금강산호텔숙소까지 산책로도 만들어졌다. 북측이 관리하는 시설물에도 변화가 왔는데 금강산호텔 앞에 대형모자이크화인 주제화의 내용도 바뀌었고 선전구호도 도색을 다시 하였다.

이전의 주제화는 김일성 주석이 어린이들과 함께 행복하게 있는 내용이었는데 지금은 붉게 물든 백두산 해돋이를 배경으로 김일성주석과 김정일 국방위원장이 함께 서있는 작품이다. 아마 붉은 색 배경은 북측은 누가 뭐라 해도 '사회주의 체제'를 고수하겠다는 의지와 영생탑이 상징하듯 '김일성수령님은 언제나 우리와 함께 영원히 살아 계신다'라는 의미가 함축되어 있는 듯하다.

저녁 무렵 퇴근하는 북측 사람들이 이곳에 와서 경건하게 참배를 하고 간다.

금강산호텔 정문관리원에 의하면 이 주제화는 2006년에 김정일 국방위원장의 호텔방문 25주년을 기념하여 25만개의 자연석으로 15일 동안 만든 작품이라고 한다. 자세히 보니 5mm정도의 정사각형 천연 돌로 만들어졌다. 주제화는 이곳과 삼일포 가는 길, 외금강호텔 옆에서 볼 수 있는데 북측사회의 특징 중 하나이다. 주제화를 보노라니 체제를 떠나 예술가들의 혼이 느껴진다.

그런데 주제화 앞에서의 사진 촬영은 북측 사람인 호텔정문관리원이 해주고 있다. 이전에는 남녘 탐승객들이 마음대로 촬영할 수 있었는데 지금은 제재하고 있다. 아마도 김일성 주석 부자에 대한 그들의 절대존경의 의미가 담겨져 있는 듯하다.

선전구호 '우리식대로 살아나가자'

온정각에서 금강산호텔까지 산책로를 걷다보면 금강산호텔 가까이에 '위대한 선군정치 만세'라는 선전구호가 붙어있고, 길 가운데로는 '우리 식대로 살아나가자'라고 적힌 현수막이 길을 가로지르며 걸려있다. 그 선전구호들을 보니

금강산호텔가는 길 선전구호

'왜 남측 사람들의 전용도로에 북측 체제를 상징하는 이러한 선전구호를 설치하였을까'라는 궁금증이 생겼다. 이 선전구호는 김정은 체제를 상징하는 핵심어이기도 하다.

사람들의 관점에 따라 생각이 다를 수밖에 없지만 나는 남과 북이 체제가 다르다는 것을 인식하고 서로의 차이를 인정하는 것으로부터 출발하자는 것을 북측이 우리에게 말해주고 싶어서 그런 것이 아닐까 하는 생각이 들었다.

사진으로 눈으로 마음으로

　내금강으로 가는 날은 새벽 4시부터 저절로 눈이 떠졌다. 고요한 숙소의 정막을 깨기가 미안하여 살며시 베란다의 문을 열어보니 아직 칠흑 같은 어둠이다. 다만 쏟아져 내리는 새벽별 속으로 7월 한여름임에도 금강산의 찬바람만이 온몸을 휘감는다. 그 옛날 신새벽에 금강산을 향하던 우리 선조들도 이런 마음으로 서두르지 않았을까? 옛 기록들을 보면 금강산을 향하는 마음가짐은 시대에 따라 다른 듯하다.

　일제강점기 이전에는 아름답다는 금강산의 명성을 찾아 유람을 하였다면 일제강점기에는 나라의 독립을 위해 우리 민족의 응집된 기상을 금강산을 통하여 다시 일으키고자 하였다. 그러나 대다수의 시인묵객들은 시대를 넘어 끊임없이 금강산을 통해 조국 산천에 대한 아름다움을 노래하였다. 분단 이후의 금강산은 북측 인민들의 휴양지이자 혁명적 교양장소였다. 그렇다면 분단된 조국에 태어난 나에게 금강산은 어떤 의미인가를 생각하지 않을 수 없다.

> 나에게 금강산은
> 우리민족끼리 힘을 합쳐
> 분단의 벽을 무너뜨린
> 소통의 산
> 화합의 산
> 공존을 위한
> 먼저 온 평화
> 먼저 온 통일의 산이다.

　내금강도 역시 온정각 앞에서 출발하는데 외금강 탐승보다 30분 정도 일찍 출발하고 북측의 남녀 해설원이 처음부터 차량에 동승하여 설명을 하는 점이 다르다. 20대의 여성 해설원 선생이 마이크를 잡고 안내를 시작한다. 원산사범대학을 나왔다는 그녀의 해설은 매우 조리 있고 재치가 있으며 맑은 목소리에 표현력도 뛰어났다. 상냥한 미소를 잃지 않는 그녀는 금강산은 아름다우니 "사진으로도 찍고, 사진으로 찍을 수 없는 것은 눈으로도 찍고, 눈으로 찍을 수 없는 것은 마음으로도 찍으시면 됩니다."라고 했는데 이 말속에는 남북 분단현실의 모든 것이 내포되어 있다. 그녀는 이어서 이동 중에는 버스 안에서 사진촬영을 금지한다며 '자각적으로 규율에 협조'해 줄 것을 당부하고 비협조시에는 지금처럼 웃는 얼굴로 대할 수만은 없다며 공과 사는 분명히 할 것이라고 강조하였다. 맺고 끊음이 분명한 그녀의 말에 탐승객들은 한 바탕 웃음으로 답하였다.

내금강은 만물상을 지나 온정령 106굽이를 넘어가는 여정이다. 버스가 만물상의 관음연봉과 수정봉, 문주봉 사이의 넓은 골짜기 한하계를 접어들자 북측 해설원은 골짜기의 풍경을 따라 이야기를 들려준다. 곰바위와 문주담 전설, 금강산 해설원의 집, 만상정의 내력까지 끊임없이 설명을 한다. 짧은 설명 속에서도 자연에 대한 것은 물론 북측 사회에 대한 이야기도 빼놓지 않았다. 관음봉을 지날 때는 "잘루목으로 뚝뚝 잘라 상관음봉, 중관음봉, 하관음봉이라 부릅니다."라고 하더니 옛날에 있었다는 만물상의 금강산 해설원의 집과 현지지도사적비를 지날 때는 해방 후 북측이 문맹퇴치운동을 전개하여 여성들을 깨이게 한 것을 자랑스럽게 소개하였다.

사시사철 물이 마르지 않는다는 관음폭포를 지날 때는 온정령 길을 '만냥 골'이라고도 한다면서 그 전설을 들려주었다. 평생을 머슴으로 일하던 지주 집에서 나이가 들자 그만 쫓겨난 노인의 이야기이다. 쫓겨난 노인이 정처 없이 골짜기를 걷다가 발끝에 무엇인가 채여서 보니 산삼이었고 그 값이 만 냥이나 나가 부자가 되었단다. 노인은 재물을 모두 이웃들과 나누며 여생을 살았다는데 전설 속을 거닐다 보니 어느덧 만물상 탐승을 시작하는 만상정 주차장에 도착하였다. 여기까지가 온정령 77굽이다. 버스는 잠시 멈춤도 없이 곧바로 내금강으로 향한다.

온정령굴 지나 바로 내금강

아~ 온정령 고개!

만물상 탐승 길에서 얼마나 많이 기웃거리던 길이었으며 내금강에 가면 통일이 손에 잡힐 것 같은 상상을 얼마나 많이 하였던가. 만물상 입구에서부터 "저기" "저쪽 너머"라며 함께 간 동료들에게 손끝으로 가리키던 하얀 굽이 길! 내 멋대로 내금강을 상상하면서 천하제일의 산수화를 그렸다간 지우고 떠올려 보던 상상봉들을 드디어 대면한다. 만상정을 지나 106굽이 온정령을 오르는 길은 만물상 뒷모습의 비경을 감상하는 길이다. 그동안 탐승 길의 골 안에서만 바라보던 만물상의 명승들을 밖에서 보는 격이다.

삼선암의 고운 뒤태와 독불장군처럼 내려다보는 독선암이 멋지게 안겨온다. 뿐만 아니라 만물상의 기암괴석들과 천선대에서 바라보던 오봉산, 우의봉, 천주봉 등의 뒷모습들이 입체적으로 보이는데 전면에서 보던 것과는 전혀 다른 새로운 느낌으로 다가왔다. 해설원 선생은 하나라도 더 설명을 해주려고 말의 속도를 높여갔다. 그녀는 만물상을 일컬어 '고심어린 창작품'이라 하였는데 참으로 적절한 표현이다.

금강산에는 백도라지가 유명한데 도라지꽃에 얽힌 전설도 들려주었다. 효심어린 도씨 집안의 '라지'라는 처녀가 빚을 갚지 못하여 빚 대신 부

온정령 굴(차창유리로 인하여 뿌옇게 보임)

잣집 늙은이의 첩으로 끌려가다가 목숨을 끊는다는 슬픈 이야기이건만 탐승객들은 내금강을 가는 마음에 들떠서인지 슬픈 전설을 들으면서도 시종일관 싱글벙글한다. 이런 버스안의 분위기를 보고는 해설원 선생은 "슬픈 이야기인데 제가 더 슬프게 말을 하지 못하나 봐요."라며 애타하였다. 그러자 다시 한바탕 웃음 소동이 벌어졌다. 나는 그녀가 들려주는 전설 속에서도 북측 사회의 계급적 관점이 고스란히 배어있음을 느낄 수 있었다.

어느덧 만물상 풍경을 벗어나 온정령 106굽이에 다다랐는데 온정각에서 여기까지 숨 가쁘게 30분을 달려온 것이다. 그런데 뜻밖에도 굴이 기다리고 있다. '온정령굴'이라는 현판을 보는 순간 푸른 하늘을 이고 사뿐히 고개를 넘어갈 것이란 나의 생각을 수정해야했다. 정수리처럼 하얗게 드러나는 온정령 고갯길을 상상해왔던 그동안의 문학적 설계는 순식간에 사라지고 어두운 굴 속을 통과해야 했다.

온정령 106굽이는 언제나 나에게는 내금강으로 드는 그리움의 길이었지만 북측에서는 목숨으로 만들어낸 '영웅고개' '승리의 고개'라고 불리는 처절한 역사의 길임을 앞에서 언급한 바 있다. 이 길을 지나노라니 전쟁의 승패를 떠나 우리 민족의 슬픈 역사가 투영된 곳이기에 짙어오는 녹음만큼이나 마음도 무거웠다. 이렇게 온정령 고개와의 첫 만남은 굴이었고 '온정령굴'이라는 표현에 탐승객들이 웃기도 하였다.

나 또한 '굴'보다는 '터널'에 익숙하다는 생각을 할 겨를도 없이 창문을 꼭 닫은 채로 500m나 되는 어두운 굴을 통과하기에 바빴다. 이 굴을 경계로 행정구역이 고성군과 금강군으로 나뉜다고 하니 이제부터는 금강군이다.

북녘 마을 한 가운데 인민들의 일상

온정령굴을 나오니 초록빛의 평온한 느낌이 먼저 전해져 온다. 연실 좌우를 살피느라 정신이 없는데 북측 군인의 경계초소가 보인다. 경계초소가 없었다면 이곳이 북녘 땅이라는 것을 잠시 잊었을 것이다. 애써 북측 땅이라는 것을 생각할 필요는 없지만 긴장감을 놓으면 관광규정을 깜박 잊어 남북문제로 비화될 수 있으니 늘 서로를 위해 조심할 필요성은 있다.

내리막길로 접어들자 북측 해설원은 차창 왼편으로 펼쳐지는 완만한 능선들을 가리키며 이곳이 금강산 중에서도 가을 단풍이 가장 아름다운 '구성동계곡'이라 한다. 가을을 그려보며 구불구불 10여 분을 달리니 금강군 16km라는 이정표가 반겨준다

첫 번째 마을 단풍리를 지나고 있다. 나는 지금 북녘 동포들의 삶의 한 가운데를 뚫고 지나가는 것이다. 그런데 마치 이 길도 터널 같은 느낌이다. 뿐만 아니라 남방한계선에서부터 온정리를 거쳐 외금강에 이르는 길도 하나의 터널이란 생각이 든다. 외금강에서는 연두색 철망이 둘러쳐있어 그런 느낌을 가질 수도 있겠으나 내금강 길은 경계망도 없는데 왜 터널 같은 느낌이 드는지 모르겠다. 그러면서 한편으로는 '북측은 왜 이렇게 깊숙한 내부까지 남녘 사람들에게 공개하는 것일까? 이곳에 사는 북측 인민들은 내금강 개방을 찬성하였을까?'라는 생각이 스쳐 지나갔다.

단풍리의 옛이름은 광산리(鑛山里)인데 중석 등 광물자원이 풍부하기 때문이란다. 그런 연유로 일제강점기에는 지하자원의 수탈이 심했던 곳인데 해방 이후 북측은 이곳뿐만 아니라 금강산 일대의 수백 개의 광산을 폐광시키고 인민들의 휴양지이자 교양장소로 가꾸어 왔다. 그런데 남측 손님에게 개방하면서 북측 인민들은 금강산을 탐승하지 못한다. 이러한 상황을 당장은 어떻게 해석해야 될지 많은 생각을 하게 된다. 다행히 내금강 탐승 길에는 외금강처

럼 남측 사람들의 전용도로라는 경계표시인 연두색 철망이 없는 것이 위로가 될 뿐이다. 경계망이 설치되었다면 아마 이곳 주민들도 온정리 사람들처럼 경계망을 돌고 돌아 먼 길을 다녀야 하는 불편을 겪었을 것이다. 그것은 남녘 사람들이 바라는 바가 아니다. 단풍리 마을의 여름 풍경은 너른 들판에 옥수수와 콩이 무성하게 자라고 '3중대 풀거름 3톤'이라는 퇴비 장려 푯말도 눈에 들어온다. 어김없이 마을에 영생탑과 주제화도 보인다. 멀리 군부대에서는 인민군들이 공을 차는 모습이 보이는가 하면 가끔은 들판 곳곳에서 인민군이 붉은 깃발을 들고 불쑥불쑥 경계자세로 나타나 긴장감을 놓지 않게 한다.

단풍리를 지나면 금천리 마을인데 좀 더 가까이 북녘 주민들의 삶을 볼 수 있다. 집안일을 하는 주민들의 모습도 보이는데 신경이 쓰이는지 커튼을 치기도 하고 창문을 닫기도 한다. 하기야 집안 사생활이 드러나는 것을 좋아할 사람이 어디 있으랴. 금천리는 개천도 넓고 평야도 넓다. 넓은 들녘에 옥수수와 콩, 벼가 무성한 논, 저 멀리 흰 염소와 누렁소, 농부들의 일손이 평화롭게 보이는 전형적인 농촌마을의 연속이다. 왼쪽 야산 기슭에는 '위대한 주체 농법 만세!'라는 구호가 보이는데 북측의 '자력갱생' 정책의 일면인 듯하다. 학교도 보인다.

해설원 선생은 쉼 없이 금강산 전설과 역사, 아름다움을 조리 있고 재치 있는 솜씨로 이어간다. 그녀는 내금강의 여성미, 구성동의 가을풍경, 동포미, 찬 샘의 전설, 마의태자, 마하연의 스님과 김삿갓의 시 짓기 내기 등 다양한 이야기로 남북공통의 기억과 공존의 삶을 담아내고 있다. 차안의 탐승객들은 연실 좌우를 두리번거리면서도 해설원 선생에게 물을 건네기도 하고 가지고 온 과일과 떡을 권하기도 한다. 두 시간 남짓의 여정에서 서로 물을 나눠 마시고 떡을 나눠 먹는 것이 외금강 탐승 길과는 다른 광경이다.

마의태자의 길 철이령 넘어 내강리

금천리 중학교를 지나고 농경지를 지나자 큰 마을이 나타나는데 금강군의 읍 소재지란다. 관공서로 보이는 큰 건물들과 살림집, 학교 등 다양한 형태의 건물들이 들어서 있다. 금강읍을 지날 때 북녘 주민들이 사는 곳을 전반적으로 가까이 볼 수 있는데 흰색 페인트로 깔끔하게 단장된 집들과 꽃들이 피어 있는 앞마당도 보인다.

외금강에서 보지 못하던 북녘 주민들의 삶을 더 가까이서 볼 수 있는 것이다. 공설운동장에 남녀노소가 많이 모여 있어 궁금하였는데 마침 7월 27일 휴전협정일(북측에서는 전승기념일)기념체육행사를 하는 것이란다. 국수집도 보이고 북측의 공안(경찰)도 보이고 살림집 2층에 빼곡하게 심어놓은 옥수수도 인상적이다. 그러고 보니 사람 사는 곳은 그 어디나 다 비슷하고 웃음 띤 정겨운 얼굴 또한 같다. 우측으로 회양 64km, 내금강 10km라는 갈림길의 이정표가 보인다. 우리는 내금강을 향하여 고갯길을 오른다. 이 고갯길이 '철이령'이라는데 고갯길 옆 푯말이 나의 어린 시절 우리 마을처럼 정겹다. '꽃길 가꾸기, 담당학급 6학년 3반' 푯말도 그 옛날 내가 다니던 학교와 다르지 않다.

철이령 고개는 신라의 마지막 경순왕의 아들 마의태자가 망국의 비운을 안고 넘었다는데 서라벌에서 이곳까지 거리가 천리라 하여 본래의 이름을 밀어내고 붙여진 이름이다. 철이령 고개를 넘으면서 북측에서는 마의태자를 어떻게 생각할까 궁금하였다.

신라본기에 따르면 9년 10월 경순왕은 국세가 약하고 고립되어 나라를 스스로 보존 할 수 없다고 판단하고, 여러 신하들과 함께 태조에게 항복할 것을 의논하였다. 의견들이 분분하던 차에 마의태자가 "나라의 존속과 멸망은 반드시 하늘의 운명에 달려 있으니, 다만 충신 의사들과 함께 민심을 수습하여, 우리 자신을 공고히 하고 힘이 다한 뒤에 망할지언정, 어찌 1천년의 역사를 가진 사직을 하루아침에 경솔히 남에게 주겠습니까?"라고 말했다. 이에 왕은 "고립되고 위태로운 상황이 이와 같아서는 나라를 보전할 수 없다. 강하지도 못하고 약하지도 않으면서, 무고한 백성들이 참혹하게 죽도록 하는 것은, 나로서는 차마 할 수 없는 일이다."라며 태조에게 국서를 보내 항복을 청하였다. 왕자는 통곡하면서 왕에게 하직 인사를 하고 개골산으로 들어갔다.

그는 바위 아래에 집을 짓고, 삼베옷을 입고 풀잎을 먹으며 일생을 마쳤다. 국서를 받은 태조는 왕궁 동쪽의 가장 좋은 구역을 주고 맏딸 낙랑 공주를 아내로 삼게 하였고, 신라를 개칭하여 경주라 하고 이를 공의 식읍으로 삼았다. 지금의 경주가 그 때 나온 이름이며 신라는 하나의 주로 전락하고 만 것이다.

북측 해설원 선생은 마의태자를 대세를 인정하지 않고 군사를 일으키기 보다는 은둔해서 산 사람으로 설명하고 있다. 신라보다는 고려를 중시하는 북측의 입장을 내포하고 있는듯하다.

나는 해설원 동무의 이야기를 들으면서 '현재 대세란 무엇이며 남과 북의 통일은 어떤 모습이어야 할까'라는 생각이 들었다. 현재의 대세는 평화통일이고 그 과정에서 남과 북은 어느 쪽도 경순왕이나 마의태자 같은 비극은 없어야 한다는 생각이다. 그렇다면 통일을 반대해서도 안 될 것이고, 흡수통일이 되어서도 안 될 것이다. 그렇게 되면 아무리 통일을 미화하더라도 비극을 숨길 수 없을 것이기 때문이다.

한편 '왜 마의태자는 금강산으로 들어갔을까'를 생각해 보았다. 어쩌면 항복을 반대했던 마의태자로서는 통일된 고려에서 입지가 힘들었을 것이다. 그러고 보면 오늘날 통일을 반대하는 사람들은 대세를 인정하지 않는 것이고 그런 사람들은 곧 자신의 입지가 이 땅에서 어려워질 것이라는 생각들을 하고 있는 것은 아닐까?

철리고개(철이령)를 넘으니 내강리이다. 쉬지 않고 1시간 20분을 달려온

236

것이다. 그 옛날에는 단발령을 넘어 철이령을 지나 장안사로 가거나, 배점이라는 곳을 거쳐 표훈사로 가는 탐승 길이라 여유롭게 내금강으로 들어가는 맛을 느꼈을 텐데, 지금은 버스 안에서 속력을 높여가며 휙휙 스치는 여정이고보니 금강산의 참맛을 느끼기에는 참으로 아쉽기만 하다.

잠깐! 내금강 탐승 노정 점검

내금강이라는 푯말이 매우 반갑다. 벌써 아름드리 전나무들이 자태를 드러내는데 여기가 어디쯤일까 생각할 여유도 없이 버스는 계속 달려간다. 통일이 이렇게 빨리 온다면 눈썹이 휘날리도록 달려간다 할지라도 아쉽지 않으련만 분단일정은 아름다운 경치들을 감상할 여유조차 주지 않는다.

그러나 잠깐 호흡을 가다듬고 일정에 대한 점검을 해본다. 내금강도 외금강처럼 탐승 구역을 나누고 있다. 금강산 탐승로를 중심으로 크게 만천구역, 만폭구역. 백운대 구역으로 나누고, 다시 만천구역은 내강동, 금장동, 장안동, 표훈동으로, 만폭구역은 금강문에서 내금강 팔담이 끝나는 화룡담까지, 백운대구역은 설옥동, 백운동, 화개동까지를 말한다. 그러나 아직은 일부 구역만 탐승이 가능하다.

탐승 노정을 정리해 보면 버스로 표훈사까지 가서 하차 한 뒤 표훈사를 잠시 둘러본 후 경내 장수샘에서 물 한 모금 마시고, 그곳에서부터 부지런히 백운대 구역의 묘길상을 보고 내려오면서 마하연과 만폭동의 담소들을 거쳐 표훈사에서 점심을 먹는다. 그런 다음 백화암부도와 삼불암, 울소를 거쳐 장안사 터에서 내금강의 일정을 마무리 한다.

즉 온정리-표훈사-만폭동-묘길상-마하연-만폭동 담소 및 보덕암-함영교 건너 점심-백화암부도-삼불암-울소-장안사 터-온정리이니 옛날 선조들과는 반대로 탐승하는 것이다.

온정리 → 표훈사 → 만폭동 → 묘길상 → 마하연 → 만폭동 담소 및 보덕암 → 함염교 건너 점심 → 백화암부도 → 삼불암 → 울소 → 장안사 터 → 온정리

남녘 소양강으로 흘러드는 동금강천에서 표훈사 입구까지

내강리에 들어서면 대전차 장애물을 통과하게 되는데 새삼 이곳이 군사지역이며 한국전쟁 당시 치열한 전투가 벌어진 곳이라는 것을 실감한다. 한국전쟁 때 미군의 무차별 폭격은 2차 세계대전에서 남은 폭탄을 유감없이 소모하려는 듯 한반도에 쏟아 부어 국토를 파괴하였는데 금강산도 예외는 아니었다. 차창 우측으로는 금강천이 흐르고 농촌풍경이 스친다. 내금강 내강동의 첫 동네 내강리는 만천하류와 동금강천을 끼고 자리 잡은 아늑한 마을인데 다락논과 밭이 인상적이다.

금강천은 남녘의 춘천 소양강으로 흘러 북한강 최상류로 이어진다. 임진강뿐만 아니라 곳곳에 남과 북을 이어주는 통일의 물줄기들이 있음이 반가웠다. 얼마 가지 않아 금강산을 찾아가는 사람들이 신선이 사는 곳을 물으면서 찾아들어간다는 문선교(내강다리)를 건넜는데 시계는 9시 35분을 가리킨다. 문선교 밑을 금강천이 유유히 흐르고 있다. 조금 더 올라가니 왼쪽으로 농가주택이 보이고 신라시대 지어졌다는 장연사 터에 금강산 3고탑의 하나인 장연사 3층 석탑이 단아하게 안겨오는데 이곳이 탑거리다. 3층 석탑 위쪽으로 북측의 상징물 영생탑도 보인다.

골짜기가 깊어지는가 싶더니 금강리란다. 금강리 마을을 지날 때 해설원 동무는 금강산을 매우 사랑하여 금강산 여기저기에 삶의 자취를 남긴 조선시대 문인 봉래 양사언의 출생에 얽힌 이야기를 들려주는데 그의 부모는 금강리의 어느 우물가에서 나뭇잎을 띄운 물 한 그릇의 인연으로 맺어졌다 하니 양사언은 운명적으로 금강산의 사람인 듯하다. 골짜기가 더 넓어지고 비석과

백천교(다리를 건너면 명경대로 가는 길)

부도도 보이고 다리 하나도 있는데 만천교(향선교)이다. 벌써 장안사 터 가까이에 다다른 것이다.

만천교를 지나면 오른쪽으로 백천동골짜기가 시작되는데 만천과 백천이 합쳐지는 백천교를 지나면 명경대 구역으로 가게 된다. 우리 선조들의 탐승기에 빠짐없이 등장하는 명경대는 판관봉, 죄인봉, 지옥문, 극락문 등의 명소가 있는데 이름에서도 알 수 있듯이 죄를 다스리는 명판관의 전설이 있다. 이곳은 아직 개방되지 않아 골짜기 초입을 스치는 것으로 아쉬움을 달랜다. 또한 백천동의 백천은 역류강이라고도 하는데 서산대사와 사명대사의 설화가 담겨있다.

역류강은 서산대사와 사명대사의 첫 대면을 극적으로 묘사한 설화에서 유래하였다. 사명대사가 서산대사와 통성하기 전 그에게 자기의 지략을 보여주기 위해 만천교의 물을 거슬러 흐르게 하였다는 이야기다. 백화암에 머물던 서산대사가 어느 날 동자를 불러 백천강에 손님을 마중하러 가라고 하였다. 동자는 기별이 없었지만 스승의 명이라 나가 보았더니 갑자기 백천이 역류하며 홀연 스님 한 분이 나타나는데 사명대사였다.

기별도 하지 않았는데 동자를 마중 보낸 서산대사의 신통력에 사명대사는 흠칫 놀라며 백화암으로 올랐다. 백화암 뜰에 들어선 사명대사는 다짜고짜 참새 한 마리를 잡아채고는 "이 참새가 죽었겠소? 살았겠소?"하고 서산대사에게 물었다. 그러자 때 마침 사명대사를 맞으러 문턱을 내려서려던 서산대사는 "대사는 초면에도 농담을 곧잘 하는군. 그래 내가 지금 나가려는가? 들어서려는가?"라고 되물었다. 이것이 두 사람의 첫 대면 인사였는데 후에 사명당은 서산대사의 제자가 되었다.

역류강의 전설이 탐승객을 맞이하는 동안 어느덧 1,400년이나 되었다는 아름드리 울창한 전나무 숲 장안동이다. 내강동을 지나 드디어 장안동으로 들어선 것이다. 어디가 어딘지 기웃거리다가 다 놓치는 내금강 초행길이지만 장안사 터라는 말에 탐승객들의 시선이 일제히 그 곳으로 쏠린다. 그러자 해설원 선생은 내려올 때는 이곳까지 걸어서 올 것이니 염려 말라고 한다. 그녀의 말에 내금강 탐승 길이 그려졌다. 버스로 표훈사까지 가서 거기서부터 걸어서 묘길상까지 갔다가 되돌아오는 길에 담소들을 감상하며 장안사 터까지 오는 탐승 길인 것이다. '장안사'라는 말에 일제히 관심을 보이는 탐승객들을 보면서 앞으로 우리가 추구해야 할 것은 남북 공통의 기억들을 살려내어 서로 교감하는 일임을 절감하였다. 들풀만이 무성한 장안사 터를 지나 조금 더 가니 바위절벽에 '속도전'이라는 글씨와 천리마 부각상이 눈에 들어온다.

고개를 기웃거리자 역시 되돌아오는 길에 볼 수 있다고 한다. 곧이어 백천폭포를 지나니 명경로로 가는 길이 보이고 삼형제바위와 시체바위, 울소, 치마바위 옹달소, 영선교, 삼불암 등의 이름이 귓전을 스치면서 어느덧 표훈사 주차장에 도착하였다. 온정리 온정각에서 표훈사 주차장까지는 약 2시간 정도 소요되었다.

내금강 첫발 표훈사와 불경소리

표훈동 표훈사 주차장에서 모두 하차하였다. 내금강에 첫발을 디딘 것이다. 표훈동은 삼불암에서 금강문까지를 일컫는다. 이곳 주차장에 유일하게 담배를 피울 수 있는 곳이 마련되어 있다. 담배를 피우기도 하고 화장실을 다녀오기도 한다. 그런데 묘하게도 이곳에서는 건강에 해롭다는 담배가 사람과 사람을 아주 자연스럽게 연결해 주는 역할을 톡톡히 하고 있다. 남측사람, 북측사람, 해외동포들 할 것 없이 모두 모여 담배를 권하며 불까지 붙여 준다. 담배 한 대씩을 피워 물고 마치 도원의 결의라도 다지는 사람들처럼 말이다. 이 맑고 깨끗한 금강산까지 와서 담배를 피워야 하나 싶어 담배 대신 서로를 연결해 주는 다른 것이 뭐가 있을까 생각해 보게 된다.

몹시도 궁금하던 표훈사로 들어갔다.

1,300년의 역사를 간직한 표훈사는 금강산 4대사찰중의 하나로 본래는 20여 채의 큰 절이었으나 한국전쟁 때 모두 불탔고, 반야보전과 영산전, 명부전, 능파루, 칠성각, 어실각, 판도방만 한국전쟁 후에 복구하였다고 한다. 이 사찰이 궁금했던 이유 중에는 그 옛날 김병연(김삿갓)이 이곳 능파루에서 금강산에 대한 시 짓기 내기를 하던 유생들의 졸렬한 시를 보다 못해 참견하다가 그만 두 줄짜리 시를 던지고 떠났다는 일화도 한 몫 한다. 나는 김삿갓의 이 두 줄짜리 시가 금강산의 자연을 가장 잘 묘사하고 있다고 생각하는데 그동안 금강산을 수차례 탐

어실각에서 본 표훈사(오른쪽 앞이 능파루)

승하면서 온몸으로 느낀 결과이기도 하다.

| 소나무소나무 잣나무잣나무 바위바위를 돌아드니 | 松松柏柏 岩岩回 |
| 산산물물 처한곳마다 신기하구나 | 山山水水 處處奇 |

표훈사에 당도하니 능파루가 먼저 반겼다. 사찰 경내는 탐승객들로 가득하고 반야보전에서는 북측 스님 두 분과 남측 스님 및 불자들이 예불을 올리고 있다. 내금강에서 목탁을 치며 예불을 올린 것은 아마 한국전쟁 이후 처음일 것이다. 이것은 엄청난 변화이다. 금강산 탐승 초기에는 남북이 공동으로 복원한 신계사 터에서 스님들이 목탁을 치면 소란죄라며 금지했다고 남측 스님으로부터 들었기 때문이다. 그러므로 지금 남과 북의 불자들이 법기보살의 주처로 알려진 금강산에서 반야심경을 독경하는 것은 의미 있는 일이라 하겠다. 반야경의 핵심을 모은 것이 금강경이고 금강경의 핵심을 모은 것이 반야심경이라는데 반야심경의 핵심은 '색즉시공공즉시색(色卽是空空卽是色) 색불이공공불이색(色不異空空不異色)'이 아닐까 생각한다.

표훈사에서 남북 공동예불

물질만능주의에서 벗어나고 극한 이념대립을 초월하여 서로 경계 없이 넘나드는 남북통일이 되기를 나도 합장한다. 우렁차게 울려 퍼지는 불경 소리를 들으니 남과 북의 하나됨이 느껴진다. 몸과 마음을 다해 올리는 예불은 감동적이다. 예불이 끝나자 스님들은 기

청학, 진각 스님과 칠층석탑에 대해 대화

념촬영을 하였는데 삭발하지 않은 머리에 붉은 가사를 걸친 북측 스님과 회색 승복에 삭발을 한 남측 스님들은 분단 이후 승복차림은 달라졌어도 불심은 같아 보였다. 표훈사에는 두 분의 북측 스님이 계신데 주지스님은 청학이고 작은 스님은 진각이다.

스님들은 절에 기거하는 것이 아니고 출퇴근을 한다고 하였는데 그들은 표훈사를 찾은 남측 손님들에게 공양하는 마음으로 장수샘물을 권하면서 한번 먹으면 200년은 산다며 연실 웃고 있다. 득도를 어디서 했냐고 묻자 주지스님은 용훈사에서 하였다 하고 진각스님은 표훈사에서 득도 하였다는데 주지스님인 청학이 스승이라고 하였다.

표훈사 경내에는 단아한 칠층석탑이 있는데 표훈사의 것이 아니라 인근에 있는 암자 신림암에서 가져 왔다고 한다. 이탑은 곧 제자리를 찾아 갈 것이라는데 원래 표훈사의 탑은 일본인들이 약탈해갔다고 한다. 진각스님은 일본에서 그와 비슷한 탑을 본 적이 있다고 어느 스님이 전해왔다며 하루빨리 가서 찾아와야 한다고 했다. 일제 강점기와 분단의 역사를 간직한 표훈사에서 지금은 남북의 스님들과 불자들이 함께 예불을 올리고 있으니 평화·통일 역사의 시작이다. 통일은 먼데 있는 것이 아니고 이렇게 함께 하는 것이 아닐까.

표훈사를 나오려고 하니 막상 무엇인가 빠진듯하여 서성거리고 있는데 주지 스님이 다가와 표훈사는 어실각에서 보아야 제격이라고 귀띔 한다. 어실각은 정조가 그의 아버지 사도세자를 위하여 지었다는데 능파루 옆에 있다. 어실각 앞에 서니 표훈사가 한 폭의 그림처럼 눈앞에 펼쳐져 저절로 감탄이 나왔다. 만족해하며 청학스님에게 다가가니 "여기서는 숨을 쉬는 것을 의식할 수 없습니다. 너무 공기가 좋아서지요."라며 자주 오라고 하였다. 마치 법어처럼 들렸다.

표훈사에서 하루 묵은 추강 남효온

그 옛날 생육신의 한사람인 남효온은 『유금강록』에서 불교에 대해 매우 비판적인 안목을 가졌음에도 불구하고 표훈사에서 여산삼소(廬山三笑)[47]의 고사를 생각하면서 시문을 지었다. 이곳에서 하루를 묵고 아침 일찍 떠나려는 남효온 일행에게 주지스님 지희는 산중의 진미를 갖추어 아침을 대접하고, 떠날 때는 부채와 짚신 한 짝을 주었다. 주지스님의 호의에 감사한 마음을 남효온은 시로 답하였다.

여산삼소 고사의 혜원 이후로	廬山三笑後
주지 스님 선비를 좋아하시네	此公好儒子
호계의 밖에서 나를 맞이해	迎我虎溪外
백련결사에 앉히었다오	坐我白蓮社
조밥에 향긋한 나물 곁들였고	粳飯配香蔬
차와 약과까지 대접하는구려	茶梧羞藥果
떠나는 길에 짚신 주시니	臨行贈芒鞋
험한 돌길도 쉽게 가겠네	石角行亦可

이 고사는 호계(虎溪)라는 시냇가에서 세 사람이 웃었다는 뜻으로 원래는 유불도(儒佛道)의 진리가 그 근본에 있어서는 하나라는 것을 상징한 이야기이기도 하다. 호계삼소는 송나라 진성유(陳聖俞)가 지은 『여산기(廬山記)』에 있는 이야기로서 동진(東晋)의 고승(高僧) 혜원(慧遠)은 스무 살이 넘어 중이 되었는데 여산에 동림정사(東林精舍)를 지어 불경 번역을 하면서 정사에 동지들

---

47) 여산 : 현재의 중국 장시(江西)성에 있는데 여산은 우리나라 한시에 많이 나온다.

을 모아 백련사(白蓮寺)를 차렸다고 한다. '동림정사' 밑에는 '호계'라 불리는 시내가 흐르고 있었는데 혜원은 찾아온 손님을 보낼 때는 이 호계까지 와서 작별하도록 정해져 있어 절대로 내를 건너가는 일이 없었다.

그런데 어느 날 유학자이자 시인인 도연명(陶淵明)과 도사(道士)인 육수정(陸修靜)을 배웅하면서 담소를 나누다보니 그만 호계를 건너고 말았다. 이 사실을 안 세 사람은 마주보며 껄껄 웃음을 터뜨렸던 것이다. 물론 이이야기는 후세 사람들이 만들어내었다고 하나 오늘날 호계삼소는 학파니 종파니 당파니 하면서 세력 다툼을 하는 인간들에게 좋은 교훈이 아닌가 한다. 물론 남북 통일 과정에서도 절실히 필요한 일이다.

뒤에는 정양사 앞에는 배재령

표훈사 뒤쪽으로 올라가면 금강산의 절경을 한눈에 볼 수 있다는 정양사(正陽寺)가 있다. 올라가는 길은 대낮에도 어두컴컴할 정도의 숲길이라고 하니 울창한 원시림이 그대로 살아있는 것이 분명하다. 이곳은 조선시대 유학자이자 문인 김창협이 금강산에 들었을 때 회양읍 부사 임공규가 "정양사나 천일대에 오르면 온산의 풍경이 한눈에 들어오니 그곳을 꼭 가게."하였다는 곳이다.

정양사에 다녀온 김창협은 장안사와 표훈사에서는 볼 것이 없어 실망하였는데 정양사는 궁궐로 치면 대청과 같다고 하면서 만족하였단다. 하기야 금강산의 정맥(正脈)에 자리를 잡고 있어 정양사라는 이름을 얻었다 하니 그 위치에서 느끼는 비경들을 가늠해 볼 수 있겠다.

송강 정철 또한 금강산의 진면목을 볼 수 있는 곳이 바로 정양사요 진헐대라는 것을 그의 작품 관동별곡에서 말하고 있다.

'정양사 진헐대 고텨 올나 안준 말이

여산 진면목이 여긔야 다 뵈ᄂᆞ다.'[48]

　뿐만 아니라 겸재 정선의 '정양사'와 '금강전도'도 떠올린다. 정선의 그림은
이곳을 중심으로 그린 것이라 하는데 그림을 보고 있노라면 금강산을 실제로
탐승하는 느낌이 들기도 하고 헐성루에 앉아있는 착각에 빠지기도 한다. 아
마 이곳에서 금강산을 보면 겸재가 화폭에 담은 '금강전도'를 모두 가늠할 수
있을 듯하다. 이러한 정양사가 금강산 탐승 일정에 왜 아직 없는지는 알 수
없지만 지금의 내금강 탐승 길에 정양사를 비롯하여 옛 선조들이 즐겨 찾던
명승들이 포함되어야 금강산의 참 맛을 더 느끼게 될 것이다.

　정양사를 가보지 못하는 아쉬움을 품은 채 나는 주지 청학스님에게 배재령
이 어디인지를 물었다. 주지스님은 능파루 지붕 너머 저 멀리를 가리키면서
오른쪽으로 움푹 들어간 능선이라 하였다. 그곳에 나의 시선이 머물기도 전

능파루(가운데)지붕너머 낮은 능선이 배재령/칠층석탑

에 아련한 그리움이 먼저
일었는데 통일이 되어 배재
령 고개를 넘게 되면, 그 옛
날 하얗게 빛나는 중향성을
법기보살의 현신으로 알고
자신도 모르게 엎드려 큰절
을 올렸던 고려 태조의

48) 송(宋)대의 문인 동파 소식(蘇軾)은 여산을 구경하고 시를 남긴다. "좌우로 둘러보니 등성이지만 고개를 옆으로
기울이면 봉우리다/ 멀고 가깝기, 높낮이 모두 틀리구나/여산의 진면목을 왜 모르는가 싶었는데/이 몸이 그 산속
에 갇혀 있기 때문일세(橫看成嶺側成峰, 遠近高低各不同, 不識廬山眞面目, 只緣身在此山中)."
'진면목'이라는 말이 나오는 시인데 사실은 그 안에 담긴 철리(哲理)적 취향이 핵심이다. 눈으로 보는 각도에 따라
달라지는 모습, 원근(遠近)과 고저(高低)가 서로 다른 산이 그려지고, 결국 산의 전체가 어떻게 생겼는지 모르겠다
는 것인데 부분에 갇히면 전체를 보지 못한다는 것이다.

마음을 느낄 수 있으리라. 그러나 오늘은 표훈사 대웅보전 앞에서 눈길로만 배재령을 넘고 선조의 시 한수로 마음 달래며 만폭동으로 발걸음을 옮긴다.

표훈사 表訓寺

허 균[49]

영롱한 금빛 푸른빛 무늬 숲속 끝자락에 나타나는데

전각은 넓은데 인적은 없고 저녁 종소리만 애잔하다

용 한 마리 하늘에서 내려와 술 취해 휩쓸고 지나간 자리 같다

굴뚝에 걸린 연기는 차가운 꽃구름일 뿐

절이 폐허되었다 다시 중수되니 이 또한 인연이라

노승의 신력이 하늘을 움직였나

연꽃 핀 곳에 구슬 궁전이 홀연 솟아올랐다

멀리 법기보살 웃으며 돌아본다

玲瓏金碧襯林端　　　廣殿無人夕磬殘

疑有龍天來酒掃　　　爐煙靆作矞雲寒

寺廢重新亦有緣　　　老師神力動諸天

珠宮忽涌蓮花地　　　相被曇無笑輾然

아차! 김삿갓이 시 짓기를 했다는 능파루는 내려오는 길에 올라볼까 한다.

---

49) 허균(許筠, 1569~1618), 호는 교산(蛟山), 조선 중기의 문신·문인

내금강문 들어서면 만폭동 초입

표훈사의 서편 측문으로 나가
수 십 미터 정도 올라가면 금강문
이다. 수천의 골짜기 물들이 모이
는 만천구역을 지나 온갖 폭포들
이 한데 모인다는 만폭구역으로
들어가는 것이다. 커다란 바위 두

내금강의 금강문

개가 이마를 맞대고 삼각형의 문을 만들고 있는데 골 안이 훤히 보인다. 그동
안 금강산 탐승 길에서 보아온 만물상의 하늘문, 수정봉의 수정문, 구룡연의
금강문과는 매우 다른 느낌이다. 이곳이 푸른 학이 둥지를 튼 청학대 밑이라
하니 햇살마저 푸르게 보인다.

내금강문을 들어서니 마치 대문을 지나 집안으로 들어서는 기분인데 특히
한 뿌리에서 두개의 나무줄기가 붙어 자라는 부부나무(전나무 연리지)가 주인
처럼 탐승객들을 맞아 준다. 집안을 살피듯 걷노라니 바위에 새겨진 글발 〈남
산의 푸른 소나무〉가 보이고 숲의 향기 또한 짙어온다. 애국가에도 나오는 남
산의 푸른 소나무는 북측에서는 어떤 의미일까 궁금하다. 금강천의 쉼 없는

금강대와 만폭동 초입

물소리와 숲속의 새소리를 들으며
한참을 걸어 들어가니 커다란 바위
가 벽면처럼 서있는데 윗부분 중앙
에 한자로 '志遠'이란 글씨가 눈에
띈다.

이 바위가 만폭동의 상징이라 할
수 있는 금강대(金剛臺)이고 그 앞
으로 펼쳐지는 풍경이 내금강의 절

경 만폭동 초입이다. 수많은 폭포들의 물길이 합쳐지는 곳이라 하여 만폭동이라는데 왼쪽으로 정양사를 휘돌아 넘은 원통골의 물과 오른쪽의 비로봉, 중향성, 보덕암 등 만천골의 물줄기가 합쳐지는 곳이다. 이곳 '영화담'의 맑은 물에는 만산의 진달래가 비친다하니 얼마나 아름다운 절경인지를 상상해 보시라.

그러나 처음 가는 탐승객들은 분간하는데 어려움이 있을 것이므로 좀 더 설명을 하면 골짜기를 가로막고 있는 듯한 커다란 바위에 '조선로동당만세!'라는 글발이 새겨져 있는 곳이 원통골 입구고 그 위로 '만폭교'가 금강대와 이어지고 있다. 만천골은 금강대 우측을 따라 탐승객들이 올라가는 탐승로 골짜기를 말한다. 만폭동은 얼마나 많은 사람들이 사랑하여 왔는지를 바위에 남겨진 흔적을 통해서도 알 수 있다.

드넓게 펼쳐진 새하얀 너럭바위가 바위인지 암각서(巖刻書)판인지 분간하기 힘들만큼 옛 사람들의 자취가 빼곡히 새겨져 있다.

만인만필(萬人萬筆) 만폭동은 심금강(心金剛)

만폭동에는 금강산 최고의 골짜기라는 뜻의 '봉래풍악원화동천(蓬萊楓嶽元化洞天)'이라는 양사언의 글씨가 너럭바위에 새겨져 있다. 바위마다 빼곡하게 새겨진 수많은 글씨들 속에서 한눈에 찾기는 어려웠으나 찾고 보니 세월 속에 바위가 깎여 희미해지긴 했어도 양사언을 본 듯 반가웠다. 하늘로 날아 가는듯한 양사언의 필체도 필체지만은 석공들의 솜씨 또한 예술이다. 또한 이곳에는 수천의 바위들이 빼어남을 자랑하고 수만의 골짜기물이 다투어 흘러 내린다는 '천암경수만학쟁류(千巖競秀萬壑爭流)'와 '만폭동(萬瀑洞)', '천하제일명산(天下第一名山)' 등 수많은 옛 사람들의 마음이 새겨져 있는데 '봉래풍악원화동천(蓬萊楓嶽元化洞天)과 천암경수만학쟁류(千巖競秀萬壑爭流)'라는 표현을 넘어설 수 있는 말은 없다는 생각이다. 만폭동의 절경을 집약한 최우수 작품으로 손색이 없다. 햇살 넘치는 초록빛 골짜기에서 경치에 취하고 물빛에 취하여 한동안 너럭바위에 앉아 있었다. 수정처럼 맑은 물이 연실 넘치고, 햇빛에 반사되어 섬광처럼 빛나는 새하얀 바위에 둘러싸인 채 초록이 뿜어내는 신선함에 눈도

만폭동 바위에 새겨진 선조들의 자취

마음도 참으로 행복하다. 그야말로 만폭동은 만인(萬人)들의 만심(萬心)이 만필(萬筆)로 새겨진 골짜기이다.

우리 선조들은 금강산에는 산금강(山金剛), 해금강(海金剛, 필금강(筆金剛)이 있는데 그중에서 가장 영원한 것은 필금강이라 하였다. 하지만 나는 여기에 심금강(心金剛)을 하나 더하고자 한다. 금강산은 대대손손 우리민족의 영원한 심금강이기에 오늘날 분단된 남과 북을 이어주고 있는 것이 아니겠는가.

만폭동 너럭바위에는 삼신산의 '신선'들이 떠나는 것을 잊고 바둑을 두었다는 '삼산국(三山局)'이라 쓰여 진 '바둑판'이 선명하였지만 발걸음을 재촉하는 분단일정은 바둑을 즐길 여유는 고사하고 촌각을 다투게 한다. 그래도 나는 잠시 만폭동의 너럭바위에 앉아 금강산 탐승 길을 되돌아보았다. 그동안 왕래하면서 경험한 것은 나의 마음이 진실한 만큼 북측 사람들도 진실하게 다가왔다는 것이다.

만남의 시간들이 쌓여가면서 굳이 말로 하지 않아도 배려하게 되었고 서로 잘살면 좋겠다는 생각이 마음에 자리했다. 금강산은 내가 좀 더 북측을 가까이 들여다 볼 수 있는 장소였고 북측 사람들 또한 남측 사람들을 보고 이해할 수 있는 곳이었다고 생각한다. 이제는 아름다운 백색과 비취빛의 계곡이 점

점 깊어지는 내금강 만폭동 속으로 발길을 옮긴다. 펼쳐진 만폭동 골짜기가 10km정도라 하니 걸음의 속도를 높여야겠다.

발걸음 속도 높이는 '분단일정'

금강대 만폭동을 떠나 부지런히 '묘길상'을 향하였다. 어차피 묘길상에서 되돌아 내려오면서 탐승하는 내금강 길이기에 올라가는 길에서 시간을 지체하기에는 마음이 급해진다. 부지런히 걷고 있건만 오늘도 나의 걸음은 꼴찌를 면하지 못한다. 그래도 가끔은 탐승객 무리를 만나기도 하는데 무심코 나무로 만들어진 출렁다리를 건너는 그들을 보면 긴장감이 생긴다. 왜냐하면 출렁다리가 노후 되어 입구마다 한꺼번에 5명 이상은 건너지 말라는 주의 표지판이 있기 때문이다. 나무다리는 금강산 자연의 일부처럼 잘 어울리기는 하지만 탐승객들이 많아지면서 다리의 안정성이 문제가 되고 있다. 남측 안내조장의 설명으로는 구조물 안전진단을 실시한 결과 수십 명이 한꺼번에 건너면 안전을 장담할 수 없다는 것이다. 보수 전까지는 안내문에 따라 협조하면 좋을 텐데 탐승객들은 별 신경을 쓰지 않고 건너다니고 있어 안전 불감증이 생각난다. 안전사고를 미연에 방지하고자 지금 금강산의 모든 나무다리가 교체 중인데 어떠한 모양으로 바뀔지는 모르나 금강산의 자연과 어울리는 튼튼한 다리였으면 좋겠다.

내금강 박석길

내금강의 박석길과 계단길을 오르고 내리며 걸음의 속도를 높여가는데 진주담과 보덕암이 인상적으로 한 눈에 들어왔다. 내려오는 길에 여유 있게 볼 것이다. 한참을 가노라니 마하연 터를 알리는 마하연 중건비가 보이는데 마하연과 묘길상의 갈림길이다. 마하연으로 먼저 갈 것인가, 묘길상으로 갈 것인가 고민하다가 되돌아와야 하는 일정이므로 묘길상을 택하였다. 다리도 무겁고 숨도 차다. 더구나 전날 세존봉 등반을 한 후라서 무척 힘이 들었다. 그런데 벌써 묘길상을 다녀오는 탐승객들이 많다.

"묘길상이 아직 멀었습니까?"

그들은 하나같이 말한다.

"다 왔습니다."

그러나 가도 가도 계곡만 이어진다. 호흡조절을 해가며 비취빛 물과 백색 바위 골짜기를 따라 한참을 오르니 고대하던 묘길상이다. 주황색 바위벽을 다듬어 새긴 고려시대의 거대한 불상이 단숨에 나를 압도한다.

영적 미소 '묘길상'

마애불 묘길상 앞에 섰다. 저절로 옷깃이 여며지고 숨소리조차 가다듬어 진다. 불상 앞 석등에 불 밝히는 이 없어도 부처님의 미소로 천지가 환하다. 나는 한동안 침묵으로 부처님을 바라보았다. 크기에 압도당하고 미소에 매료되었다. 한참을 지나고 나서야 부처님의 모습이 하나하나 마음으로 들어온다. 부처님의 얼굴(미소)과 두 손, 귀 모두에 우리선조들의 혼이 담긴 듯하다. 윤사국이란 사람이 썼다는 '묘길상'의 힘찬 필체도 거대한 명작이다. 부처님의 오른 손은 '시무외인'으로 내 불안한 마음을 없애 주는 것이고 왼손은 '여원인'으로서 소원을 들어준다는 의미라는데 이렇게 첫 만남부터 압도하는 묘길상 앞에서 나는 오직 하나의 소원만을 올렸다.

묘길상

"비로봉을 자유롭게 탐승하게 하소서."

탐승객들이 여기저기에서 절을 올리는데 무엇이 그토록 간절한지 일어날 줄 모른다. 함께 간 동료 김경욱은 삼배부터 올리고 있다.

비로봉 가는 길 금지 안내

묘길상에 감동한 나머지 소원이고 뭐고 무조건 삼배부터 올렸다는 것이다. 동료 현원일은 묘길상과 마음을 주고받는 듯 그 자리에 선채로 침묵하고 있다. 나중에 알고 보니 묘길상에서 우리민족의 얼굴, 우리민족의 미소, 통일의 미소를 보았다며 행복해 하였다. 이렇게 보는 이들의 감탄을 자아내는 묘길상에 대해 조선시대 유학자였던 윤휴(1617~1680)는 그의 금강산 탐승기『풍악록』에서 "바위 사이에다가 장육상을 조각해 놓았는데 이는 나옹의 작품이라고 한다. 아, 불도들이 허황한 짓들을 하여 이 명산의 맑은 운치를 모두 더럽혀 놓았으니 기탄스러운 일이다."라고 써 놓았다.

그러나 주체사상으로 무장된 북측에서는 윤휴와는 달리 이 마애불을 국보 제46호로 지정하였으니 넓게는 주체사상과 성리학의 관점에 대해 생각하게 된다. 또 한편으로는 오늘날 북측이 바위에 새긴 글발을 우리가 윤휴의 관점으로 보면서 명산의 맑은 운치를 모두 더럽혀 놓았다고 개탄하는 사람들도 있을 것이라는 생각이 들었다.

묘길상!

빗방울이 후둑후둑 떨어지는 속에서도 묘길상의 미소는 우리를 반갑게 맞는다. 그러나 그 미소는 오늘의 발걸음은 여기까지라는 한계를 우회적으로 알리는 듯하다.

사실 묘길상은 비로봉으로 오르기 전의 한숨을 돌리는 휴식 터이기도 한데 이곳에 '등산로가 아닙니다.' 라는 경계표시 하나로 비로봉 탐승을 허락하지 않는다. 다만 그 경계표시 뒤편으로 뻗어 나간 숲길로 6km를 더 오르면 비로봉이고 비로봉에 이르기 전 새하얀 바위꽃 중향성이 있다는 것을 마음에 그리고 있을 뿐이다. 즉 묘길상을 지나면 중향성이고 중향성을 지나면 비로봉인 것이다. 이 중향성은 옛날에는 금강산 전체를 일컫는 말이기도 하였지만 지금은 일정한 구역만을 중향성이라 한다.[50] 중향성은 바람과 구름과 나는 새 이외에는 그 누구도 내부를 들여다 본 사람이 없다하여 더욱 신비로움이 더해지는데 선조들의 탐승기를 보면 외금강의 만물상과 같은 이미지를 상상하게 된다. 그러나 소품반야경에 따르면 중향성은 바로 담무갈보살(법기보살)이 상주하면서 반야바라밀을 설법하고 계신 곳이다. 흔히 대승불교의 초기경전을 반야경이라 하는데 바로 그 법을 설하시는 분이 계신 곳이다. 그런데 오늘은 비로봉의 목전인 묘길상에서 발걸음을 접어야 하니 조만간 오늘을 웃으며 회고하게 될 것이다.

나는 묘길상 앞에서 선조들의 숨결에 감탄하였으며 묘길상 불상의 미소는 백제의 미소 서산마애불, 신라의 미소라는 신라와당의 얼굴, 신라와 백제의 미륵반가사유상의 미소, 석굴암의 부처님 미소와 함께 우리 민족의 미소라는 생각이 들었다. 여기에 여름이면 만개하는 금강초롱이 빛을 더하고 있으니 우리민족문화와 금강산의 1종 1속 희귀식물이 모든 탐승객을 반기고 있는 것이다. 이제는 왔던 길을 되돌아 마하연사 터를 향하여 달리듯 잰걸음을 옮겨야겠다. 내가 이번에도 하산 길 탐승객의 마지막 사람이기 때문이다.

---

50) 남효온의 유금강산기에는 신라 법흥왕 이후부터 중향성이라고 했다 한다.

마하연사! "뭣 하러 여기까지 찾아 왔는교?"

마하연사로 가는 길에 선조들이 남긴『금강승람』을 떠올려본다.

마하연(摩訶衍)

"마하연은 燭臺峰의 동남 산록의 높은 고대(高臺)에 있는 신라 문무왕 원년 승 의상(義相)이 창건한 선찰(禪刹)로 현재의 당우(堂宇)는 조선 순조 때 月松 禪師가 중수하였다 한다. 이 고대는 해발 846미터 지점에 위치하여 중향성 과 백운대의 빼어난 봉우리들을 뒤로하고 앞으로는 계류를 사이에 두고 법기 봉, 혈망봉, 관음봉 등이 나란히 늘어 있고, 오른쪽으로는 법륜봉, 사자암, 촉 대봉을 조망하고 왼편에는 칠성봉, 석가봉 등이 뾰죽 솟아 있어 실로 정토(淨 土)의 느낌이 있다."

마하연사 터

마하연사에 다다랐다. 조선 초 유학자인 이원(李黿)이 이곳에 왔을 때 (1493.5.)는 승려 8,9명이 벽을 보고 가부장을 한 채 참선을 하고 있었고, 양 식이 떨어져 승려들에게 달라고 하였더니 "올해는 어찌하여 양식 떨어진 선 비들이 많은지 모르겠다."며 내주었다는데 지금은 텅 빈 폐사지의 빈터 위로 가지런히 드러난 주춧돌만이 그 옛날의 자취를 말하고 있다. 조선시대 문인 이상수(1820~1892)는 마하연에 이르러서야 비로소 지금까지 본 것은 다만 집의 문간에 불과하고 이제야 대청마루에 올라섰다는 것을 알겠다고 하였는데 그를 매료시킨 것은 마하연사 북쪽의 암자 만회암에서 쇠줄을 잡고 오르는 백운대였다.

백운대는 마하연사 왼편으로 자리 잡은 칠성각에서 북쪽방향으로 개울을 건너 약 600m 정도를 가면 만회암터가 나오고 여기서 우측으로 접어들면 백운대라 한다. 나도 지금 내금강 명승구역 백운동에 들어온 것이다. 백운대는 내금강에서 손꼽히는 전망대로서 중향성과 묘길상의 절경이 한눈에 안겨 온다.

그런데 아직은 남측 손님들에게 개방되지 않아 오를 수 없고 보니 더욱 궁금하기 짝이 없다. 이렇게 말하면 방향감각이 나처럼 둔한 사람들은 동서남북도 구별하기 어려워 두리번거릴듯하니 조금 더 설명을 해본다. 금강산에서는 방향을 잘 익혀야 천하제일 절경을 제대로 감상할 수 있다. 마하연사 터를 등지고 뒤로 보이는 것이 촛대봉이고 앞에 보이는 것이 혈망봉이며, 혈망봉 옆으로 보이는 것이 보덕암이 있는 법기봉이다.

그리고 왼쪽으로 하얗게 빛나는 뾰족뾰족한 기암괴석이 고려 태조를 저절로 엎드려 절하게 만든 중향성이다. 특히 백옥 같은 중향성이 햇살을 받아 빛날 때는 신선세계가 따로 없는 듯하다. 마하연(摩訶衍)은 선방(禪房)으로 661년 신라 때 의상대사가 창건하였고 마하(摩訶)는 '대승(大乘)'을 의미하고 연(衍)은 넘친다는 것을 의미한다고 하니 이곳에서 많은 대승들이 나왔을 것이란 생각이 든다. 대승은 인간 전체의 평등과 성불(成佛)을 이상으로 삼고, 그것을 불타 가르침의 참다운 대도(大道)임을 주장(主張)하는 교리이다.

그러고 보니 마하연사는 성철스님이 계시던 곳이기도 하다.

'절구통 수좌'로 유명했던 성철스님이 1940년 전후 금강산 마하연사 선원에서 정진 중일 때 속가의 어머니가 고향 산청에서 천오백리길을 물어물어 찾아왔다.

"뭣 하러 여기까지 찾아 왔는교?"

"나는 니 보러 온 거 아이다. 금강산 구경하러 왔다."

성철스님의 짤막한 일화이지만 아들과 어머니의 깊은 마음이 전해져 온다.

오늘 마하연사 폐사지 터에 서니 성철 스님이 마치 나에게도 이렇게 묻는 듯하다.

"뭣 하러 여기까지 찾아 왔는교?"

그 후 마하연사는 점점 쇠락하여 갔는데 조선시대 말 화엄경을 깊이 깨달은 율봉스님(1738~1823)이 불법을 설파하면서 제자들을 길러내며 중흥시켰다고 한다. 그러나 율봉스님은 입적했을 때 자취를 보이지 않았다는데 이에 대해서 말년에 승려처럼 생활했던 추사 김정희는 다음과 같은 게송을 지었다.

꽃이 지면 열매가 있고

달이 가면 흔적 없네

꽃의 있음을 들어

달의 없음을 증명하리.

있음과 없음 사이가

실로 스님의 진짜 모습인 걸.

때 묻고 거짓된 사람들은

자취를 찾는데 집착한다.

내 자취가 있어서

어찌 세간에 머무르겠는가.

묘길상은 솟아 있고
법기봉은 푸르르네

　당시 고승이 입적했는데 아무런 영험이 없어서 말들도 많고 의심도 있었다고 한다. 이에 대해서 추사는 영험을 보이고 보이지 않는 것은 수행이력이나 각성의 경지와는 무관하다고 말하는 것이다. 꽃의 자취 있음을 들어 달의 자취 없음을 따지려는 시도는 무의미한 일이다. 묘길상이 높이 드러나고 법기봉이 선명히 떠올랐다는 것 자체만으로도 이미 율봉스님의 경지가 드러나고 있으니 마하연사에서 법기봉을 바라보며 추사의 율사시적게를 생각해 보게 된다. 이 율사시적게를 마하연에 새겼다 하니 어느 기둥엔가 새겼을 법한데 한국전쟁 시 모든 것이 불타 게송이 남았을 리 만무이다. 스님의 자취도 없고 추사의 시적게도 사라지고, 전쟁의 상흔만 남아 있지만 오늘도 묘길상은 솟아 있고 법기봉은 푸르다

　또한 이곳에서 빼놓을 수 없는 일화가 있는데 마하연 암자의 스님과 김삿갓의 시 짓기 내기이다. 당시 마하연의 스님은 당대의 뛰어난 문장가들과 어깨를 견줄만한 분이었다는데 단풍이 붉게 타던 어느 가을날 홀연히 김삿갓이 나타나 시 짓기 내기를 청하자 스님은 김삿갓을 아주 건방지게 생각하였단다. 생각 끝에 스님은 시 짓기 내기에 조건을 걸었는데 김삿갓의 응대가 졸렬하거나 유치한 글귀로 금강산을 욕되게 한다면 그의 이를 빼버리겠다는 것이었다. 시 짓기는 시작되었다. 스님이 전구를 떼면 김삿갓이 대구한다. 그런데 스님의 전구와 김삿갓의 대구가 호흡이 척척 맞았다. 속으로 감탄한 스님은 드디어 아끼던 마지막 구를 던졌다.

　　'달이 희고 눈이 희니

천지가 다 희고' (月白雪白天地白)

김삿갓이 제꺽 대구한다

'산이 깊고 물이 깊으니
나그네 수심도 깊다' (山深水深客愁深)

김삿갓의 이가 무사하였음은 물론이다.

이 일화는 북측에서 발행한 금강산 일화집에 소개되는 내용인데 금강산 탐승 길에서도 해설원 선생이 재미있게 들려준다. 금강산의 전설과 일화는 이렇게 자유로이 남과 북을 넘나들고 있다. 마하연사 폐사지 터 주변은 잡초들이 무성하지만 전경이 아늑하고 숙연하기까지 하다. 그런 분위기 탓인지 한국의 근현대 선불교를 일으킨 스님들은 모두 이곳을 수행처로 거쳐 갔다고 한다. 스님들이 불교에 정진하던 곳이었음을 알 수 있다.

53은 참회사상 그리고 뱀

마하연은 53칸이었다고 하는데 금강산은 53이라는 숫자와 인연이 깊은듯

칠성각

하다. 장안사도 53칸, 유점사도 53불인데 53불 사상은 참회사상이다. 참회사상하면 금강산에 발연사를 세운 진표율사를 생각하게 된다. 그런데 쏟아지는 포화에 흔적도 없이 날아간 마하연사 폐사지에서 우리는 오늘 무엇을 참회해야 할까. 나는 한마디로

천하절경 금강산의 아름다움 속에서도 면면히 내비치는 분단비극을 끝내기 위한 참회를 해야 한다고 생각한다.

마하연사 터를 마주하고 오른쪽으로 조금 더 오르면 탱화와 단청이 사라진 칠성각이 있다. 칠성각은 그 옛날 우리 어머니들이 자식을 점지해 달라고 정성을 빌던 곳이다. 그래서인지 주변에는 전나무 연리지들이 많이 자라고 있다. 칠성각을 돌아보니 이곳의 연리지들이 튼튼히 뿌리내리고, 사라진 단청과 탱화가 다시 모셔지는 날 또 다시 최고의 기도 도량처가 될 것이라는 확신이 들었다.

그러나 마하연사 터에서 생생하게 남을 일은 뱀을 본 것이다. 금강산은 너무 아름다워 뱀조차도 없다고 북측의 문헌에서는 말하고 있는데 그만 뱀이 출현한 것이다. 순간 동료 김경욱이 "뱀이다!" 소리치자 북측 해설원 선생이 놀라 "에그머니나."하며 우리 일행 쪽으로 온다. 그 광경을 본 동료 노시구 선생이 해설원 선생을 놀려 댔다. "뱀이 나타나면 관광객을 보호해야지 먼저 놀라서 나에게로 오면 어떻게 하냐"라고. 노시구의 말에 모두 웃음보가 터졌다. 사람들의 관심 속에 뱀은 마하연사 터 풀숲으로 몸을 감췄다.

내금강 물빛

아차! 뱀 소동에 그만 이곳이 금강초롱 집단서식지라는 것을 까맣게 잊었다. 이번에 꼭 사진을 찍었어야 했는데 언제나 한 가지씩은 잊고 오니 '다시 금강산에 가면 꼭 볼 것'의 목록이 늘어만 가고 있다.

맑고 밝은 내금강 물길 따라

마하연사 빈터를 떠나 한참을 계곡물소리도 없는 숲길을 걸어 내려왔다. 백운동을 벗어난 것이다. 다시 골짜기의 물소리가 들리니 이제부터는 우리 선조들의 탐승기에 회자되는 만폭동 구역의 명물인 담소와 폭포들과 벗하며 내려가는 길이다. 우리 선조들은 보통 내금강의 팔담(흑룡-비파-벽하-분설-진주-선-구-화룡)을 아름답다고 말하고 있으나 나는 오늘 백룡을 더 하여 아홉 담소(화룡-구-선-진주-분설-벽하-비파-흑룡-백룡)와 이야기를 나누며 내려갈까 한다. 내금강의 물길은 올라오는 길에서도 내려가는 길에서도 용의 이름을 딴 담소로 시작된다.

그러나 정신을 차리지 않으면 거기가 거기 같아 그냥 지나치기 십상이다. 더구나 선조들이 다니던 옛 길과는 반대로 내려가는 길이니 옛 선조들이 남긴 탐승기를 생각하다 보면 헷갈리기도 한다. 물론 사람에 따라 시대에 따라 선호하는 담소들이 다르기도 하지만 보통 팔담은 내금강에서 이름 있는 담소들을 일컫는다. 그러나 담소들을 하나하나 찾아보려 하기 보다는 만폭동의 경치를 전체적으로 조망하는 가운데 보아야 더 아름답다. 우리 선조들이 다니던 탐승로 끝자락 묘길상에서부터 내려오는 길이나 나에겐 만폭동의 시작이다.

(1) 용의 전설 화룡담

우선은 법기봉 줄기에 앉아 향로봉을 향해있는 사자바위와 책을 높게 쌓아 놓은 듯한 기암괴석 '장경암'을 찾으면 그 아래 개울 가운데에 자리한 '화룡담'

을 만날 수 있다. 향로봉은 진주담 부근 왼쪽 바위경사면에 한자로 '법기보살' '천하기절' '석가모니불'이라고 크게 새겨져 있는 봉우리이다. 천지조화를 부리는 화룡이 숨어살고 있다는 수심 3.3m의 화룡담은 전설과는 달리 항상 고요할 듯 얌전한 모습이지만 저러다가도 언제 용솟음칠지는 아무도 모를 일이다. 전설에 의하면 인도에서 법기보살이 사자 등에 대장경을 싣고 금강산에 와서 법기봉 장경암에 대장경을 쌓아놓고 자신은 그곳에 살고 사자는 화룡담 옆에서 살게 하였다. 그런데 법기보살은 대장경 읽는 데만 정신이 팔려 사자가 먹는지 굶는지 잊어버렸다. 배가 고픈 사자는 견딜 수 없어 그만 개울가에서 놀고 있는 용의 새끼를 잡아먹었단다. 그러자 노기충천한 용이 입에 불을 뿜고 사자와 일대 격전을 벌였으나 막상막하인지라 화룡은 꾀를 내어 사자의 뒷다리 하나를 뽑아 놓았다. 이를 안 법기보살은 남의 새끼를 잡아먹는 모든 짐승들에게 본보기를 삼을 것이라며 돌 한 개를 뽑아다가 사자의 뒷다리를 괴어주었는데 이것이 사자바위로 변한 것이란다. 그러나 용은 법기보살에게도 원인과 책임이 있다하여 불을 뿜어 법기보살을 돌로 변하게 한 것이 장경암이다.

이곳은 경치도 빼어나 '화룡담'이라고 새겨진 전망대에 오르면 동북쪽으로 백옥 같은 중향성이 보이고 남쪽으로는 만폭동의 담소들이 흰 비단 끈에 구슬을 꿰 놓은 듯 연달이 보인다고 한다. 1493년 5월 금강산을 탐승한 조선시대 유학자 이원은 이곳에서 목욕을 하고 만폭동에서 바람을 쏘였다는데 지금은 아쉽게도 접근금지이다. 역시 나의 분단일정은 여유로움을 허락하지 않는다. 이렇게 내금강에는 남북 공통의 기억이 풍부하면서도 문득문득 다름의 기억들이 생각을 깊게 만든다.

(2) 배를 닮은 선담과 거북 닮은 구담

화룡담을 지나 부지런히 하늘과 숲과 계곡과 바위들을 조망하며 정신없이

내려오다 보니 벌써 선담을 지난다. 배를 닮
았다는 선담은 세월이 흐르면서 자갈들이 담
소를 메워 배 모양이 일그러져있다. 그러니
까 우리 선조들이 작명해준 선담의 시대는
갔으니 이제는 다른 이름으로 불러줘야 할듯
하다. 잘 모르겠다면 소나무 한 그루가 마치
보초병처럼 서있는 담소를 찾아보시라.

구담(거북담)

선담에서 50m 정도 내려가니 고개를 쳐든 바위가 영락없는 거북 모양의
구담(거북소)이다. 그러나 미리 신경 쓰지 않으면 담소를 모두 지나치기 일쑤
다. 하기야 만폭동의 풍경을 만끽하면 되지 담소를 하나하나 찾으면서 내려
오는 것이 무슨 큰 의미가 있겠는가. 그래도 선조들이 금강산을 왕래하며 이
름들을 남긴 곳이니 옛 사람의 눈으로 탐승해 보고자 한다. 마치 성인이 되어
어린 시절에 다니던 초등학교를 가면 책걸상이 아주 작게 보이지만 그 당시에
는 아주 크고 멋있게 보였던 것처럼 느껴질지도 모른다. 그러나 지금은 탐승
길을 거닐다가 경치 좋은 곳에 앉아 금강수 한 잔을 나누며 북녘 사람들과 금
강산 이야기를 주고받는 것도 괜찮을 듯하다.

(3) 향로봉 법기보살과 쪽빛 진주담

구담에서 50~60m정도 내려오다 보면 오
른쪽 바위절벽 경사면에 '법기보살(法起菩
薩)' '천하기절(天下奇絶)' '석가모니불(釋迦
牟尼佛)'이라는 거대한 글씨가 새겨져 있는
데 향로봉이다. 불자들은 이곳에서도 합장을
하는데 새겨진 글씨를 사진에 담으려고 바

진주폭포 진주담

위에 올라가자 불자들이 내려오라고 한다. 이 글씨의 제작년도가 1947년이니 만약 우리나라에 한국전쟁이 없었다면 금강산의 찬란한 불교문화는 이어졌을 지도 모르겠다. 구룡폭포 바위벽의 '미륵불(彌勒佛)'이나 금강산의 이곳저곳 바위, 암자 등에 불교를 상징하는 이름들이 많이 있다. 보덕암이 있는 법기봉 중턱에도 사람모양 바위가 있는데 한 사람은 무엇을 가르치는 것 같고 또 한 사람은 다소곳이 가르침을 받는 것 같다. 그 옛날 스님들이 이것을 보고 법기 보살과 파륜보살을 떠올리며 법기암과 파륜암이라 이름지었다. 화엄경에 따 르면 법기(法起)는 금강산 1만 2천 봉우리마다 머무르고 있는 보살들의 우두 머리이고, 파륜(波崙)은 반야(般若)를 구하려고 7일 밤낮을 울며 곡했던 보살 이라고 한다. 향로봉을 찾지 못했다고 염려하지 마시라. 향로봉은 보덕암의 충성대에서 바라보면 바위절벽에 '우리나라 사회주의 제도 만세!'라는 커다란 글발이 새겨져있는 곳이다. 그러고 보니 바위에 새겨진 글발이 지형지물을 익히는데 도움이 되고 있다.

걸어 내려오다 보니 계곡이 깊어지고 단아한 느낌이 드는데 개울을 가로지 르는 너른 바위를 타고 얌전하게 흐르던 물이 바위 턱과 만나 진주처럼 부서 지는 폭포와 담소가 눈에 들어온다. 이름 하여 진주폭포·진주담이다. 외금 강 구룡연에 진주의 전설을 담은 '련주담'이 있다면 내금강에는 진주담이 자 리하고 있다. 쪽빛 물이 수정처럼 맑다. 군더더기 없이 단아하면서도 수심도 깊어 고요함마저 깃든 진주담이 나는 가장 마음에 든다. 그런데 우리 선조들 도 이곳을 가장 아름답다고 기록하고 있다. 물론 보는 사람의 마음과 계절과 수량, 시대에 따라 또 다른 담소가 더 아름다울 수도 있다. 조선시대 문인 김 창협은 그의 금강산 탐승기 『동유기』에서 벽하담이 가장 아름답고 화룡연이 가장 크다고 했다. 시간이 촉박하여 담소들의 개성과 아름다움을 충분히 느 끼지 못하고 내려가는 발길이 아쉽기만 하다. 진주담은 가파르고 수심이 깊어서인지 아예 사람의 접근을 제한하고 있다. 2007년 여름 접근 금지를 알리기 위해 담소 앞 너럭바위에 앉아 있는 안내 선생이 마치 생불처럼 보였다. 이후 접근을 허용하고 있다.

(4) 눈보라처럼 휘날리는 분설담

진주담을 뒤로 하고 100m 정도 내려오니 산중턱의 보덕암이 먼저 눈에 들어오지만, 보덕암으로 가는 출렁다리를 건너기 전 골짜기 상류쪽 왼편으로 경사지게 자리한 커다란 바위가 있다. 경사면 밑 옆으로는 여러 가지 모양이란 뜻의 '만상암'이란 글씨가 새겨져 있는데 이 만상암 오른쪽으로 있는 폭포와 담소가 분설폭포·분설담이다.

내금강 팔담 중에서 나는 '분설'이란 이름을 가진 이 폭포가 가장 궁금하였는데 막상 가서는 바위에 한참 앉아있었다. 힘차게 흐르는 물이 바위에 부딪치면서 눈보라 같은 느낌을 줄 것이라 기대하였는데 예상 밖이었다. 그러면 왜 '분설'이란 이름을 얻었을까. 북측 안내 선생에게 물으니 얼음처럼 차가운 계곡물이 바위벽을 내리 쫓으면 밑에서 맞받아 쳐 산산이 흩어지기 때문이라 하였다.

분설폭포와 분설담

이것이 삼복더위에도 눈보라처럼 날리면서 찬바람이 일어 분설폭포, 분설담이란 이름을 갖게 되었단다. 설명을 듣고 나니 그 느낌이 확 오면서 우리 옛 사람들의 세심한 관찰과 문학적 정서가 대단히 뛰어남에 놀라지 않을 수 없었다. 누구는 스스로의 관찰력과 감성으로 이름까지 지었는데 나는 설명을 들어야만 느끼니 내가 금강산의 진면목을 보려면 아직은 더 시간이 필요한 듯하다. 또 하나 빼놓을 수 없는 것이 분설담의 너럭바위 만상암에서 보는 자연절경이다. 소나무, 잣나무 숲으로 우거진 골에 동북쪽으로는 보덕암을 매달고 있는 법기봉이, 서북쪽으로는 대·소향로봉이 울타리가 되어 아늑하기 그지없고 얼굴만 내민 중향성도 볼수 있다. 아마 이곳의 자연경관을 둘러보지 않고 그냥 내려 왔다면 다시 금강산을 탐승해야 할 것이다.

이러한 계곡에 새겨놓은 북측의 글발이 '세상에 부럼 없어라' '김정숙 어머니 우리 어머니'이다. 모든 것을 떠나 이 골짜기에 참으로 잘 어울리는 노래라는 생각이 들었다. 나는 가끔 북측이 바위에 새겨놓은 글발들을 말하고 있다. 북측의 체제와 사상을 강조하는 것이 아니라 그들은 왜 그곳에 그러한 글발과 노래를 새겼고 무엇을 의미하는지를 통일을 지향하는 과정에서 소통의 기회를 가져 보라는 것이다. 공통점은 공유하고 차이점은 존중하는 문화를 만들어 가는 것이 평화·통일·공존의 삶을 사는 시대에 필요하지 않겠는가. 그렇지 않고 부정적인 차이점만을 부각시켜 쟁론한다면 이 땅에 진정한 통일은 어려울 것이다.

(5) 옛 기억 보덕암과 분단의 기억 충성대

사실 만폭동의 명물은 법기봉 중턱 바위절벽에 매달려있는 '보덕암'이다. 계곡을 가로지르는 출렁다리를 건너 200m 정도 돌계단을 오르면 구리기둥 하나에 모든 것을 맡기고 매달려 있는 조그마한 암자다. 암자의 지붕 높이는 주변 자연환경의 경계선을 넘지 않으면서

보덕암(뒤 향로봉)

우리나라 전통지붕 양식을 모두 갖추고 있다. 눈썹지붕, 팔작지붕, 맞배지붕, 우진각 지붕으로 마감한 것이다. 참으로 기막힐 정도의 예술적 감각이며 만폭동 절경이 한눈에 들어오는 명당이다.

보덕암은 고구려 627년에 세워지고 1675년에 고쳐지었다. 북측의 안내책자를 참고하면 보덕암의 구리기둥과 쇠줄은 1511년에 보수한 것이 지금껏 이어져 오고 있다 한다. 보덕굴로 올라갔다. 보덕굴 바로 위는 평지인데 그곳에 서보니 보덕굴의 파랑새 전설이 있을 만하다. 이곳 전망대를 북측에서는 충성대라 하는데 1981년 김정일 국방위원장이 다녀간 뒤로 붙여졌음을 그곳에 세워진 현지지도표식비를 통해서 알 수 있다. 충성대 앞에서 바라본 향로봉의 절벽에는 '우리나라 사회주의 제도 만세!'라는 글발이 녹음 속에서 뚜렷이 드러난다. 수려한 경관 속에서 옛 전설과 분단현대사가 공존하고 있다.

(6) 젊은 승려 회정과 파랑새

보덕각시와 회정이 주인공인 보덕암 전설은 아름다운 만폭동을 배경으로 전개되는 젊은 승려와 보덕각시의 사랑 이야기다. 어느 날 아름다운 보덕각시가 만폭동에서 사라지자 그 뒤를 쫓던 젊은 승려 회정을 보덕굴로 안내한 것은 파랑새였다. 보덕굴에는 불경이 있었고 회정이 나중에 깨닫고 보니 보덕각시는 관음보살이었다는 것이다. 결론은 회정이 이곳에 암자 하나를 짓고 훌륭한 스님이 되었다는 이야기인데 흔히 전설 속에서는 관음보살은 구도자를 사랑으로 타락시키고 다시금 사랑으로 깨달음을 주는 분이다. 전설처럼 금강산의 만폭동은 너무 아

파랑새가 날아갔다는 구멍(보덕암 내부)

름답기 때문에 여기서 곧잘 속세를 잊을 수도 있지만 사랑에 빠질 수도 있겠다는 생각이 든다. 한발 더 나아가 금강산은 우리로 하여금 새로움에 빠져 자신으로부터 벗어나게 하고 다시 우리를 새로운 깨달음으로 인도하는 능력도 지닌 듯하다.

보덕굴 안에는 파랑새가 회정을 안내하고 날아간 구멍이외에는 없다고 하는데 조선시대 남효온은 보덕굴에서 친구 김시습의 시문장과 단청을 보았다 하고 율곡 이이는 이곳에서 수도승과 대화를 나눈 것으로 보인다.

오늘 나도 파랑새를 쫓아 보덕굴에 들어갔다. 문을 열자 단청무늬 고운 천장이 드러나고 파랑새가 날아갔다는 구멍은 칠흑의 어둠속에서 선명히 드러나는데 구멍 밖 초록빛 배경 속으로 바람만이 넘나들고 있다. 보덕암의 작은 창문을 여니 "어머나!" 외마디만 나올 뿐 끝 간 데 모를 만폭동의 절경으로 이내 빠져들었다. 오늘 나의 파랑새는 북녘 사람이었고 그는 통일을 위해 기꺼이 보덕암의 문안으로 나를 안내하였다.

그곳에서 단청을 보았고 파랑새가 날아간 바위 틈새도 보았으며, 북녘 사람과 말도 하고 보덕암 창문을 통해 만폭동도 한눈에 보았으니, 언젠가 후세들이 금강산을 통하여 통일을 꿈꾸던 나의 이야기를 전설처럼 말하면 좋겠다. 그리고 나도 금강산과 사랑에 빠져 파랑새를 쫓게 되면 다다른 곳에 암자를 짓고 '통일암', '통일대'라 이름 지은 후 초입에 이렇게 새기련다. '금강산통일대' '우리나라 남북통일 만세!' 보덕암은 명당 중의 명당이고 자연과 동화된 우리민족 최고의 지혜가 깃든 건축예술이며 영적 장소가 아닐까 한다.

(7) 벽하담! 비파담! 검푸른 흑룡담!

보덕암을 내려오면서 탐승 일정에서 내금강의 맛을 느끼려면 보덕암을 먼저 오르는 것이 순서라는 생각이 들었다. 그래야 만폭동을 전체적으로 조망할 수 있기 때문이다. 다음에 오면 그렇게 하고 싶은데 정해진 탐승 일 정에서 독불장군이 될 수도 없는 일 이니 내금강 탐승을 하였다는 것에 의미를 둘 수밖에 없겠다.

흑룡담

분설담과 보덕암에서의 시간이 너무 지체되어 발걸음을 빨리 옮기는데 북측 안내 선생도 발걸음을 빨리 하며 금강산을 설명해준다. 분설담에서 20~30m 정도 내려오면 조선시대 문인 김창협의 탐승기『동유기』에서 가장 아름답다 한 벽하담이다. 감탄사가 절로 나오는 아주 아름다운 담소라고 밖에는 말할 수 없다. 오른쪽으로는 산의 절벽과 맞닿아 있어 더욱 운치 있는 벽하담은 이름에 걸맞게 낭떠러지에서 뚝 떨어지는 물줄기가 비스듬히 누운 너럭바위 위로 미끄러져 물에 잠기면서 물안개를 일으킨다. 탐승객들은 절벽에 수직으로 붙어서 새하얀 담소를 만들고 유난히 비취빛을 발하는 벽하담 앞에서 너도나도 사진 촬영을 한다. 그만큼 아름답다는 반증이다.

어느덧 벽하담을 지났다. 이곳을 지나 내려오다 보면 집채만 한 바위가 골짜기를 막 굴러내려 온 듯 딱 막아서 있다. 잘 보면 바위에 새겨진 이름들이 바로 보이는 것도 있고 거꾸로 보이는 것도 있다. 거꾸로 썼다 바로 썼다 한 것 같아 웃음이 저절로 나온다. 세월의 비바람을 벗하며 골짜기에서 몇 번을 굴러내려 왔을지 바위의 뒹군 역사가 그대로 묻어나는 '뒹군바위'이다. 이 바위를 지나면 비파처럼 생기고 폭포소리 또한 비파 같다 하여 이름을 얻은 '비파담'에 이르는데 지금은 자갈들이 쌓여 모양이 변하였으니 개량비파이다. 이제는 일반적으로 일컫는 내금강의 팔담중에 마지막 흑룡담이다.

비파담에서 30~40m 정도에 아래에 있는 흑룡담은 검은 바위 절벽이 그대로 물속에 비치고 있어 푸르다 못해 검은 빛을 띤 담소인데 첫 느낌은 '무섭다'였다. 20m 정도 구간에 깊이가 7.5m라는 이 담소는 주변의 녹색 그늘의 잔영들이 만들어 내는 흑진주빛 창조물 같은데 오늘처럼 햇살이 영롱한 날에는 신비롭지만 날이 흐린 날에는 무서움이 더 감돌 듯 하다.

이렇게 하여 나와 내금강 팔담과의 여정은 여기서 끝이다. 사실 내금강 팔담은 내금강의 중심을 동서로 횡단하는 만폭동 골짜기를 따라 천천히 올라가면서 그 자태와 주변 절경들을 여유 있게 감상하며 배재령을 넘어 서울로 돌아가고 싶은데 오늘은 현재 개방 탐승로의 끝자락인 묘길상에서부터 되돌아오는 탐승 길이다. 산 정상을 정신없이 숨가쁘게 올라갔다가 내려오면서 산세를 본 것이나 다름없을 듯하다. 색다른 탐승 길이었으나 우리가 자랑하는 세계 최고의 자연경관을 이렇게 서둘러 본다는 것이 참으로 안타깝다.

내금강 탐승은 마음보다는 다리가 더 급하여 후들거리고 현기증마저 일었던 탐승 길이었다. 하지만 참으로 특별한 추억으로 기억 될 것이다.

(8) 마지막 담소 백룡담과 몽양 여운형

흑룡담을 지나 조금만 더 내려오면 승려 회정이 사랑한 보덕각시의 모습이 비쳤다는 영아지가 있다. 이곳을 지나면 오른쪽으로 그리 크지 않은 바위에 '을축년 가을에 44살의 늙은이가 여덟 번째로 금강산에 들어와 지었다'는 시가 새겨져 있다는데 두 번째 탐승 길에서도 그만 지나치고 말았다. 방향을 잘못 짚었기도 하지만

백룡담 안내표시

막상 만폭동 골짜기에 들어서면 까맣게 잊는 것이 많아 사전 계획대로 되지

않기 때문이다. 백룡담을 지나서 왼쪽 벼랑 옆에 있는 시이다.

> '산을 즐기고 물을 즐기는 것은 사람의 보통 심정이로되
> 나만은 산에 올라 울고 물에 다다라 우노니
> 내겐 산을 즐기고 물을 즐기는 흥취가 없어
> 이 끝없는 울음이 있단 말인가. 아 슬프도다
> 을축년 가을에 44살 늙은이가
> 여덟 번째로 금강산에 들어와 짓노라'

이 시는 김시습이 썼다고도 하나 그의 출생연도와 비교해 보면 맞지 않는다는 것이 일반적인 견해다. 시를 쓴 주인공이 누구인지는 알 수 없으나 정당하지 못한 시대의 울분을 이곳에 앉아 눈물로 웃음으로 쏟아 낸 듯하다.

몽양 여운형은 이 시를 남긴 주인공에게 마음이 갔나 보다.

그는 한일합방조약 직후 추방령이 내려지자 조국을 떠나 독립운동의 길을 떠나면서 이곳에 들른 것으로 전해진다. 외국으로 망명을 하게 되면 다시 돌아오지 못할지도, 죽을지도 모른다는 생각에 천하의 명산 금강산을 보아야겠다고 생각했던 것일까? 여운형은 1910년 봄에 남궁억의 초청으로 강원도 강릉의 초당의숙(草堂義塾)에서 청년 교육에 전념했으나 반년만에 이른바 경술국치(庚戌國恥)로 학교는 폐교 당했다. 그 때 일본 경찰서에서 일본 연호를 쓰라고 강요했지만 몽양은 거부하고 서양연호를 썼다고 한다. 그러자 경찰서에서 추방령이 내려졌고 그는 망명에 앞서 금강산을 거쳐 왔던 것이다.

몽양 여운형은 가을에 금강산을 찾았는데 몽양의 가슴 속에는 일제에게 빼앗긴 내 나라, 내 조국을 기어이 찾으리라는 비장한 각오와 결심이 금강산의 드높은 산악처럼 억세게 솟아올랐다고 몽양의 딸 여연구는 아버지를 회상하

였다. 시를 쓴 44살 늙은이와 이곳에 들른 여운형의 슬픔이 같았을 것이라 생각하며 백룡담을 지난다.

시간이 없어 빠른 걸음을 옮기니 북측 안내원의 설명도 빨라져 보덕각시가 세수를 하였다는 '세두분'과 수건을 걸어놓았다는 '수건바위' 등으로 이어진다. 그러나 자연보다는 사람들이 만들어낸 전설이 더 아름답다. 어느덧 만폭동 초입이 보인다. 그런데 골짜기를 딱 가로막고 있는 듯한 바위 앞에 푸른 담소가 있다. 청룡담이다. 만폭동 담소는 용 이야기로 시작하고 용 이야기로 끝난다. 청룡, 백룡, 흑룡, 화룡이 굽이굽이 자리를 틀고 앉아 있으니 말이다.

하산 길 표훈사 능파루에서

이제 보덕각시 전설과 만폭동 금강대 너럭바위를 지나 다시 금강문으로 향한다. 금강대에서부터 약 800m 정도이다. 금강문을 향하여 서둘러 가는데 전나무 연리지인 '부부나무'가 '갈라져 살아도 남과 북은 한 뿌리'라며 아쉬운 작별을 고하고 있다. 나는 부부나무 앞에서 잠깐 머물렀다. 이제 내금강문을 나와야 한다. 들고 날 때의 마음이 이렇게 다를 줄을 몰랐다. 들어갈 때는 서둘러

표훈사 어실각에서 본 능파루

들어갔는데 나올 때는 아쉬워 자꾸 자꾸 뒤돌아보며 발걸음을 늦추고 있다. 소박하면서도 단아하게 항상 문을 활짝 열고 남북이 함께 묘길상의 미소에 답하고, 비로봉을 함께 오르는 날을 기다리며 천년 비바람을 버텨낸 금강문이라는 생각이 든다.

아차! 또 잊었다. 금강문 옆에 1종 1속 금강국수 나무가 만개한다는데 그것을 생각할 겨를도 없이 표훈사까지 왔다.

표훈사의 법당 문도 닫혀있다. 남녘의 불자들은 모두 내려가고 사찰은 고요하다. 장수샘가에 몇 명의 탐승객들만이 목을 축이고 있고 북측의 스님들은 탐승객들을 배웅한다.

우리가 내려가면 그분들도 퇴근을 할 것이다. 청학스님과 진각스님에게 멀리서 합장으로 예를 올렸다. 이 순간 어느 누가 우리들의 모습을 보고 분단 민족이라 생각하겠는가. 스님과 합장 후 사람들이 빠져나간 능파루에 조용히 혼자 올랐다. 능파루에 오르니 지금까지 헤치고 나온 물소리와 숲 내음, 바위 형상들이 모두 스쳐지나간다. 예불하듯 내금강 탐승 소감을 한 문장으로 읊조린다. '통일은 이미 우리들 마음속에 와있고 금강산이 그 배경이다.' 표훈사의 풍경소리는 먼 길 떠나는 남녘 손님들을 배웅하는 듯 뎅그렁 거리고 있다. 능파루를 내려오니 사찰 입구 도라지꽃이 마음을 끈다. 내가 좋아하는 도라지꽃이 이곳에도 피었다.

함영교 건너 내금강에서의 점심

이제는 내금강에 북녘 동포들이 채취한 곰취쌈이 나온다는 점심 식사 장소로 향한다. 점심식사는 표훈교 건너에 천막을 쳐 만든 간이식당에서 한다. 표훈교보다는 그림자가 물에 잠긴다는 함영교라는 옛 이름이 훨씬 더 운치 있으나 지금은 콘크리트 다리일 뿐이다. 기대하던 점심은 꼴찌로 도착한 연유로 반찬도 거의 남지 않았다. 그렇지만 즐

함영교

겁다. 몇 잎 남은 곰취 쌈과 된장이 미각을 돋우고 평양막걸리가 피로를 풀어 준다. 한식 뷔페로 북측 사람들이 준비한 점심인데 그들의 수고로움이 반찬 하나하나에 배어있다.

교통도 불편한 이곳까지 300여명 분의 점심을 운반하느라 고생이 많았을 것이다. 여기저기 탁자에 탐승객들이 다 먹지 못하고 남긴 음식들이 금강산의 비경과 대조되어 아쉽다. 후식으로는 표훈사 배를 사서 맛있게 먹었다. 역시 과일은 자연에서 농익어야 제 맛이다. 점심을 먹은 후 나는 동료 노시구와 함께 북측 된장을 한 병씩 샀다. 이제 부터는 걸어서 장안사 터까지 가는 탐승 길이다.

백화암의 서산대사와 편양당 언기 그리고 시심마(是甚麼)

점심을 먹은 후 3분 정도 걸어 내려오니 전나무 숲 사이로 백화암 터 부도밭이 있다. 이곳은 고려시대 도산사라는 절이 있던 곳이라는데 그 자리에 백화암을 세웠고 서산대사 등 4개의 비석과 5개의 부도가 있다. 백화암 부도밭에는 1949년에 북측에서 세운 '백화암 부도' 안내비가 있는데 "서산대사와 사명당은 비록 중이었으나 왜적의 침략을 물리치는 투쟁에서 큰 공을 세워 인민들 속에 널리 알려져 있으므로 잘 보존해야 된다."라고 씌어져 있다.

백화암 부도

부도밭에는 비석이 셋이 있는데 휴정, 편양당 언기, 풍담의심스님의 것이다. 휴정의 제자가 언기이고 언기의 제자가 풍담의심이라 한다. 법보신문에 의하면 백화암 비석은 휴정 선사의 법통을 이은 언기 스님이 주축이 되어 세운 비로 알려져 있는데, 흥미로운 것은 휴정 선사가 입적

하자 적손인 언기스님이 당시 대표적 문인이자 휴정 선사와도 친분이 가까웠던 월사 이정구에게 비명을 청해 여기에 세웠고, 그 옆에 자리 잡은 언기스님의 비는 월사의 아들 백주 이명한이 썼다고 한다. 출세간의 사제(師弟)와 세간의 부자(父子)간에 맺어진 인연이 석비가 되어 서 있는 것이다.

서산대사와 그의 제자인 제월당, 취진당, 편양당, 허백당, 풍담당의 부도들이 아주 아름답게 느껴졌는데 스님들의 무덤이라 할 수 있는 부도군이 오늘처럼 아름답게 느껴진 적은 없다. 북측 해설원들의 설명에 의하면 반대편에 따로 서있는 것은 사명당의 제자들 것이라 한다. 서산대사의 제자 중 그의 호국사상을 이어받은 스님은 사명당이지만 그 불도를 이어받은 스님은 편양당 언기라는 말을 들은 적이 있다. 아무리 호국불교라고 해도 창검을 들고 왜군을 살상한 사명당이 불도를 이을 수는 없는 것이었을까.

그러면서 몇 가지 의문이 생겼다. 그것은 승병활동이 과연 조선 불교를 중흥하게 되는 계기를 만들었느냐 아니냐 하는 것과 호국불교라는 것이 과연 불교적인 것인가 유교적인 것인가 하는 것이다. 그리고 북측에서는 주체사상이 강화되면서 불교나 기독교 등 모든 종교에 대해서 부정적인 서술을 하는 와중에서도 서산대사나 사명대사에 대해서는 평가를 달리하고 있다. 그러나 여기 부도 밭에서 보듯이 서산대사의 선맥은 승병활동을 하지 않은 편양당 언기에게 이어지고 다시 언기의 제자인 풍담의심에게 이어져 이 세분의 비문과 부도가 전해지고 있다. 그러고 보니 불교의 영생과 호국의 영생은 다른 것인 듯하다.

편양당 언기는 양치는 스님이라는 매우 온화한 이미지를 가지고 있으며 금강산에서 수행했던 분이라고 한다. 이 스님은 '이 뭣고' 즉 시심마(是甚麽)를 화두로 들고 살았다고 하는데 아마 다른 사람들에게도 시심마를 자주 화두로 던졌나보다. 이 시심마의 유래는 중국의 남악회양선사에서 나온 것으로 원래는 '습마물(什麽物)임마래(恁麽來)' 즉 '무엇이, 왜 왔는가?'라고 한다.

사실 '왜 왔는가'보다 근본은 '무엇인지'가 핵심적인 문제일수 있다. '이 뭣고' 선(禪)의 화두(話頭)도 원래는 여기가 연원이다. 1970년대에 많은 사람들에게 희망을 주던 송광사의 구산스님도 이 화두를 던졌다고 하는데 구산스님뿐만 아니라 우리나라 현대

백화암부도 설명

불교사에서 이 화두는 매우 활약이 많아 보인다. 어찌 보면 시심마는 시대의 아픔을 안고 있는 말인 듯하고 또 시대의 아픔을 안고 있는 우리 자신에 대해 묻는 것 같다. 시심마의 시(是)는 곧 자기 자신을 뜻하는 것이 되었고, 시심마란 본래의 나란 도대체 무엇인가라는 의미가 담긴 화두다. 그러나 나는 무엇이고 왜 여기에서 살고 있는가. 그리고 나는 어떻게 살다가 갈 것인가 등을 한꺼번에 묻는 이 화두에 답할 수는 없다.

구산스님의 시심마에는 분단과 한국전쟁, 그리고 유신체제의 상처가 스며 있다는 생각을 해 본다. 그래서 그 시(是)는 단지 나를 뜻하는 것이 아니라 우리를 포함한 나로 받아들여진다. 나는 그 이상을 깨달을 수는 없다. 우리 모두가 시심마를 일시에 함께 화두로 삼으면 이 화두를 깨칠 수 있을지 모르겠으나, 시심마의 시(是)를 나로 생각하는 한 시심마 화두를 깨칠 수 없다는 것이 나의 생각이다.

삼불암의 김동거사와 나옹선사

백화암 부도 밭에서 수분 정도 걸어 내려오니 삼불암이다. 삼각형 모양의 바위가 마주보고 있는데 마치 열어놓은 대문 같다. 여기에 불상들이 새겨져 있는 것이다. 바위의 한 면에는 60불이 새겨져 있고 다른 한 면에는 삼불이

삼불암

새겨져 있다. 특히 60불 중 네 번째의 부처님 귀가 없다고 설명하는데 세월의 풍상은 조각상의 귀뿐만 아니라 모든 것을 희미하게 만들어 놓았으니 애써 귀 없는 부처를 찾을 필요는 없을 듯하다. 또한 마주하는 바위에는 책 병풍이 새 겨져 있는데 장안사 터 쪽으로는 '장안사지경처'가 표훈사 쪽으로는 '표훈동 천'이라고 새겨져 있다. 아마도 그 옛날 장안동과 표훈동을 나누는 경계석으 로 보이는데 삼불암으로 부르고 있다.

삼불암은 삼세불(과거, 현재, 미래불)로서 오른쪽으로부터 미륵불, 석가불, 아미타불이라 하는데 표정들이 중생을 향해서 미소 짓고 있는 표정은 아닌 듯 하다. 같은 골 안에서도 묘길상처럼 사람을 편하게 해주는 부처가 있는가 하 면 삼불암처럼 불편한 심기를 드러낸 듯한 불상도 있다는 것이 흥미롭다. 고 려후기 이런 모습의 불상은 그 시대 민중의 마음을 반영한 것은 아니었을까. 이 삼불암은 나옹선사의 작품이고 뒤편에 새겨진 60불은 김동이라는 거사가 새긴 것이라는데 내금강에는 나옹과 연관된 사적이 많이 있다.

흔히 고려말 유불교체기에 불교를 중흥시키려고 했던 스님으로 나옹과 보 우가 많이 거론되는데 특히 나옹은 금강산과 관련이 깊고 그의 스승인 지공도 금강산에 머물렀다고 한다. 아마 삼불암의 전설은 나옹의 불교혁신에 반대했던 무리들과의 갈등을 묘사한 것으로 보인다.

여기서는 나옹이 김동을 이겨 그 결과 김동이 울소에 빠져 죽은 것으로 전설이 만들어졌지만 실상은 그 후 나옹은 반대세력에게 쫓겨 가다가 신륵사에서 열반한 것으로 알려지고 있다. 나옹스님이 불교의 중흥을 내걸고 중창한 것이 양주에 있는 회암사인데 지금은 폐사지 터만 남아 있으니 나옹의 죽음과 함께 회암사도 사라진 것이다. 삼불암 사연이야 어떠하든 이곳의 조각 작품들의 결과가 울소의 전설을 낳았다.

삼불암에도 '三佛岩'이라는 직암 윤사국 (直庵 尹師國, 1728~1809)의 글씨가 새겨져 있다. 윤사국은 조선 후기의 명신, 명필이었는데 '묘길상'도 쓴 사람이다. 아마도 강원도 관찰사로 봉직할 때인 1790년 무렵에 새긴 것이 아닌가 추정되는데 그는 장안사의 여러 건물들도 중축했다고 전해진다.

신을 맞는 영선교와 꺼이꺼이 우는 울소

삼불암을 뒤로 하고 내려오니 콘크리트 다리하나가 있다. 신을 맞는다는 영선교이다. 물론 옛날부터 운치 없는 콘크리트 다리는 아니었을 것이다. 영선교에 올라 전후좌우의 풍경을 바라보면 첩첩산중의 봉우리들이 골짜기의 깊이를 더하고 햇살 넘치는 녹음은 아름답기가 그지없다. 영선교를 건너 조금 내려오니 오른쪽으로 표훈사 마을 터가 있고 배재령에서 넘어 오는 길이 있다. 참으로 운치 있는 옛 길이다. 골짜기를 휘돌듯 내려오면 약간 길이 넓

울소와 시체바위

어지면서 녹색 물빛의 담소가 깊이 내려다보이는데 김동이 빠져죽었다는 울소이다. 슬픈 전설과는 달리 첫 느낌은 아주 아름다웠다. 비장미가 가장 아름답다는데 그런지도 모르겠다.

울소는 수량이 좀 풍부한 가운데 가만히 들어야 이름값을 할 듯하다. 물이 이렇게 졸졸 흘러서야

천리마 부각상과 속도전 표식비

어디 꺼이꺼이 하던 김동의 울음소리가 들리겠는가. 울소 앞에는 김동이 죽어서 바위가 되었다는 시체바위와 아버지의 죽음을 슬퍼하다 개울가에 나란히 엎드린 채로 굳어버린 아들 삼형제 바위도 오늘은 모두 개울가의 돌에 불과하다. 그런데 2008년 5월 탐승 시는 지난해 장마철에 그만 김동의 시체바위가 떠내려가다 한 바퀴 굴렀는지 뒤집어져 하늘을 보고 있었다.

이러한 전설의 골짜기에서 또 하나 눈에 띄는 것은 북측이 새겨놓은 3대혁명 부각상과 '속도전'이라는 글발이다. 속도전은 한국전쟁 후 북측이 사회주의 건설에 박차를 가하고자 전개한 전 인민적 운동이다. 3대혁명 부각상에는 천리마가 조각되어 있는데 울소의 전설을 바꿀 듯이 힘차게 달리고 있다. 아마 사회주의 건설을 위해 천리마처럼 속도를 내자는 의미가 담겨져 있는 듯하다.

이 부각상이 새겨진 봉우리가 석가봉(946m)인데 석가봉 끝자락 거대한 통바위가 만천개울에 수직으로 몸을 담그고 있는 곳에 조각을 하였다. 나는 북측이 금강산에 새긴 글발들이 남쪽 탐승객들에게는 어떤 의미로 다가올지 가끔 궁금하다. 생각이야 각자의 몫이겠지만 이 글발들은 북측의 역사로서 남

측과 다른 부분이다. 앞서도 여러 번 언급했지만 남북 간 평화는 다름을 이해하고 인정하는 것이 서로의 차이를 넘어 소통의 계기를 만드는 가장 좋은 방법이라고 생각한다.

장안사 빈터에 서서

(1) 옛 사람이 본 장안사

『금강승람』의 우리 선조들이 본 장안사 풍경이다.

"長安寺 푸른 비취빛의 정정(亭亭)한 노송그늘로 느린 걸음을 옮기어 산꼭대기에서 떨어져 솔잎을 씻고 지나가는 바람소리가 물 흐르는 계곡을 달음질치며 속살거리는 물소리는 시끄러움 속에서도 정숙하기 그지없다. 좀 더 가다가 어떤 산문(山門)에 이르게 되니 들어가 보면 운성문(雲性門), 나오다 보면 유일문(唯一門) 이라 하였다. 이 문을 지나면 장안사 앞 시내로 나온다. 자연석(自然石)으로 된 교각(橋脚)은 아담(雅淡)하기 짝이 없으니 이것이 만천교(萬川橋), 다리 위에 우두커니 서면(佇立) 누구나 금강산 속에 있는 자기를 발견한 듯하다. 나무 수풀 사이에 숨어있는 금전화각(金殿畵閣), 이것을 다정히 껴안은 수려(秀麗)한 산수의 자태(山容水態)... 만천교를 건너 만수정(萬秀亭)(수정문-水晶門)을 지나면 금강산장안사(金剛山長安寺)라고 크게 쓴 현액(懸額)이 있고 현액 양옆에 임제종제일가람(臨濟宗弟 一伽藍)의 편액(扁額)을 건 하나의 누문(樓門)이 있고 이 루문 밑으로 들어가 돌아보면 난간 아래에 범왕루(梵王樓)라는 편액이 보인다. 루 바로 곁에는 범종문, 오른편에는 대향각(大香閣), 왼편에는 극락전(極樂殿) 막다른 것이 장안사 본 전(殿) 즉 대웅전(大雄殿)이다. 현재에는 육전칠각일문(六殿七閣一門)으로 장경(長慶), 안양(安養), 지장(地藏), 영원(靈源) 등 말사(末寺)를 가지고 금강산 중 사대찰(四大刹)의 하나이다."

(2) 장하던 금전벽우 폐허에 서린 회포

　삼대혁명 부각상을 지나니 무성한 전나무 숲길이 더 깊어지고 물빛도 유난
히 맑고 푸르다. 이곳이 바닥에 청석이 깔려 있어 물빛이 푸르다는 '벽류(碧
流)'이다. 개울물도 푸르고 수백 년 아름드리 전나무 숲도 울창하여 저절로 자
연과 하나가 되는 탐승 길이다. 어느 덧 마지막 탐승지 장안사 터에 다다랐
다. 첫 느낌은 드넓다는 것이고 그 다음은 쓸쓸하다는 것이다. 조선 후기 유
학자인 김창협(1651~1708)은 철이령을 넘어 장안사에 와서는 크고도 화려하
며 금벽이 찬란하다고 하였고, 유학자 성제원(成悌元, 1506~1559)은 집이 크

장안사 터

고 아름다웠으며 화려한 단청은 눈을 빼앗
았다 하고, 이원(李黿, ?~1504)은 장안사
전각안의 사면에 일만 이천 불상을 보았다
고 하였다. 뿐만 아니라 금강산 탐승을 마
친 사람들이 들르면 장안사의 스님들이 환
영하고 위로도 하였다는데 지금 내 앞에는
드넓은 빈터에 활짝 핀 개망초만이 가득하
다. 나야말로 울소의 김동처럼 꺼이꺼이 빈
터의 풀밭에서 비감에 젖은 가슴속의 눈물
을 흘리고, 어느 노스님이 이곳에서 구성
지게 불렀다는 황성옛터의 '폐허에 서린 회
포'만을 느끼고 있다. 나는 먼저 눈으로 장
안사 경내를 한 바퀴 휘돌아 보았는데 서쪽
저편 끝에 서있는 부도에 눈길이 머물렀다.

장안사 무경당부도

지금은 장안사 터의 주인이다. 그것은 '무경당부도탑'이라는데 주인공이 누구
인지 알 수 없다는 뜻이라니 더욱 비감하였다. 나는 한참 동안 그 자리에 선
채 그 장엄하고 화려했던 장안사를 우리 옛 선조들의 눈을 빌어 마음으로 모
두 복원해 나갔다. 하지만 눈을 뜨자 텅 빈 허허 벌판이니 그냥 눈을 감고 옛
선조의 시 한 수로 마음을 달래본다.

장안사 長安寺

성현[51]

푸른 안개는 골짜기 시내를 깊게 두르고 세워진 부도는 만겁에 전해지다

소나무 잣나무 고개 들어 산위의 해를 가리고 대통으로 흘러나오는 샘물소리

부처님 설법 숨겨졌다가 일어나 깊은 절을 열고 등불 밝아 끝없이 대천세계 비춘다

불경소리 잦아들고 온갖 중생 잠들 때 앉아서 바라보네 절벽위로 오르는 달을

煙霞深鎖洞中川　　設利浮圖萬劫傳

松檜仰遮山上日　　竹筒流引石間泉

轉輪藏動開深殿　　無盡燈明照大千

梵唄聲殘群動息　　坐看凉月陟層巔

맑은 가을 달빛에 어리는 내금강의 절경 속을 거닐었을 허백당이 한없이
부러웠으나 나도 오늘 음력 유월 열나흘의 낮에 나온 하얀 달을 장안사 터에
서 보았으니 그것으로 위로를 삼고자 한다.

　장안사에도 53불을 모셨다고 하는데 금강산만의 독특한 불교신앙은 바로
법기보살신앙과 53불신앙이다. 앞서 말했듯이 법기보살은 반야사상이며 53

---

51) 성현(成俔, 1439~1504). 호는 虛白堂, 조선 초기의 학자.

불신앙은 참회사상이다. 그러나 한국전쟁 때 미군의 초토화 작전으로 우리나라의 법기보살신앙과 53불신앙도 불길 속으로 사라지고 말았다. 53불 부처님의 명호는 모르지만 그 참회사상은 지금도 사찰에서 매일 이루어지는 예불 시간에 천수경이 독경되고 53불은 천수경속에 12불로 남아 있는 것으로 보인다. 이제 와서 우리 민족이 반야사상이나 참회신앙을 통해 분단의 비극을 끝장낼 수 있는지는 두고 봐야 하겠지만 나는 가능한 길이라는 생각이 들었다. 진정으로 남과 북이 함께 과거를 참회하고, 함께 이해하기 위해서는 중도반야지혜를 갖는 일일 것이다.

장안사 터에서의 북측 해설원 엄영실 선생의 설명이 청산유수다. 어떤 탐승객은 장안사 터에서 '장하던 금전 벽우'로 시작되는 홍난파 작곡 이은상 작시의 '장안사'를 불렀다. 당시에 이은상은 애국적 관점에서 금강산에 오르고 식민지화된 조국의 현실을 장안사로 읊고 식민지 현실에 부합해서 사는 삶을 배격한다는 의미로 '금강에 살어리랏다'를 썼다. 이 두 가지 시조에 음악가 홍난파가 곡을 붙인 것을 우리는 무척 많이 불렀다.

노래 가사에는 '장하던 금전벽우 찬재 되고 남은 터에 이루고 또 이루어 오늘을 보이도다. 흥망이 산중에도 있다 하니 더욱 비감하여라'하였는데, 이은상은 역사 속에서 장안사가 화마(火魔)에 휩쓸리기도 하였지만 다시 금강산에서도 가장 아름다운 절로 살아난 것을 노래하면서, 조선이 다시 일어서기를 꿈꾼 것이 아닐까한다. 이은상이 가슴으로 노래했던 장안사가 완전히 폐허가 된 것은 한국전쟁 당시였으니 지금 탐승객들이 이 폐허에서 장안사를 부르는 것은 이 폐허를 딛고 또 다시 일어서리라는 마음에서였을 것이다.

참! 장안사 터에서 놓치면 안 될 것은 금강산의 봉우리들이다. 옛날에는 장안사의 선당에 서면 앞 기둥 사이로 여러 봉우리가 다투어 난간에 가득 찼다고 하는데 지금은 정해진 시간에 마음조차 서둘러져 선당자리조차 어디가 어던지 가늠하기 어렵다. 그러나 장안사 터에서 비로소 외금강의 봉우리와 내금강의 봉우리가 현저하게 다르다는 것을 알 수 있다. 외금강이 하나하나의 봉우리들 보다는 집선연봉, 관음연봉, 만물상처럼 집단적인 아름다움을 보여주고 있다면 내금강의 봉우리들은 그 하나하나가 개성과 독립성을 드러내며 서로를 자랑하듯 한다. 각자의 빼어남을 간직한 것이다.

장안사 터를 등지고 개울 건너편으로 눈을 들어보면 장경봉, 지장봉, 석가봉이 보인다. 특히 지장봉에는 금강국수나무가 집단 서식하고 있다는데 아직은 갈 수 없다. 이러한 풍경의 중심에 자리 잡은 장안사가 잘 보존되었다면 금강산의 아름다움 중의 하나인 건축미가 찬란하게 빛났을 것이라는 생각이 들었다.

장안사!

그 빈터만으로도 아름답고 장엄함이 살아오는 이 느낌을 어떠한 말로 표현해야 다 담아낼 수 있을까를 고민할 때 조선시대의 선비 신좌모의 싯귀가 마음을 파고든다.

장안사 長安寺

신좌모[52]

우뚝우뚝 뾰죽뾰죽 괴상하고 기이하여

사람인지 신선인지 귀신인지 부처님인지 아리송하네

지금껏 시 쓰는 일 금강산 위해 아껴왔는데

금강산에 와서는 시 쓰는 일 그만두어버렸네

矗矗尖尖怪怪奇　人仙鬼佛總堪疑

平生詩爲金剛惜　及到金剛便廢詩

아하! 신좌모는 금강산을 보고 시 쓰는 일을 그만두었다는데 나는 금강산을 보고 글을 쓰고 있으니 나의 마음에는 분단시대에 대한 깊이모를 안타까움이 많은가 보다

그 옛날 육당은 장안사를 보고는 아무리 보아도 싫증이 나지 않는다며 금강산을 '조선신' '조선심'의 물적 표상, 조선정신의 구체적 표상이라 하였는데 나는 오늘 장안사 빈터에서도 우리 옛 선조들의 그러한 마음들을 모두 느낄 수 있었다. 그리고 그 마음들을 화폭에 담은 조선시대 화가 겸재 정선이 생각난다. 겸재 정선은 남과 북에서 모두 사랑받는 화가인데 중국화풍을 벗어나 조선성리학을 토대로 하는 조선고유의 진경산수화[53]를 금강산에서 시작하였다. 우리의 산천을 우리의 생각, 우리의 시각에 의해서 우리식으로 표현하는 진경산수화를 그리면서 겸재화법을 창안했다고 한다. 진경문화는 우리 민족문화요, 전통문화이며, 국토애, 민족애를 시문학 그림으로 표현한 것이다.

나는 겸재의 그림을 보면서 그가 금강산을 얼마나 사랑했는지, 금강산 또한 그를 얼마나 깊이 품었을지 가늠이 되어졌다. 그간 십 수차례 금강산을 왕래하면서 눈으로 익혔던 금강산 봉우리들이 마음으로 익혀지니 겸재의 '금강전도' '풍악내산총람' '금강내산총도' '금강내산' 화폭 속의 봉우리들이 일제히 내 가슴으로 와락 살아와 전율이 느껴진다. 그는 일만 이천 봉 금강산 봉우리들을 하나의 거대한 아름다움과 그리움으로 집약시켜냈다. 내금강 탐승을 하고 나니 더욱 그러한 느낌이다. 나는 남과 북의 사람들이 분단이전 금강산을 사랑했던 우리 선조들의 마음으로 돌아갔으면 한다.

---

52) 신좌모(申佐模, 1799~?)는 19세기에 활동한 문인. 조국의 자연과 민간풍속을 노래한 시를 많이 씀.
53) 진경산수화 : 우리국토의 자연경관을 소재로 하여 그 아름다움을 사생해낸 그림

내금강을 나오며

(1) 북측 해설원 동무의 말

장안사 터 앞에서 버스에 올랐다. 숨가쁘게 달려왔던 길을 되돌아가는 것이다. 해는 서산으로 기울고 날은 흐렸다. 조용히 내금강을 음미한다. 내금강에는 남녘 사람들도 북녘 사람들도 아직 못 듣고 못 본 것이 더 많을 것이고, 앞으로 공통의 문화를 복원해야 할 일도 많을 것이다. 그러나 무엇보다도 분단을 끝내고 우리 선조들처럼 여유 있게 내금강을 돌아보는 날을 그려본다.

내금강의 하얀 폭포와 비취빛 담소, 짙어오는 숲 내음, 내면화된 민족혼, 원근을 재며 가는 금강의 봉우리들을 보면 시심이 살아나고 예술혼이 살아나고 역사인식이 살아나고 사람에 대한 사랑이 살아나건만 지금 같은 분단일정에서는 마음이 급해져 모든 것이 미완성일 수밖에 없음이 슬프다. 내금강을 떠나려고 버스가 움직이자 나의 가슴에서는 무엇이라 말할 수 없는 뜻 모를 눈물이 고여 왔다.

돌아오는 길에도 영생탑이 보인다. 영생을 믿기에 북측은 주석 자리를 빈 자리로 남겨놓았다고 한다. 북측의 일상 구호들도 다시 눈에 들어온다. 위대한 주체농법만세, 영도의 중심, 항일유격대식으로... 이러한 글발들은 금강산에도 마을에도 길가에도 논둑에도 어디에나 있어 북측 인민들에게는 생활처럼 보이는데 이것들이 북측을 지배하는 생각이고 사상일 것이다. 이러한 풍경들은 여기가 북측 땅임을 끊임없이 일깨워 주기도 하지만 남측과 다르다는 것을 인식하게 하고 나아가 넘어서야 할 문제라는 것도 숙제로 남기고 있다.

돌아오는 버스에서 북측 해설원 림은심 선생이 하루 종일 동행한 탐승객들에게 낭랑한 목소리로 자신의 소회를 말하였는데 그것은 우리들에게 하는 작별인사이기도 하였다.

"여기 계신 분들이 큰아버지 큰어머니 같고 또 저 뒤에 앉아계신 분은 내가 교육받은 학교 선생님의 모습 같고.... 이렇게 우리가 초면도 구면 같은 것은 한민족이기 때문입니다." 이 짧은 말속에는 우리가 평화와 통일을 갈망하는 모든 이유가 함축되어 있어 탐승객들의 고개를 끄덕이게 만들었다.

생각을 정리하다 보니 벌써 온정령굴이 보인다. 온정령굴을 사진촬영 하겠다고 하니 북측 해설원 선생이 그러라고 한다. 사전에 사진촬영의 취지를 알렸더니 뜻을 이해하고 허락한 것이다. 온정령을 넘자 북측의 남성 해설원 선생이 열정에 넘친 해설을 한다. 그리고 도라지 전설을 다시 들려주며 우리민요 도라지를 함께 부르자고 한다. 탐승객들은 장단까지 맞추며 신나게 함께 한다. 언어와 민족문화가 같은 우리 모두가 남북 공통의 기억으로 하나가 된 것이다. 금강산의 전설 중에 우리가 익히 아는 전설이 바로 상팔담의 선녀와 나무꾼이라면, 이와는 대조적이면서도 매우 민중적인 전설이 바로 온정령의 도라지에 관한 전설이다. 도라지 전설은 민중인 나무꾼 총각과 도라지라는 처녀의 비극적인 사랑이야기이다.

물론 여기에는 라지의 부모에 대한 효성과 계급적 갈등이 묘사되지만 오늘날의 감각으로 보면 사랑이야기를 중심에 부각시켜도 될 듯하다. 온정령을 내려올 때 차창 밖으로 다가오는 관음연봉들은 온정령을 오를 때보다 더욱 아름답다. 순광에 하얀 속살까지 드러내는 관음봉 줄기는 서산으로 지는 저녁 햇살의 음영 속에 정말 장관이었다.

(2) 화엄사상과 호계삼소를 떠올린 내금강 길

내금강 길은 그야말로 때 묻지 않은 자연에 영적인 힘이 집약된 길이었다. 오늘 그 길에서 민족혼을 보았고 민족의 미래도 보면서 두 가지를 생각했다.

하나는 화엄사상이다. 통일시대를 말하면서 가장 많이 인용되는 것이 원효의 화쟁사상이나 원융사상이지만, 원류는 화엄사상이고 화엄사상은 사법계

(四法界)로 요약된다. 그러나 화엄사상의 사법계는 인식의 차원이지만 남북문제는 여기게 실천의 차원을 더한 것이라 할 수 있다.

우리는 처음에는 현상적으로는 남과 북의 다른 점을 보게 된다. 한마디로 남과 북은 서로에게 타자라는 것이다. 이것을 사법계(事法界)라 할 수 있다.

다음으로는 남과 북은 본질적으로 하나로 볼 수 있는데 이것을 이법계(理法界)라 할 수 있다. 이것은 교류협력의 단계며 남과 북의 동질성과 이질성이 동시에 드러나는 바로 관광중단 이전의 금강산의 모습이라고 생각한다. 눈에 보이는 현상으로는 남과 북으로 나뉘어져 있지만 원래는 하나라는 생각을 하는 것이다. 이 경우 남과 북의 서로 다른 점과 같은 점이 조화를 이루지 못하고 우리들 인식의 세계에서 충돌이 일어나면 더 이상 한발자국도 옮길 수 없게 된다. 그러나 내가 한 발자국을 옮기면서 생각을 자꾸 하다보면 남과 북은 다르면서도 동시에 하나라는 생각을 가지게 될 것이다.

이것이 이사무애법계(理事無礙法界)이다. 이것은 일단 남과 북으로 나누어진 현상을 인정하면서도 우리는 하나의 민족이라는 생각을 하는 것이다. 이것을 연합제라 할지, 낮은 단계의 연방제라 할지, 민족주의적 사고방식이라 할지는 잘 모르겠다. 물론 여기에도 남과 북은 서로 다름과 같음의 인식이 충돌한다.

마지막으로 사사무애법계(事事無礙法界)는 개개의 사물은 모두가 구체적으로 다른 모든 것과 통한다는 것이다. 이것은 너와 내가 별개가 아니라 실은 네 속에 내가 있고 내 속에 네가 있는 것을 깨닫는 것이라 할 수 있다. 남과 북이 완전히 하나가 된 것이다. 이것은 남과 북이 함께 해야 할 세상으로 그에 맞는 사상, 제도, 환경을 만들어가야 하는 것이다.

두 번째로는 호계삼소(虎溪三笑)이다. 호계삼소는 중국의 여산에서만 찾을 일이 아니다. 우리에게도 호계삼소 같은 일이 일어났는데 바로 6.15남북공동선언이다. 그 이후 4차례 남북정상회담이 개최되었고 협의를 통해 평화를 위한 노력들을 해 나가고 있다. 통일의 과정에서 남북의 최고 지도자들이 손을 잡고 웃으며 대화를 나누던 일들이 호계삼소가 아니고 무엇이겠는가. 그런데 일상에서 이러한 마음들을 가능하게 하는 곳이 금강산이고 금강산이 지닌 가장 강력한 힘이라고 생각한다. 남과 북의 사람들이 금강산에서 자꾸 만나 진솔한 이야기를 나누다 보면 자연스레 사상과 이념에 대해서도 허심탄회하게 대화 할 수 있을 것이고 그러다 보면 사사무애법계(事事無礙法界)의 정신으로 호계를 건너게 될 것이다. 누구는 이런 것을 관념이라고 말할 수도 있으나 우리가 화엄사상과 호계삼소의 마음으로 서로를 인정하고 화해할 수 있는 그런 제도나 정책을 만들어 간다면 그것은 관념론에만 머물지는 않을 것이다. 처음에는 관념이지만 서로가 노력하고 스스로 고쳐 나가면 이룰 수 있는 일이 아니겠는가.

이제 차에서 내려야 할 시간이다.

이것을 아는 북측 남성 해설원 동무가 북녘의 이별 노래 '다시 만납시다' 를 불러준다. 탐승객들이 가사가 마음에 와 닿는지 노래를 알고 싶어 하고 어느 탐승객은 눈시울을 붉히기도 한다. 오늘 북측 해설원 선생들과의 동행은 나의 인생에서 또 하나의 인연이다. 그들과 다시 만날 기약은 없지만 우리는 이미 노래로 약속하였다. '다시 만납시다'라고.

내릴 준비를 하는데 함께 간 동료 오승환은 여름의 풍요로움을 보니 가을의 내금강은 환상적일 것 같다고 하였다. 그러고 보니 금강산호텔이나 옥류관의 벽화들이 모두 금강산의 가을을 담고 있다. 물론 금강산의 사계는 모두 아름답지만 동료의 마음을 헤아려 조선시대 최북의 시를 읊조리며 가을을 미리 그려본다.

계곡은 계곡대로 봉우리는 봉우리대로

햇빛은 햇빛대로 바람은 바람대로

온 세상 타는 속에 내 몸마저 사라지네

(3) 금강산 최고의 아름다움은 남북 사람들의 만남

꿈에 그리던 내금강을 다녀왔다. 숙소인 금강산호텔 2층 민족식당에서 동료들과 술잔을 기울였다. 오늘 따라 술잔에 어리는 깊은 고독은 우리 민족의 운명을 생각하는 나에게 슬픔으로 한꺼번에 밀려와 깨달음과 눈물을 안기고 간다. 왠지 모르게 금강산 길에서도 경계심을 가지는 것, 남과 북이 가까우면서도 멀고 먼 것, 분단의 틀 속에서 민중들이 고통을 당하는 것, 조국의 독립을 위해 목숨까지 던진 애국자들의 고단한 삶들… 그러나 무엇보다도 슬픈 것은 지금도 끝나지 않는 분단의 비극이다.

촉박한 일정으로 힘들었던 탓인지 몸은 천근만근인데 밤늦도록 오한까지 나는 것이 잠을 이룰 수 없다. 금강산에서 몸살을 앓고 있는 것이다. 창문을 열고 밤하늘을 보니 음력 유월 열나흘의 밝은 달이 금강산과 벗하고 있다. 구름은 봉우리를 지우기도 하고 만들기도 하고, 봉우리 사이를 드나들기도 하니 마치 산이 움직이는 듯하다.

달빛 아래로 보는 금강산은 신선세계처럼 무척이나 신비롭다. 한참을 보고 있으니 나도 구름을 타고 두둥실 금강산의 연봉들을 넘고 있는 듯하다. 금강산의 밤은 매우 고요하고 나의 사색 또한 길어졌다. 오늘 내금강 탐승 길을 조용히 돌아본다. 나는 분단시대에 태어나 반공교육을 받은 사람이지만 통일을 말하는 시대에 살고 있다. 금강산을 탐승 하는 이유도 평화로운 남북공존의 삶을 꿈꾸기 때문이다. 그러나 통일을 지향하면서도 진정으로 서로의 사상을 넘는 학문에 대해 깊이 고민해 보지 못했다.

율곡은 금강산에서 불도를 닦은 후 조선에서 불교보다는 새로운 사상, 즉 성리학이 필요하다는 것을 깨닫고 불교에서 성리학으로 전환 후 당시 최고의 성리학자인 이퇴계를 찾아가 본격적으로 공부를 하였다는데, 오랜 분단시대를 살아온 남북에게도 서로를 포용할 수 있는 새로운 사상이 필요하다는 생각이 든다.

금강산의 밤이 점점 깊어지자 탐승 길을 자상하게 안내하던 북측 사람들과 제대로 작별인사도 못한 것이 아쉬움으로 남는다. 오늘 나는 깊이 깨달았다. 금강산의 최고의 아름다움은 서로를 이해하며 함께하는 남과 북의 사람들이라는 것을 말이다.

그 길은 남과 북이 함께 만들어 가야 할 큰 길이자 모두의 길이다. 오늘 비록 비로봉을 목전에 두고 오르지 못했지만 그곳에서 남북 사람들이 함께 일출을 보는 그날을 꿈꾸며 이제는 잠자리에 들어야겠다.

오르지 못한 비로봉

(1) 옛 사람의 마음 『금강승람』

"비로봉(毘盧峰)

비로봉은 금강산 만이천봉의 주봉으로 높이가 1,638미터이다. 고산(高山)으로서는 세상에 자랑키 어려우나 산악취미에 풍요한 점으로는 실로 세계를 통하여 이에 비견할 자 없을 것이다. 마하연으로부터 내무재령 길로 묘길상(妙吉祥)을 지나 사선교로 나와 그 북쪽 계류를 따라 가면 계곡이 깊어지고 산길도 험하여진다. 나무뿌리와 튀어나온 바위 부분에 몸을 의지하여 발을 옮기게 되는 것이다. 1,200미터까지 오르면 화강암이 날카롭고 수목은 바위 양측으로 키작은 소나무, 향나무, 전나무로 덮여 비로봉 꼭대기만이 구름 속에 우뚝 솟은 것을 우러러 보며 겨드랑이 땀이 장맛비 오듯 쏟아지고, 금사다리 은사다리를 지나 장탄식을 하며 주저앉는 곳이 비로봉과 영랑봉의 안부(鞍部)이다.

　여기서는 벌써 동해의 푸른 파도가 발아래 펼쳐진다. 안부로부터 오른쪽으로는 천겹절벽이 왼쪽으로는 등 굽은 소나무와 껍질이 흰 자작나무의 울창한 숲이 보인다. 다시 몇 백 미터 오르면 비로봉 꼭대기에 이른다. 비로봉 정상은 평지를 이루고 있고 외면은 깎을 듯한 절벽이나, 안쪽은 완만한 경사를 이루어 소나무와 전나무가 빽빽이 자라고 있어 짙푸른 빛깔에 둘러싸인 영랑봉과 대치되고, 그 아래 금강의 만이천봉은 모두 푸른 안개를 머리에 쓰고 발아래 조종(朝宗)[54] 하는 것이다. 동해의 큰 바다는 이삼 십리 밖에서 거울 면처럼 번쩍이고 주위의 전망이 확 트이고 시원하여, 세상의 만유(萬有)를 손바닥에 모아 쥐일 듯한 호장(豪壯)한 느낌을 맛볼 수 있으니 참으로 천하의 장관(壯觀)이다.”

(2) 비로봉 탐승 목전에서 생긴일

　비로봉!

　비로봉은 아직 탐승을 하지 못했다. 2008년 5월 9일에서 5월 12일까지 비로봉 탐승을 신청하였으나 여러 가지 사정으로 개방되지 않아 내금강 개방구역으로 발길을 돌려야 했다. 하지만 비로봉 답사를 이미 남과 북에서 마쳤기(2007.12.8.) 때문에 조만간 개방되리라 확신하고 있다. 그런데 이것이 금강산 탐승 마지막 길이 될 줄은 꿈에도 몰랐다. 금강산에서 관광객 피격사건이 발생했다. 2008년 7월 11일 새벽 4시 18분에 숙소를 나간 남측 관광객이 고성

---

54) 조종(朝宗): 옛날 중국에서 제후가 천자를 알현하던 일. 봄에 하는 것을 조(朝), 여름에 하던 것은 종(宗)이라 한데서 비롯되었다

항의 북측 군사지역 안에서 북측 초병의 총격에 맞아 사망한 것이다. 그날 이후 금강산을 매개로 남과 북이 한발 한발 다가가던 모든 것이 멈췄다. 참으로 안타깝고 안타깝다. 금강산 길은 해방 이후 남북 사람들이 이념대립을 넘어 처음으로 직접 부딪치며 공존의 삶을 만들어 가던 곳이었기 때문이다.

돌이켜 보면 고성항은 북측의 잠수함 기지였지만 남과 북의 신뢰와 평화의 지로 관광지로 개방된 곳이다. 해로관광 때 관광선이 머물렀던 바지선 위에는 지금도 해금강 호텔이 있다. 포 진지가 있었던 고성항은 바다와 어우러진 푸른 잔디의 골프장이 건설되어 포탄 대신 하얀 골프공이 날아다니고, 해수욕장은 하얀 백사장만큼이나 깨끗한 물에서 해수욕을 하면서 물고기를 잡으려 첨벙거리던 곳이다. 그러나 저 멀리 언덕마루에서 불쑥 불쑥 모습을 드러내는 인민군 초병들을 볼 때면 여전히 팽팽한 긴장감이 도사리고 있음도 느꼈다.

북측은 피격 사건 발생 38시간 만에 북측 군인의 총에 맞아 사망사고가 발생한 것에 대해 유감을 표명하였으나, 남측 관광객이 관광구역을 벗어나 불법으로 북측 군사 통제구역까지 들어온 것이 원인이므로 이번 사고의 책임은 전적으로 남측에 있다고 하였다. 그러면서 남측은 이에 대해 마땅한 책임을 져야 하며 북측에 사과하고 재발방지 대책을 세워야 한다고도 하였다. 사건 발생 후 남측은 북측에 진상조사 전통문을 보냈으나 수신을 거부하였다.

그런데 이 사건은 비무장지대(DMZ)에서 발생한 사건이 아니기 때문에 군사정전위원회에서 유엔사와 북측 군이 다룰 수 없고 남북의 군당국자들이 다룰 수 있는 성격도 아니다. 엄밀히 말하면 북측의 영토에서 발생한 사건으로 남측의 행정력이 미치지 못하고 있는 것이다. 더군다나 이명박 정부가 들어서면서 경색되어진 남북관계에서 북측과 소통할 수 있는 대화 통로도 없었던 것으로 보인다. 북측은 남북경색 해법으로 6.15남북공공선언과 10.4정상선언을 이행하라고 남측에 일관되게 요구하였고, 남측(이명박 정부)정부는 이 두

선언 이행보다는 자신들과 맥을 같이하는 정권에서 체결한 남북기본합의서 (1991.12.13.)를 강조하였다.

남측의 국무총리(정원식)와 북측의 정무원총리(연형묵)가 서명한 남북기본합의서는 먼저 정치군사적 대결상태를 해소한 후 민족적 화해를 이룩하자는 정치 중심적 접근의 성격을 갖고 있다. 그러다 보니 기본합의서를 체결하였음에도 불구하고 선 조건인 정치군사적 문제가 풀리지 않으면 남북 간에는 이를 바탕으로 한 이산가족 상봉이나 경제협력도 이루어지지 못한다는 한계를 드러냈다. 그 후 남북의 정상들이 합의한 2000년 6.15공동선언이나 2007년 10.4 정상선언은 상대적으로 쉬운 문제부터 실천하여 간다는 점진적이고 실용주의적 정신에 기초하고 있다. 6.15선언과 10.4선언은 남북기본합의서의 한계를 넘어서서 대안을 제시하는 성격을 지니고 있으며, 2000년 정상회담 이후 남북은 두 선언의 이행 과정에서 기본합의서에 담겨있는 내용들을 실행에 옮기면서 남북이산가족 상봉과 남북교류가 활성화되었고, 우리나라의 통일문제를 그 주인인 우리 민족끼리 서로 힘을 합쳐 자주적으로 해결해 나가기로 한다는 내용이 담겨 있다.

이 두 선언은 당시 유엔총회가 환영, 지지하고 이의 이행을 권고하며 남북 간 대화, 화해에 대한 회원국들의 지원을 요청한다는 결의안을 만장일치로 통과시킨 바 있다.

(3) 상징적 평화지대의 절실함 · 비로봉 탐승은 남북이 함께

나는 금강산 관광객 피격 사건을 놓고 진행되는 남북관계를 보면서 남북문제가 집권 정부마다 각기 다른 차원에서 다뤄지는 것은 일관성도 없고 근시안적이라고 본다. 물론 1972년 남북공동성명에서부터 1991년 남북기본합의서, 2000년 6.15남북공동성명, 2007년 10.4정상선언, 2018년 4.27판문점선언과

9.19남북공동선언은 과거의 합의사항들을 담보하면서도 진일보한 구체적 목표를 가지고 남북관계 발전을 이끌어 왔다. 그러나 금강산 관광 중단이 남북 경색을 풀어가는 해법은 아니라는 생각이다.

남과 북은 통일을 지향하는 과정에서 특수 관계에 있는 만큼 통일을 위해 민족의 상징인 금강산만이라도 확고한 신뢰를 갖고 공존의 삶의 장으로 만들어 가야한다고 본다. 일희일비하지 않는 장기적 안목 즉 어떠한 대내외 정세에도 흔들리지 않는 상징적 평화지대 말이다. 그런 장소로 금강산이 최적이라고 생각한다. 거듭 말하지만 금강산에는 분단이후 다름의 역사도 존재하지만 수천 년 우리민족의 공통의 역사가 자리하고 있다. 그기에 분단시대에서도 수많은 사람들이 금강산 탐승 길에 오르는 것이고, 남북이 공동으로 역사문화도 복원해 나가며, 평화와 통일을 만들어가는 실험이 가능한 것이 아니겠는가.

나는 금강산 길의 평화가 남북 간 평화적 의지를 가늠하는 잣대라고 생각한다. 특히 금강산 육로는 강화에서 고성까지 248km의 철옹성 같은 군사분계선의 한 귀퉁이를 허물고 우리 선조들이 다니던 옛 길 위에 만든 남북소통의 길이다. 러시아와 유럽까지 연결되는 동해선의 성공적인 시험운행도 마쳤다. 그 길 위에 우리는 남북통일의 새로운 역사를 써나가기 시작했다. 금강산 길은 남과 북이 진정어린 소통과 평화지대를 만들겠다는 확고한 의지와 실천이 필요할 뿐이다.

나는 금강산 길에서 우리 민족의 공통된 기억을 되살리고, 분단 이후 다름의 역사를 이해하면서 남과 북이 함께 만드는 그 무엇을 찾고 싶었다. 그 결과 금강산 길에서 남북이 서로 소통하면서 신뢰를 쌓아가고, 변화를 이끌어내고 있음을 보아왔고 희망적이었다. 그러나 마음 한구석을 떠나지 않는 아픔도 있다. 한 마디로 말할 수는 없으나 이 땅에 분단의 그림자는 짙었고, 그 영향이 미치지 않는 곳이 없다는 것이다. 금강산 탐승 길에도 분단이 있다. 남북이 경색국면일 때는 탐승 길의 남북 사람들도 언행에 여유가 없어지고 예민해 진다.

이러한 변화무쌍한 남북관계 앞에서 수년간 기다려온 비로봉 탐승이 목전에서 멀어졌다. 비로봉은 북쪽으로는 온정령과 만물상을, 서쪽으로는 내금강과 만폭동을, 남쪽으로는 내무재령과 외무재령, 망군대와 백마봉을 내려다보고 있다. 그러나 꿈에서도 상상할 수 없는 승경이라니 백문불여일견일 것이다.

일제강점기 비로봉 정상을 오른 이광수는 정상을 본 후 '아무리 하여도 비로봉의 절경을 글로 그려낼 수 없다'고 했으나 '위대함은 평범이다'라고 절감한듯하다. 멀리서 보면 비로봉의 끝은 톱날처럼 날카로워 탐승의 험로를 예고하는데 막상 올라가보니 아주 평평했다는 것이다. 정상은 한 조각 평지에 불과 했고, 놓여 있는 바위들도 그저 평범한 바위였단다. 그런데 이 평범한 바위들 중앙에 있는 가장 큰 바위를 뱃사람들은 '배 바위'라 불렀다. 만경창파 동해바다의 어부들이 나아갈 방향을 인도하여 수많은 뱃사람들의 생명을 살리기 때문이란다. 이러한 평범한 평지, 바위가 있는 비로봉이 금강산 일만이천봉의 최고봉인 것이다.

아! 지금 나도 비로봉에

내금강 묘길상 가는 길에서 바라본 비로봉

오르고 싶다. 배 바위가 있는 비로봉 정상에서 평지의 위대성을 느끼고 싶다. 망망대해 동해에 떠있는 어선들을 향해 손짓도 하고 싶다. 그러나 금강산 최고봉 비로봉은 남과 북의 사람들이 함께 오르는 모두의 길이었으면 한다. 마음으로만 오르던 길을 북녘 사람들과 함께 도란도란 이야기 하며 발걸음을 내딛고 싶다. 남북 사람들이 함께하는 발길이 평화와 통일을 앞당기는 길이고 우리 민족의 새로운 역사로 연결되는 길이다.

아~ 남북 사람들이 함께 하는 비로봉 탐승을 하고 싶다. 그리하여 이 책에 담지 못한 나의 비로봉 탐승기는 남북 사람들의 이야기로 가득 채우고 싶다.

금강산 탐승을 마치고

(1) '잘 있으라 다시 만나요, 잘 가시라 다시 만나요'

북측출입사무소에 남측으로의 출경절차를 밟을 때면 언제나 북녘 동포들이 남녘의 동포들에게 보내는 작별의 노래가 흘러나온다. 이 노래를 들을 때마다 느끼는 감정은 북녘 동포들의 마음뿐만 아니라 남녘 동포들의 마음과도 같다는 것이다.

'백두에서 한라로 우린 하나의 겨레
헤어져서 얼마냐 눈물 또한 얼마였던가
잘 있으라 다시 만나요 잘 가시라 다시 만나요
목메어 소리칩니다 안녕히 다시 만나요

부모형제 애타게 서로 찾고 부르고
통일아 오너라 불러 또한 얼마였던가

잘 있으라 다시 만나요 잘 가시라 다시 만나요
목메어 소리칩니다 안녕히 다시만나요

꿈과 같이 만났다 우리 헤어져 가도
해와 별이 찬란한 통일의 날 다시 만나자
잘 있으라 다시 만나요 잘 가시라 다시 만나요
목메어 소리칩니다 안녕히 다시 만나요'

남녘으로 돌아오는 버스가 점점 북녘과 멀어지자 생각이 많아진다.

남북을 오가는 길에서 느끼는 분단현실의 벽은 오천 년을 이어온 우리 민족의 역사를 망각의 늪으로 빠뜨려 놓았다. 분단은 정치와 경제 문제에 국한된 것이 아니라 사람들의 생활문화와 사고의 질서도 교란하고 있다. 인류 평화의 관점에서 보더라도 지구상의 어느 한 민족국가가 평화 아닌 상태로 분단이 고착화 되어가는 상황은 끝나야 한다.

어느 모로 보나 남북 분단의 상황은 비극이다. 분단이 자초한 반 평화적인 상태가 지속되는 상황에서는 사람들의 의식구조 또한 온전할 수 없다. 사람들이 분단 질서에 편입되어 통일은 불편하고 분단 상황이 편하다는 의식이 머릿속에 자리 잡아가는 것은 분단질서가 강요한 것이다. 분단의 근본 원인에 대해 진정 알기를 회피하거나 피상적으로만 인식하기도 한다. 일상생활을 규정하는 제도와 이념이 분단의 파편이기에 생활 또한 분단되고, 진실과 정의가 왜곡되기도 한다. 그런 상황에서 통일이 절실하다고 느끼는 사람들의 수는 세월의 흐름 속에 점점 적어지고 있다.

금강산에서 남녘으로 돌아오는 길은 '익숙한 생활공간'으로 돌아오는 길이다. 그러나 외국 여행에서 돌아오는 느낌과 사뭇 다른 것은 무엇 때문일까.

그것은 '같은 민족'이란 정서와 '분단'을 실감하기 때문일 것이다. 공통의 언어와 역사문화를 공유하는 같은 민족적 정서가 흐르면서도 정치이념의 차이로 인하여 서로의 솔직한 마음을 나눌 수 없는데서 오는 아쉬움이 외국도 아니고 국내도 아닌 묘한 느낌을 주는 것이리라.

이별의 아쉬움과 재상봉의 마음을 담은 '잘 가시라, 다시 만나요!'라는 북측의 노래 소리를 뒤로 금강산이 시야에서 점점 사라지는가 싶더니 다시 금강산은 남녘의 백두대간 등줄기속으로 이어져 설악산과 오대산, 태백산으로 이어진다. 또한 총석정과 해금강에서 파도치던 물결은 명파리와 화진포, 고성의 청간정, 양양의 낙산 앞바다까지 흘러든다.

(2) 남북을 변화시키는 금강산

수년간의 금강산 길을 돌아보면 참으로 많은 변화가 있었다. 시설보완과 탐승노정 확대는 물론이고 사람들의 마음에도 변화가 왔다. 자연스러워졌고, 따뜻해졌고, 서로를 염려하게 되었고, 헤어질 때는 섭섭하게 되었다. 마치 이웃집을 다녀오는 느낌이다.

어떤 사람들은 북측이 돈벌이 때문에 관광 사업을 끌고 나가는 것이라고도 하지만, 그동안의 북측 외교에서 보여 온 소위 벼랑 끝 전술이나 자본주의가 들어오면 북측이 체제 위협을 느낄 것이라는 현실을 고려해 볼 때, 돈벌이 때문에 이 사업을 유지하려는 것으로만 보는 것은 단견일 수 있다. 그보다는 남과 북이 서로의 차이를 인정하면서 공존할 수 있는 제도를 만들어 가는 과정, 즉 남과 북이 상생과 공동 번영의 의지가 반영된 것이며 점점 신뢰를 쌓아가고 있기에 변화도 가능한 것이라 본다. 이곳에서의 변화는 남과 북의 또 다른 교류협력 사업에서 교과서와 같은 역할을 할 것이다.

(3) 남녘으로 이어지는 금강산 줄기

화진포가 보인다. 화진포를 보면서 남녘으로 이어지는 금강산을 그려본다. 화진포는 아름다운 담수호로 동해와 연접해 있어 자연풍광이 수려한 곳이다. 해변은 수심이 얕고, 물이 맑을 뿐만 아니라 금구도(섬)가 절경을 이루는 해수욕장으로 널리 알려져 있다. 겨울에는 천연기념물 고니를 비롯하여 수많은 철새들이 찾아와 장관을 이룬다.

북쪽 해변에는 김일성 별장으로 알려진 유럽풍의 작은 성 같은 건물이 있는데, 강원도 고성군이 '화진포의 성'이라는 이름으로 2005년 1월 개관하였다. 고성군은 해방 이후 이 건물이 김일성 별장으로 사용되기는 했으나 1937년 원산에 있던 외국인 휴양촌이 화진포 주변으로 옮겨질 때 지어진 건물로 당시 외국인들이 이 건물을 '화진포의 성'이라고 불렀다는 자료에 따라 '김일성 별장' 대신 원래 이름인 '화진포의 성'으로 이름을 붙이기로 했다한다. 당초 이 건물이 김일성 별장이었다는 데 중점을 두고 인근의 이승만, 이기붕 별장과 함께 역사안보전시관으로 활용하기 위해 고성군이 복원사업을 추진했던 것에서 비롯된 것이다.

현대아산에서는 화진포에 금강산 관광의 배후로 '화진포 아산 휴게소'를 2006년에 개관하였다. 이는 고성통일전망대 아래에 있던 남북출입사무소를 제진역으로 옮기면서부터다.

화진포 이후 남녘의 금강산을 찾아보면 우선 청간정이 보인다. 청간정은 본래 청간역의 정자였다고 하나 그 창건 연대나 창건자는 분명치 않다. 현종 3년(1662)에 최태계(崔泰繼)가 중수하였으며 거의 같은 시기에 당시 좌상 송시열(宋時烈)이 금강산에 머물다가 이곳에 들려 친필로 '청간정(淸澗亭)'이란 현판을 걸었다고 한다.

청간정을 지나 건봉사와 화암사를 생각해 본다. 건봉사에 대해 다시 말하면 백과사전에 건봉사는 '강원도 고성군(高城郡) 거진읍(巨津邑) 냉천리(冷泉里) 금강산에 있는 절'이라고 되어 있다. 그러므로 '금강산 건봉사'로 불렸으나 분단과 전쟁의 상흔은 금강산도 남북으로 나누고 천 오백년 고찰의 운명도 바꾸어 놓았다. 건봉사는 한국전쟁 이전에는 31본산의 하나였고 대웅전 등 총 642칸에 이르렀으나 전쟁 때 거의 불탔다. 화암사는 화암사의 기록을 전하는 사적기에도 '금강산 화암사'로 표기되어 있는데 금강산의 남쪽 줄기에 닿고 있기 때문이다. 남녘에서 보면 화암사는 금강산이 시작되는 신선봉 바로 아래에 세워져 있다.

화암사가 창건된 것은 1천 2백여 년 전인 769년(신라 혜공왕) 우리나라에 참회 불교를 정착시킨 법상종의 개조 진표율사에 의해서라고 하는데, 진표율사는 금강산의 동쪽에 발연사를, 서쪽에는 장안사를, 남쪽에는 화암사를 창건해 금강산을 중심으로 불국토를 창건하고자 했다. 화암사는 휴전선 남쪽에 있는 고찰인데 남북의 금강산을 중심에서 서로 연결하고 있다. 따라서 남북이 '금강산 문화유적'을 복원하는 것은 민족정신을 되살리는 일이기도 하다.

(4) 어제 밤의 꿈처럼

돌아오는 길의 버스 안은 조용하다. 나도 이제 눈을 감고 시인 신동엽처럼 꿈을 꾸어볼까?

술을 많이 마시고 잔 어젯밤은

신동엽[55]

술을 많이 마시고 잔
어젯밤은
자다가 재미난 꿈을 꾸었지

나비를 타고
하늘을 날아가다가
발아래 아시아의 반도
삼면에 흰 물거품 철썩이는
아름다운 반도를 보았지.

그 반도의 허리, 개성에서
금강산 이르는 중심부엔 폭 십리의
완충지대, 이른바 북쪽 권력도
남쪽 권력도 아니 미친다는
평화로운 논밭.

술을 많이 마시고 잔 어젯밤은
자다가 참
재미난 꿈을 꾸었어.

그 중립지대가
요술을 부리데.
너구리새끼 사람새끼 곰새끼 노루새끼들
발가벗고 뛰어노는 폭 십리의 중립지대가
점점 팽창되는데,
그 평화지대 양쪽에서

---

55) 신동엽(1930~1969). 시인. 1959년〈이야기하는 쟁기꾼의 대지(大地)〉조선일보 신춘문예에 당선. 1960년 〈학생혁
명시집〉 집필 4.19혁명에 뛰어들었음.

302

총부리 마주 겨누고 있던
탱크들이 일백 팔십도 뒤로 돌데.

하더니, 눈 깜박할 사이
물방개처럼
한 떼는 서귀포 밖
한 떼는 두만강 밖
거기서 제각기 바깥 하늘 향해
총칼을 내던져 버리데.

꽃피는 반도는
남에서 북쪽 끝까지
완충지대,
그 모오든 쇠붙이는 말끔히 씻겨가고
사랑 뜨는 반도,
황금이삭 타작하는 순이네 마을 돌이네 마을마다
높이높이 중립의 분수는
나부끼데.

술을 많이 마시고 잔
어젯밤은 자면서 허망하게 우스운 꿈만 꾸었지.
꿈 이야기...

금강산은 모두의 길이다
– 남과 북을 잇는 오작교

일곱 번째 금강산 발걸음에서
저는 당신의 첫 모습을 보았어요.

내금강 깊은 계곡,
차마
떨어지지 않는 발걸음 위에

만폭동 쏟아지듯
뜨겁게 부어지던
당신의 하얀 민족애

장안사 옛터이며
보덕암 돌길이여
천년 기상 뜨거운데,

언제나 다시 몸 데일거나

그대의 얼굴인 듯
묘길상 부처님
자애로운 천년 미소

철조망은 높이 쳐져
갈 수 없는 가슴

달도 희고 눈도 희고 온 세상이 하얀데,
산도 깊고 밤도 깊고 나그네 시름도 깊어라

물 흐르듯 들려주던 김삿갓 싯귀처럼
희고, 깊은 세상 속에 시름만 깊어가니

이별 원망하며
내 울리던 그대 목소리

꿈이런가 꿈이런가 꿈이런가!
　　　　　　　-보고 싶은 림은심 동무에게, 유동걸

금강산 길이 처음 열리고 어언 10여년이 지나서야 비로소 삼일포, 구룡연, 만물상의 외금강에 이어 만폭동, 보덕암, 장안사를 탐승할 수 있는 내금강 길이 열렸다. 나는 어머니를 모시고 금강산에 첫 발걸음을 한 이래 7번 방문을 하였는데, 마지막 7번째 방문길에서 만난 북측 안내원 림은심 동무가 너무 인상적이어서(북측 말로 심장에 남아서) 부족하나마 한 편의 시를 남겼다. 이루어질 수 없는 약속인 줄 알면서도 다시 만날 날을 기약했건만, 나는 그 뒤로 금강산을 다시 밟지 못했다. 훗날 금강산을 다녀온 어느 선생님으로부터 림은심 동무가 나의 안부를 묻는다는 소식을 전해 들었지만 금강산은 이미 다시 밟기 어려운 금지된 땅이었다.

금강산을 다녀온 사람들은 누구나 수려하고 아름다운 봉우리와 골짜기의 풍광과 북녘 동포들과의 따스한 동포애, 민족 분단의 비극으로 인한 아픔 등을 쉬이 잊지 못한다. 나 역시 그러한 마음으로 십여 년의 세월을 보내면서도 애써 잊고 살다가 정인숙 선생님이 쓴 〈금강산은 모두의 길이다〉를 만나고서야 비로소 몸속 어딘가에 깊이 내장된 금강산 앓이가 다시 시작되었다.

아이들과 관동별곡 수업을 할 때면 '신영복 선생님의 금강산 기행'이나 유홍준 교수님의 〈북한문화유산답사기 금강산 편〉을 다시 보면서 금강산 이야기를 들려주고, 때로 금강산 계곡에서 만난 군인을 떠올리곤 했다. (구룡연 올라가는 계곡에서 만난 북측 군인이 유홍준 교수님 책에 관심을 보여 가지고 간 책을 선물한 적이 있다.) 정인숙 선생님처럼 금강산에서 만난 여러 사람들에게 정이 가고 대화를 나누지는 못했지만 그래도 오랜 기억 속에서 지워지지 않는 몇 사람과의 추억이 내게도 있는 까닭이다.

정인숙 선생님을 가까이서 만나 그의 육성을 들어보거나 책을 읽어 본 사람들은 알겠지만, 정인숙 선생님의 금강산 사랑은 남다르다. 7번 금강산을 찾아간 나보다도 두 배 이상 금강산 땅을 밟으며 역사와 사람과 자연의 깊은 울림이 어우러진 금강산의 구석구석을 온몸에 새기고 돌아와 한 땀 한 땀 정성을 들여 당신이 밟은 시공간의 체취를 글과 사진으로 재현해내었다. 그 마음과 정성에 큰 절을 올리고 싶을 정도로 세심하고 고운 눈길을 담아서 말이다.

내가 인상 깊게 만나 시까지 썼던 림은심 동무 이야기를 정인숙 선생님 책에서 다시 만나고 얼마나 반가웠는지는 새삼 말하고 싶지 않다. 그 싹싹하며 발랄하고 유머 넘치는 목소리로 금강산의 정신과 문화를 해설하던 림은심 동무를 만나본 사람이면 누구라도 잊지 못할 것이기 때문이다. 하긴 그런 동무가 어디 림은심 동무뿐이랴만은.

'남과 북을 잇는 오작교'라는 부제 속에서 금강산이 역사 문화적 통일의 길임을 알 수 있다. 〈금강산은 모두의 길이다〉라는 평범한 제목 속에 남과 북모든 사람들이 걸어갈 평화와 통일의 길이 오롯이 새겨진다. 우리는 멀쩡한 두 다리를 가지고도 아직 그 길을 걷지 못하고 있다.

정인숙 선생님의 열정과 고통이 담긴 한 권의 책이 오랜 세월 이별의 한과 재회의 그리움을 가슴에 담고 살아가는 이 땅의 사람들에게 작은 위로와 희망의 촛불이 되기를 기원한다. 금강산과 개성 공단이 다시 열리기를 기대하는 수많은 사람들에게, 이 책은 남북 사람들이 다시 만나 두 손을 맞잡고 평화의 걸음걸이를 함께해야 하는 이유를, 그 길만이 이 땅이 진정한 통일의 땅, 평화의 세상을 완성하는 지름길임을 가슴에 새겨줄 것이다.

유동걸(영동일고 교사)

참고문헌

〈연구논문〉

· 고경빈, "DMZ 평화지대와 남북관계" 「북한연구」 제3권 2호(2007).
· 구지연, 「금강산 관광객의 관광 만족도에 대한 실증연구」 (한국항공대학교 석사학위논문, 2007).
· 김난영, "금강산 관광이 한반도 평화에 미치는 공헌도에 관한 연구," 「관광연구논총」제15호(2003)
· 김성수, 「금강산 관광사업의 정책과정에 관한 연구」 (중앙대학교 석사학위논문, 2003).
· 김옥자, 「연경대혁명학원 연구」 (북한대학원대학교 박사학위논문, 2013).
· 김진수, "남북교역과 대북경제지원이 남북한 분쟁완화에 미치는 효과 분석」 (건국대학교 박사학위논문, 2007).
· 김철원. 이태숙, "남북관광협력과 통일인식 변화에 관한연구—금강산관광을 중심으로—," 「북한연구」 2008년 상반기(통권 제49호)
· 남재학, 「대북 관광사업 평가와 대응전략:금강산관광사업을 중심으로」 (경기대학교 관광전문대학원 박사학위논문, 2009).
· 박성하, 「남북한 관광협력에 관한 연구—금강산관광사업의 분석을 중심으로—」 (경기대학교 석사학위논문, 2004).
· 박준규, 「민족과 국민사이:금강산접경지역관광에서 민족경계 넘나들기」 (한국학중앙연구원 한국학대학원 박사학위논문, 2006).
· 박진영, 「15세기~17세기 금강산유람기 연구」 (동국대학교 석사학위논문, 2004).
· 송원석, 「금강산 관광사업에서 나타난 북한의 행동 변화 연구」 (북한대학원대학교 석사학위논문, 2012).
· 신성희, 「장소의 선택적 조성과 자산화—북한 금강산 관광특구의 개발을 사례로」 (서울대학교 박사학위논문, 2006).
· 심상진, 「금강산 관광의 발전전략에 관한 연구—금강산 관광의 성사요인과 파급효과를 중심으로—」 (경기대학교 석사학위논문, 2004).
· 엄창용, 「남북한 도로관리체계 상호 연계방안연구」 (경기대학교 석사학위논문, 2005).
· 엄현숙, "2000년대 이후 교육법제 정비를 통한 북한 교육의 방향" 「현대북한연구」 제20권 1호(2017).
· 이유경, 「금강산 관광특구의 외식사업 육성방향에 관한 연구」 (경기대학교 관광전문대학원 박사학위논문, 2006).
· 이중구, "최익현의 금강산시 연구" 「인문논총」 26호(2007).
· 이효원, 「남북한 특수관계론의 헌법학적 연구—남북한 교류협력에 관한 규범체계의 모색—」 (서울대학교 박사학위논문, 2006).
· 조은정, 「금강산관광객의 관광만족도에 관한 실증적 연구」 (세종대학교 석사학위논문, 1999).
· 최강식, 「남북한 관광교류협력과 국민통일의식의 변화에 관한 연구—금강산 관광사업을 중심으로—」 (경기대학교 통일안보전문대학원 석사학위논문, 1999).
· 최성근, 「'민족내부거래'의 활성화를 위한 법적 방안에 관한 연구—동·서독간 '내독거래'의 시사점을 중심으로—」 (전남대학교 박사학위논문, 2009).
· 한명섭, 「북한에서 발생한 남한 주민의 형사사건과 처리에 관한 연구」 (북한대학원대학교 석사학위논문, 2007).
· 한명섭, 「북한에서 발생한 남한 주민의 형사사건과 처리에 관한 연구」 (북한대학원대학교 석사학위논문, 2007).

〈단행본〉
· 강만길, 「우리통일, 어떻게 할까요 」(서울: 도서출판 당대, 2003).
· 경남대학교북한대학원, 「북한연구의 성찰 」(서울: 한울아카데미, 2005).
· 경찰청, 「휴전선 넘으신 할머니」(서울: 경찰청, 2001).
· 고은, 「남과북 」(서울: (주) 창작과비평사, 2000).
· 교육인적자원부, 「대립에서 화합으로(V)활용안내서 」(서울: 교육인적자원부, 2003).
· 김기영, 「금강산 기행가사 연구」(서울: 아세아문화사, 1999).
· 김남선 , 「왜 통일을 해야 하는지 알것만 같아요 」(서울: (사) 좋은벗, 2000).
· 김성훈 외, 「화해의 첫걸음 남북경협의 현장 」(서울: (주) 시민의신문사, 1996).
· 남효온 외, 김용곤 외 역, 「조선시대 선비들의 금강산답사기」(서울: 도서출판 혜안, 1998).
· 노중선, 「남북대화백서」(서울: 도서출판 한울, 2000).
· 대한불교조계종총무원, 「금강산 신계사 복원불사 백서」(서울: 조계종출판사, 2009).
· 리용준, 「금강산전설」(평양: 사회과학출판사, 1991), (서울: 한국문화사, 1995).
· 문재현 외, 「우리강산 가슴에 담고」(충북: 마을공동체교육연구소, 2001).
· 박재규, 「새로운 북한 읽기를 위하여 」(서울: 법문사, 2005).
· 박한식.강국진, 「선을 넘어 생각한다 」(서울: 부키(주), 2018).
· 박현희 외, 「처음으로 읽는 통일교과서 통일은요~~ 」(서울: 도서출판 푸른나무, 2001).
· 부루스 커밍스, 남성욱 역 「김정일코드」(서울: 따뜻한손, 2005).
· 사회과학원 력사연구소, 「금강산의 력사와 문화」(평양: 과학,백과사전출판사, 1984). 민족문화사
  반포
· 사회과학출판사, 「금강산국문시가선」(평양: 사회과학출판사, 2004).
· 사회과학출판사, 「금강산지명유래」(평양: 사회과학한사, 2004).
· 안재청, 「금강산일화집」(평양: 과학백과사전종합출판사, 1992), (서울: 한국문화사, 1998).
· 안축 외, 노규호 역, 「금강산문학자료선집 Ⅰ」(서울: 국학자료원, 1996).
· 양문수, 「북한 경제의 구조─경제개발과 침체의 메커니즘 」(서울: 서울대학교출판부, 2001).
· 오영진, 「남쪽 손님 상 」(서울: 도서출판 길찾기, 2004).
· 오영진, 「남쪽 손님 하 」(서울: 도서출판 길찾기, 2004).
· 운석달..이남호「금강산기행문선 」(서울: 작가정신, 1999).
· 유홍준, 「금강산」(서울: 학고재, 1998).
· 유홍준, 「나의 북한 문화유산답사기 하 금강예찬」(서울: 중앙엠엔비출판(주), 2001).
· 유홍준, 「화인열전 I 내 비록 환쟁이라 불릴지라도 」(서울: 역사비평사, 2001).
· 유홍준, 「화인열전Ⅱ 고독의 나날속에도 붓을 놓지 않고 」(서울: 역사비평사, 2001).
· 이금이, 「내 어머니 사는 나라」(서울: 도서출판 푸른책들, 2000).
· 이장희, 「나는야, 통일세대 」(서울: 도서출판 아사연, 2001).
· 이종석, 「새로쓴 현대북한의 이해 」(서울: 역사비평사, 2000).
· 이종석, 「통일을 보는 분 왜 통일을 해야 하느냐고 묻는 이들을 위한 통일론 」(서울: 도서출판 개마
  고원, 2012).
· 이향규 외, 「북한 사회주의 형성과 교육」(서울: 교육과학사, 1999).
· 이호일, 「김삿갓 금강산 방랑기」(서울: 도서출판 글사랑, 2004).
· 임동원, 「피스메이커」(서울: 중앙북스(주), 2008).
· 임영태, 「북한50년사① 」(서울: 들녘, 1999).
· 임영태, 「북한50년사② 」(서울: 들녘, 1999).

· 전영률, 손영종 외, 『금강산』 (서울: (주)실천문학, 1989).
· 정주영, 『이땅에 태어나서-나의 살아온 이야기 』 (서울: 솔출판사, 1998).
· 정창현, 『북한사회 깊이 읽기 』 (서울: 민속원, 2006).
· 차재성, 『남한사람 차재성 북한에 가다 』 (서울: 도서출판 아침이슬, 2001).
· 차종환, 『금강산 식물생태 현지답사여행』 (서울: 예문당, 2000).
· 최남선, 『금강예찬』 (서울: 동명사, 2000).
· 최완규, 『북한은 어디로: 전환기 '북한적' 정치현상의 재인식 』 (경남대학교 출판부, 1996).
· 최완수, 『겸재를 따라가는 금강산 여행』 (서울: (주)대원사, 1999).
· 통일노력발간위원회, 『하늘길 땅길 바닷길 열어 통일로』 (서울: 도서출판다해, 2005).
· 통일부, 『2004 통일교육기본지침서 』 (서울: 통일부 통일정책시 정책2담당관실, 2003).
· 통일부, 『2004 통일백서 』 (서울: 통일부 통일정책실, 2004).
· 통일부, 『2005 통일백서 』 (서울: 통일부 통일정책실, 2005).
· 통일부, 『2006 통일백서 』 (서울: 통일부, 2006).
· 통일부, 『2009 통일백서 』 (서울: 통일부, 2009).
· 통일부교류협력국, 『월간 남북교류협력 및 인도적사업 동향』 제 162호, (2004.12.1~12.31)
· 통일부통일교육원, 『2005 통일교육지침서(학교용) 』 (서울: 통일부 통일교육원 연구개발과, 2004).
· 통일부통일교육원, 『2005 통일문제 이해 』 (서울: 통일부 통일교육원 연구개발과, 2005).
· 통일부통일교육원, 『통일교육지침서(학교용) 』 (서울: 통일부 통일교육원 연구개발과, 2008).
· 한관수, 『세계의 명승 금강산 』 (서울: 도서출판 호영, 1998).
· 한국관광공사, 『2006년 금강산 관광실태 및 만족도 조사 보고서』 (서울: 한국관광공사 남북관광사
  업단, 2006.12).
· 한국관광공사, 『2007년 금강산 관광실태 및 만족도 조사 보고서』 (서울: 한국관광공사 남북관광사
  업단, 2007.12).
· 한국관광공사, 『2008년 금강산 관광실태 및 만족도 조사 보고서』 (서울: 한국관광공사 남북관광사
  업단, 2008.11).
· 한국관광공사, 『KTO 북한관광동향』 제 1권 제 1호, (2007)
· 한국관광공사, 『KTO 북한관광동향』 제 1권 제 2호, (2007)
· 한국관광공사, 『KTO 북한관광동향』 제 1권 제 3호, (2007)
· 한국관광공사, 『KTO 북한관광동향』 제 2권 제 3호, (2008)
· 한국관광공사, 『KTO 북한관광동향』 제 2권 제 4호, (2008)
· 한국관광공사, 『KTO 북한관광동향』 제 3권 제 1호, 2009, 봄호(2009)
· 한국관광공사, 『남북철도 연결에 따른 한반도관광 진흥 전략 수립 』 (서울: 한국관광공사, 2008).
· 한국관광공사, 『북한 관광자원 』 (서울: 한국관광공사, 2004).
· 한만길, 『북한에서는 어떻게 교육할까 』 (서울: (주) 우리교육, 1999).